AF401505

V. 1706
.3.

10148

ESSAIS

SUR

L'HYGROMÉTRIE.

ESSAIS

SUR

L'HYGROMÉTRIE.

Par HORACE-BÉNÉDICT DE SAUSSURE, Professeur de Philosophie à Geneve.

Si quis hujusmodi rebus ut nimium exilibus & minutis vacare nolit, imperium in Naturam nec obtinere nec regere poterit. BACON.

A NEUCHATEL,

CHEZ SAMUEL FAUCHE PERE ET FILS, IMPRIMEURS, LIBRAIRES DU ROI.

M. DCC. LXXXIII.

PRÉFACE.

ON fera peut-être furpris de voir, qu'au lieu de publier le fecond volume de mes *voyages dans les Alpes*, qui auroit déja dû paroître, j'aie travaillé fur un fujet d'un genre auffi différent. Mais on m'excufera, j'efpere, quand on faura comment j'ai été acheminé à fufpendre ce premier ouvrage pour m'occuper de celui - ci.

LE fecond volume de ces voyages devoit commencer par la defcription des montagnes qui bordent la vallée de Chamouni. Je les avois fouvent obfervées; cependant, lorfque je mis la main à la plume pour les décrire, je fentis que je ne pourrois en donner une defcription qui me fatisfît moi-même, fi je ne les étudiois encore. Je retournai donc à Chamouni en juillet 1780: mais à peine avois-je commencé mes obfervations, que je fus furpris à l'improvifte & fur la cime même d'une montagne très-élevée, par une violente fievre, dont les accès répétés m'obligerent à revenir à Geneve. Cette fievre ceffa bientôt après mon retour, mais elle me laissa une foiblesse qui ne me permit pas de songer, de tout le reste de l'été, à entreprendre de nouvelles courses sur les hautes Alpes.

Me voyant forcé à renvoyer ces courses à l'été suivant, & ne voulant point décrire ces montagnes avant de les avoir revues, je pensai à profiter de cet intervalle pour mettre la derniere main à mes recherches sur les hygrometres & sur l'évaporation.

J'avois commencé ces recherches bien des années auparavant, mais je ne m'en étois occupé que par intervalles, tantôt attiré par l'importance du sujet & par l'espérance d'y découvrir des vérités nouvelles; tantôt rebuté par sa difficulté.

L'invention d'un hygrometre comparable m'avoit principalement occupé; j'avois essayé différens corps & différentes méthodes, mais rien ne m'avoit satisfait, lorsque j'eus en 1775 l'idée d'employer le cheveu à la construction de cet instrument. Je m'en occupai pendant tout l'hyver de 1776, & je me croyois assuré du succès, lorsque je découvris, que les cheveux, tels que je les employois, souffroient au bout de quelques mois une altération qui les rendoit absolument impropres à cet usage, & ce défaut me parut alors fans remede. Mʀ. Sᴇɴᴇʙɪᴇʀ inféra dans un mémoire qu'il envoyoit au Journal de Phyſique, une lettre dans laquelle je lui communiquois le réſultat de ces recherches. Voyez le *Journal de Phyſique année* 1778. *Tom. I, p.* 435.

Dᴇs lors juſqu'à la fin de l'année 1780, toujours occupé de mes travaux ſur les montagnes, j'avois entiérement perdu de vue l'hygrométrie ; mais l'interruption forcée de ces mêmes travaux m'invita à revenir aux hygrometres à cheveu & à tenter de les perfectionner. J'y travaillai tout l'hyver & le printems de l'année 1781 ; j'eus le bonheur de découvrir la cauſe du défaut qui me les avoit fait abandonner, de trouver un remede à ce défaut, & de déterminer avec beaucoup de préciſion les termes d'humidité & de ſéchereſſe extrême que j'avois entrevus en 1776. Enfin je donnai à ces inſtrumens une forme commode & portative.

J'ᴇɴ fis alors conſtruire quatre pour pouvoir les comparer entr'eux ; mais à peine étoient-ils finis qu'il fallut partir pour aller achever dans les Alpes les obſervations de géologie que mon indifpofition de l'année précédente avoit interrompues. Je penſai à faire cette comparaiſon dans le voyage même, j'em-

portai avec moi ces quatre hygrometres, & ils me
fervirent aux obfervations que l'on verra dans le
IVe. effai. J'eus lieu d'être fatisfait de ces inftrumens; leur accord entr'eux, leur extrême promptitude à fuivre les variations de l'air, leur commodité, la maniere dont ils réfifterent à divers petits
accidens inévitables en voyage, me perfuaderent
qu'ils pouvoient être réellement utiles aux phyficiens.

Avant de partir, j'avois déja ébauché leur defcription; je crus à mon retour que je pourrois
l'achever en peu de jours & me livrer enfuite tout
entier à celle des montagnes que je venois d'obferver. Mais comme je defirois de pouvoir tirer quelques conféquences générales des obfervations hygrométriques que j'avois faites à de grandes hauteurs,
il falloit abfolument trouver le moyen de comparer entr'elles des obfervations faites à des degrés de
chaleur différens. C'eft ce qui m'engagea à travail-
ler aux tables de correction que renferme le II^d.
effai. Je n'imaginois point que ce travail pût me
coûter beaucoup de tems; mais il m'arriva ce qu'é-
prouvent fi fouvent les phyficiens, c'eft qu'une
expérience en entraîne une autre; il furvient des
doutes, on veut les éclaircir; & d'autres expériences

deviennent

deviennent encore néceffaires. Souvent auffi une connoiffance nouvelle vous met fi fort à portée d'en acquérir d'autres qui paroiffent encore plus intéref-fantes, que l'on ne peut pas réfifter au defir de les chercher. Lors, par exemple, que j'eus achevé les tables de correction, je fouhaitai de connoître la quantité d'eau diffoute dans l'air & de déterminer cette quantité pour tous les degrés de l'hygrometre & du thermometre. Ainfi de recherche en recher-che & d'expérience en expérience, je fuis venu au point de voir, qu'en y confacrant, comme je l'ai fait, le refte de cette année ; je pourrois donner une théorie à peu près complete, & j'oferois même dire *nouvelle* de toute cette branche de la phyfique.

E_N effet, quoiqu'on fe foit beaucoup occupé des hygrometres, on n'avoit prefque pas fongé à *l'hygrométrie* ou à *l'art de mefurer la quantité abfolue d'eau qui eft fufpendue dans l'air.* Le célebre L_AMBERT, qui le premier a donné un nom à cet art ou à cette fcience, eft je crois le feul qui s'en foit occupé ; & même ce grand géometre, confidérant cet objet fous fon point de vue favori, femble s'être occupé du foin de tracer géométriquement la marche de l'hygrometre à boyau & les progrès de l'évaporation de l'eau, plutôt que de l'hygrométrie proprement dite. D'ailleurs le haut degré de perfection auquel on a porté la chymie dans ces derniers tems, la facilité que l'on a acquife de l'appliquer aux différentes branches de la phyfique, répandent fur la théorie de l'hygrométrie des lumieres dont ce grand homme n'a point pu profiter, & à l'aide defquelles il auroit indubitablement traité ce fujet avec beaucoup plus de profondeur & d'exactitude.

Je crois donc pouvoir dire que la théorie de l'hygrométrie, que je donne dans le II^d. effai eft abfolument nouvelle, de même que la plupart des expériences fur lefquelles elle eft fondée. Mais elle eft par cela même très-imparfaite & je fens fort bien qu'elle n'eft comme le porte fon titre, qu'un effai ou une premiere ébauche.

Quant à l'évaporation, dont la théorie fait le fujet du IIIe. effai, les principes fur lefquels elle repofe ne font certainement pas nouveaux : la converfion de l'eau en vapeur élaftique a été connue, pour ainfi dire, de tout tems ; la diffolution de l'eau dans l'air l'a été par Mr. Le Roi ; les véficules qui compofent les brouillards & les nuages ont été imaginées par Halley & mifes fous les yeux par Kratzenstein. Mais aucun phyficien n'avoit, à ce que

je crois, bien nettement diftingué les différentes modifications des vapeurs. Les auteurs fyftématiques
s'étoient tous efforcés de réduire toutes les vapeurs
à une feule & même efpece, tandis qu'elles exiftent
réellement fous des formes abfolument différentes.
On n'avoit pas vu non plus que l'eau ne fe diffout
dans l'air qu'en fe convertiffant en un fluide élaftique: or c'eft un fait que j'ai démontré par les expériences les plus précifes, qui font en même tems
connoître, jufqu'à quel point les vapeurs en fe diffolvant dans l'air diminuent fa pefanteur fpécifique.
Enfin les loix fuivant lefquelles varie l'humidité de
l'air à mefure qu'il fe raréfie ou fe condenfe étoient
un fujet tout neuf, fur lequel on n'avoit que des
idées ou vagues ou fauffes, & que je crois avoir
ébauché d'une maniere fatisfaifante dans le II^d. &
dans le IIIe. effai.

L'APPLICATION de ces principes à la météorologie, qui fait le fujet du IVe. effai, établit certainement quelques vérités nouvelles ; mais elle fait pourtant voir combien cette fcience eft éloignée de la
perfection dont elle eft fufceptible : & les nombreufes recherches qui reftent encore à faire, dont l'é-
numération termine cet ouvrage, démontrent combien peu je me flatte d'avoir épuifé mon fujet.

JE me ferois fait un plaifir de l'approfondir davantage ; mais la vie entiere du phyficien le plus actif ne fuffiroit pas pour l'épuifer. Il me fuffit d'avoir tracé le plan de l'édifice & d'en avoir jeté les premiers fondemens.

JE vais maintenant confacrer ce qui me refte de loifir & de forces à remplir de mon mieux les engagemens que j'ai contractés relativement à la defcription de nos montagnes & à la théorie de leur formation.

A Geneve ce 26ᵉ. *Décembre* 1782.

TABLE

DES CHAPITRES ET DES SOMMAIRES.

PREMIER ESSAI.

DESCRIPTION D'UN NOUVEL HYGROMETRE COMPARABLE.

SECOND ESSAI.

THÉORIE DE L'HYGROMÉTRIE.

CHAP. I. *Principes généraux de cette théorie*, p. 44.

____

(*) M. le Chevalier l'Andriani avoit déja obfervé avant moi, que les fels Alkalis en abforbant les vapeurs diffoutes dans l'air diminuent fenfiblement fon élafticité. Il avoit même penfé à mefurer l'humidité de l'air par la quantité dont cette abforption diminue fon volume; mais il a renoncé à cette efpece d'hygrometre à caufe de fa trop grande lenteur.

TROISIEME ESSAI.

THÉORIE DE L'ÉVAPORATION.

CHAP. I. *Des vapeurs élaſtiques & de leur diſſolution dans l'air*, p. 185.

CHAP. II. *Des vapeurs véſiculaires & des vapeurs concretes*, p. 198.

(*) Je marque *bis* parce que par une | & 189 ont été répétés au lieu de 190 & faute d'impreſſion les numeros des pages 188 | 191.

CHAP. III. *De l'évaporation dans un air raréfié ou condenfé*, p. 219.

CHAP. IV. *Le paffage du feu d'un lieu dans un autre eft-il une des caufes de l'évaporation ?* p. 234.

CHAP. V. *De la quantité de l'évaporation*, p. 240.

CHAP. VI. *De l'évaporation de la glace*, p. 249.

CHAP. VII. *De l'évaporation de l'eau mélangée d'antres fubftances ;* p. 253.

CHAP. VIII. *Réfumé général de cette théorie*, p. 257.

QUATRIEME ESSAI.

APPLICATION DES THÉORIES PRÉCÉDENTES A QUELQUES PHÉNOMENES DE LA MÉTÉOROLOGIE.

CHAP. I. *De la diſtribution des vapeurs dans l'atmoſphere,* p. 260.

CHAP. II. *Des orages,* p. 273.

CHAP. III. *Des variations du barometre,* p. 282.

un tableau de comparaifon des différens hygrometres connus, *ibid.*
Approfondir les rapports des différens airs avec les vapeurs, *ibid.* Joindre l'eudiometre aux inftrumens météorologiques, p. 364. Étudier la
nature de la vapeur élaftique dans le vuide, *ibid.* Recherches à faire
fur les vapeurs véficulaires, p. 365. Sur les nuages, *ibid.* Sur la quantité d'eau qu'ils contiennent, *ibid.* Trouver un diaphanometre, p. 366.
Étudier la nature de la vapeur bleue que l'on voit flotter dans l'air quand
il eft fec, *ibid.* Autres recherches à faire fur les vapeurs, *ibid.* Généralifer la théorie de l'évaporation, p. 367. Conclufion.

E R R A T A.

Pag. 32. lig. 17 de la 2e. colonne de la note, . *ou du* . lifez . *ou de*
P. 85. l. . 5 de la 2e. colonne de la note, *au-deffus* . lif.   . *au-deffous.*
P. 98. l. . 8 . . . . *l'eau d'air* lif.   . *d'eau l'air.*
P. 109. l. 29 de la note, ... §. 117 . lif.   . §. 107.
P. 122. l. 24 . . . . . *15 centieme 16 degrés* lif. . *15 degrés 16 centiemes.*
P. 127. l. 11 & 12. . . . . *au fentiment* lif. . *à celle.*
 Ibid. . Sommaire du §. 132. . . . *pour fervir* lif. ; *peut fervir.*
P. 132. l. pénultieme. · . . . . . 6 , 7 lif. . 61 , 7.
P. 170. l. . 7 . . . . *entre* lif. . *entrer.*
La page qui fuit la 189e. eft numérotée . 188 . lif.   . 190.
La fuivante eft numéroté . . . . . . 189 . lif. . 191.
P. 224. l. . 6 & 7 . . . . . *obfervées l'Abbé* lif. . *obfervées par l'Abbé.*
P. 362. Le Sommaire du §. 349 a été oublié . . . lif. . *Caufe de la grandeur des
variations diurnes de l'hygrometre.*
La page qui fuit le 353e. eft numérotée . . 454 . lif. . 354.

PREMIER ESSAI.

DESCRIPTION

D'UN NOUVEL

HYGROMETRE COMPARABLE.

CHAPITRE PREMIER.

STRUCTURE DE L'HYGROMETRE.

§. 1. LE cheveu s'alonge quand il s'humecte, & se contracte ou se raccourcit quand il se desseche. La différence entre le plus grand alongement que puisse lui donner l'humidité, & la plus grande contraction qu'il puisse recevoir de la sécheresse

Extension du cheveu par l'humidité.

A

eft, dans un cheveu convenablement leſſivé & chargé d'un poids de trois grains, de 24 ou 25 milliemes de ſa longueur totale ; ce qui revient à trois lignes & demie ou trois lignes deux tiers par pied. Les variations du cheveu crud ne vont qu'au quart ou même à la cinquieme partie de cette quantité : mais dans l'un & dans l'autre elles ſont trop petites pour que l'on puiſſe ſe contenter de les obſerver immédiatement, à moins que l'on ne nouât bout à bout un grand nombre de cheveux pour obtenir une longueur de pluſieurs pieds ; mais il y auroit divers inconvéniens à cette conſtruction, qui d'ailleurs ne don-neroit pas un inſtrument portatif & commode. J'ai donc cherché les moyens de rendre cette variation ſenſible, ſans rendre l'inſtrument volumineux & embarraſſant.

Moyen de rendre cette extenſion plus ſenſible.

§. 2. Le plus efficace de tous eſt d'accrocher à un point fixe un des bouts du cheveu, & d'attacher l'autre à la circonférence d'un petit cylindre ou d'un arbre, qui porte à une de ſes extrémités une aiguille légere, qui marque ſur un cadran tous les mouvemens de l'axe. Le cheveu eſt tendu par un contre-poids de 3 à 4 grains, ſuſpendu à une ſoie très-fine, qui eſt roulée en ſens contraire autour du même cylindre.

Deſcription de l'Hygrometre à arbre.

La figure premiere de la planche premiere repréſente un Hygrometre conſtruit ſur ce principe. L'extrémité inférieure du cheveu *a b* eſt retenue par la mâchoire de la pince à vis *b.* Cette pince repréſentée à part en B, ſe termine en une vis qui entre dans l'écroue à rondelle C, & cette écroue qui tourne ſans fin dans la piece qui le porte, ſert à faire monter ou deſ-cendre à volonté la pince B.

L'autre extrémité *a* du cheveu eſt retenue par la mâchoire

inférieure de la double pince mobile *a*, repréfentée à part en A. Cette pince faifit par en-bas le cheveu, & par en-haut une lame d'argent très-fine & foigneufement recuite, qui fe roule autour de l'arbre ou cylindre *d*, dont la figure féparée fe voit en D F.

Cet arbre, qui porte l'aiguille *e e*, marquée E dans la figure féparée, eft entaillé en forme de vis, & les pas de cette vis ont leur fond plat & coupé quarrément, pour recevoir la lame d'argent qui eft engagée dans la pince *a*, & liée ainfi avec le cheveu. J'ai été forcé à placer là une lame d'argent, parce que, lorfque le cheveu étoit fixé immédiatement au cylindre & fe rouloit autour de lui, il fe frifoit & contractoit une roideur que le contre-poids ne pouvoit point furmonter; au lieu qu'une lame d'argent très-fine & bien recuite conferve toujours la même foupleffe. Et il a fallu entailler l'arbre en forme de vis, pour que cette lame, en fe roulant fur elle-même autour du cylindre, n'augmentât pas l'épaiffeur de ce cylindre, & ne prît jamais une fituation trop oblique & variable. Cette lame eft fixée à l'arbre par une petite goupille F.

L'autre extrèmité de l'arbre D a la forme d'une poulie plate dans le fond, pour recevoir une foie fine & fouple à laquelle eft fufpendu le contre-poids marqué *g* dans la grande figure, & G dans la figure détachée. Ce contre-poids, deftiné à tendre le cheveu, agit dans une direction contraire à celle du cheveu & de la pince mobile à laquelle eft fixé ce cheveu. Si donc on veut que le cheveu foit chargé d'un poids de quatre grains, il faut que le contre-poids pefe quatre grains de plus que la pince.

Ce même arbre paffe d'un côté par le centre du cadran, &

roule là dans un très-petit trou fur un pivot bien cylindrique & bien poli. L'autre extrêmité a auffi un pivot femblable, qui eft reçu dans un trou pratiqué au bout du bras *b* de la double équerre *b i*, H I. Cette double équerre eft fixée par derriere au cadran, par le moyen de la vis I.

Le cadran *k e e k*, divifé en trois cents foixante degrés, eft porté par deux oreilles *l l*; celles-ci font foudées à deux canons, qui embraffent les colonnes cylindriques *m m*, *m m*; les vis de preffion *n*, *n*, traverfent ces canons & fervent à fixer le cadran & l'arbre qui lui eft adhérent, à la hauteur que l'on fouhaite.

Ces deux colonnes qui portent le cadran, font fermement liées avec la bafe de l'Hygrometre, qui repofe fur les quatre vis *o*, *o*, *o*, *o*, à l'aide defquelles on peut le caler & le placer dans une fituation verticale.

La colonne quarrée *p p* qui repofe fur la traverfe poftérieure de la bafe de l'Hygrometre, porte une boîte *q*, à laquelle tient une efpece de porte-crayon *z*, dont le vuide a pour diametre l'épaiffeur du contre-poids cylindrique *g*. Lorfqu'on veut tranfporter l'Hygrometre d'un lieu dans un autre, & que l'on craint le dérangement que pourroient occafionner les ofcillations du contre-poids, on fouleve la boîte *q* & fon porte-crayon *r*, de maniere que le contre-poids entre dans le vuide de celui-ci; on le fixe là par le moyen de la vis de preffion *s*, & la boîte même fe fixe par une autre vis *t*. Quand on veut mettre l'Hygrometre en expérience, on dégage le contre-poids, & on abaiffe la boîte comme elle eft dans la figure.

ENFIN, on voit au haut de l'inftrument une piece de métal recourbée *x*, *y*, *z*, qui lie entr'elles les trois colonnes que je viens de décrire. Cette piece eft percée en *y* d'une ouverture quarrée, qui fert à accrocher l'Hygrometre lorfqu'on veut le fufpendre.

§. 3. LES variations de cet Hygrometre font, toutes chofes d'ailleurs égales, d'autant plus grandes que l'arbre autour duquel s'enveloppe la lame d'argent qui tient au cheveu, a un plus petit diametre, & que l'inftrument, par fa hauteur, eft capable de recevoir un cheveu plus long. J'en ai de quatorze pouces de haut, mais un pied fuffit, & c'eft la grandeur de celui qui a fervi de modele à la figure premiere. Quant à fon arbre, il a trois quarts de ligne de diametre dans le fond des entailles fur lefquelles fe roule la lame. Ses variations, lorfqu'on lui adapte un cheveu convenablement préparé, font de plus d'une circonférence entiere; l'aiguille décrit environ quatre cents degrés en allant de la féchereffe extrême à l'humidité extrême.

Étendue des variations de l'Hygrometre à arbre.

MAIS cet Hygrometre a l'inconvénient de ne pas revenir bien exactement au même point lorfqu'on l'agite un peu fortement, ou qu'on le tranfporte d'un lieu dans un autre, parce que le poids de trois grains qui tient la lame d'argent tendue, ne peut pas la ployer affez exactement pour la forcer à fe coller toujours avec la même précifion contre l'arbre autour duquel elle fe roule. Or, on ne peut pas augmenter fenfiblement ce poids fans des inconvéniens plus grands encore.

CET inftrument eft donc très-bon pour demeurer fédentaire dans un obfervatoire; il peut auffi fervir à diverfes expériences hygrométriques, puifque l'on peut fubftituer au cheveu tous les corps que l'on veut éprouver, en les tenant tendus par des contre - poids plus ou moins forts, fuivant que leur nature l'exige (1) ; mais il ne convient pas pour être tranfporté, ni même pour des expériences qui l'expofent à de fortes fecouffes.

Defcription de l'Hygrometre portatif.

§. 4. Pour le remplacer dans les cas où il ne peut pas fervir, j'en ai fait conftruire un autre, plus portatif, plus commode, & qui, s'il n'a pas des variations auffi étendues, eft en revanche très-folide, & ne rifque point d'être dérangé par l'agitation & le tranfport.

La figure II de la planche premiere repréfente cet Hygrometre, que je nomme *Hygrometre portatif*, pour le diftinguer du précédent que j'appelle *grand Hygrometre* ou *Hygrometre à arbre*.

La piece effentielle de cet inftrument eft fon aiguille *a b c e*. On voit la coupe horifontale de cette même aiguille & du bras qui la porte dans la figure détachée G B D E F.

Cette aiguille porte à fon centre D un canon percé de part en part, & faillant en avant & en arriere. L'axe qui le traverfe & autour duquel tourne l'aiguille, eft aminci au milieu de fa longueur & renflé par fes extrémités, afin que le canon cylin-

---

(1) M. Deluc, à qui j'avois fait voir ces Hygrometres il y a plufieurs années, vient d'adapter le même méchanifme à des lames très - minces de fanon de baleine, dont il croit pouvoir faire de bons Hygrometres. Le feul changement de quelqu'importance qu'il ait fait à cette conftruction, c'eft d'employer un reffort au lieu d'un poids pour tenir fon ruban tendu. J'avois auffi eu cette idée, & j'en avois même fait divers effais, mais les refforts les plus foibles étoient encore trop forts pour le cheveu ; & d'ailleurs je craignois les variations que le froid, la chaleur & le tems font néceffairement fubir à la force des refforts.

drique qu'il traverfe ne le touche & ne frotte que par fes extrêmités.

La partie *d e* D E de l'aiguille fert d'indice & marque fur le cadran les degrés d'humidité & de féchereffe ; la partie oppofée *d b* D B fert à fixer & le cheveu & le contre-poids. Cette partie qui fe termine en portion de cercle, & qui a environ une ligne d'épaiffeur, eft creufée fur fon champ d'une double rainure verticale, qui rend cette partie femblable à un fegment d'une poulie à double gorge. Ces deux rainures qui font des portions d'un cercle de deux lignes de rayon, & dont le centre eft le même que celui de l'aiguille *d*, fervent à loger, l'une le cheveu, & l'autre la foie à l'extrêmité de laquelle eft fufpendu le contre - poids. Cette même aiguille porte verticalement au-deffus & au-deffous de fon centre, deux petites pinces à vis, fituées vis-à-vis des deux rainures ; celle d'en-haut *a* vis-à-vis de la rainure poftérieure, fert à fixer la foie à laquelle eft fufpendu le contre-poids *z*, & celle d'en-bas *b*, fituée vis-à-vis de la rainure antérieure, fert à tenir une des extrêmités du cheveu. Chacune de ces rainures a fes parois évafées, comme on le voit dans leur coupe en B, & fon fond plat, pour que le cheveu & la foie s'en dégagent avec la plus grande liberté. L'axe de l'aiguille D D traverfe le bras *g f* G F, & il eft fixé dans ce bras par la vis de preffion *f* F. Toutes les parties de l'aiguille doivent être parfaitement en équilibre autour de fon centre ; tellement que quand elle eft fur fon pivot fans contre - poids, elle refte indifféremment dans toutes les pofitions que l'on peut lui donner.

On comprend maintenant que quand le cheveu eft fixé par une de fes extrêmités dans la pince *e*, & par l'autre dans la pince *y*, fituée au haut de l'inftrument, & qu'il paffe dans une des gorges de la double poulie *b*, tandis que le contre-poids dont la foie eft fixée en *a*, paffe dans l'autre gorge de la même poulie ; ce contre-poids fert à tenir le cheveu tendu, & agit toujours dans la même direction & avec la même force quelle que foit la fituation de l'aiguille. Lors donc que la féchereffe contracte le cheveu, il furmonte la force de gravité du contre-poids, & l'indice defcend : lorfqu'au contraire l'humidité relâche ce même cheveu, il cede au contre-poids, & l'indice monte. Ce contre-poids ne doit pefer que trois grains, & ainfi il faut que l'aiguille foit légere & très-mobile, pour qu'une force auffi petite la gouverne & la ramene toujours à fon point lorfqu'elle en a été écartée.

Le cadran *h e h* eft une portion de cercle dont le centre eft le même que celui de l'aiguille, & qui eft divifée, comme je l'expliquerai, §. 34, ou en degrés du même cercle ou en centiemes de l'intervalle qui fe trouve entre les termes de féchereffe & d'humidité extréme. Le bord intérieur du cadran porte à la diftance *h i* une efpece de bride faillante *i i*, formée par un fil de laiton courbé en arc & fixé dans les points *i i*. Cette bride maintient & préferve l'aiguille, en laiffant à fon jeu toute la liberté néceffaire.

La pince à vis *y*, dans laquelle s'arréte l'extrémité fupérieure du cheveu, eft portée par un bras mobile qui monte & defcend à volonté le long du cadre K K. Ce cadre, qui eft cylindrique par-tout ailleurs, eft applati par derriere dans cette partie, jufqu'à fa demi-épaiffeur, pour que le coulant à reffort qui porte le bras, ne faffe pas de faillie pardeffous, & que ce

bras

bras ne puiſſe pas tourner. On l'arréte à la hauteur que l'on ſouhaite au moyen de la vis de preſſion *x*.

Mais comme il importe quelquefois de pouvoir donner des mouvemens très-petits & très-précis, afin de faire tomber l'aiguille préciſément ſur le point où on la veut, la couliſſe *l* qui porte la pince *y* à laquelle eſt fixé le cheveu, eſt conduite par la vis de rappel *m*.

Au bas de l'inſtrument eſt une grande pince *n o p q*, qui ſert à fixer l'aiguille & ſon contre-poids lorſque l'on veut tranſporter l'Hygrometre. Cette pince tourne ſur un axe *n*, terminé par une vis qui entre dans le cadre ; en ſerrant cette vis, on fixe la pince dans la poſition que l'on veut lui donner. Lorſque l'on deſire d'arrêter le mouvement de l'aiguille , on donne à cette pince la poſition déſignée par les lignes ponctuées ; le long bec *p* de la pince ſaiſit la double poulie *b* de l'aiguille , & le bec plus court *o* ſaiſit le contre-poids ; la vis de preſſion *q* ſerre les deux becs à la fois. Il faut, en aſſujettiſſant l'aiguille , la placer de maniere que le cheveu ſoit très-lâche ; afin que , ſi pendant le tranſport le cheveu venoit à ſe deſſécher , il puiſſe ſe contracter avec liberté. Lorſqu'enſuite on veut mettre l'inſtrument en expérience , on commence par relâcher la vis *n*, & l'on fait reculer la double pince avec beaucoup de précaution, en prenant bien garde de ne point tirailler le cheveu ; il convient pour cela de retenir d'une main l'aiguille auprès de ſon centre , tandis que de l'autre main on dégage & la poulie & le contre-poids des pinces qui les tiennent aſſujettis. Le crochet *r* ſert à ſuſpendre un thermometre ; il doit étre de mercure , à boule nue, très-petite, afin d'indiquer le plus promptement poſſible les variations de l'air. Il doit encore étre monté en métal , &

B

affujetti de maniere à ne pas faire des ofcillations qui puiffent venir déranger le cheveu.

ENFIN, on voit en *s* une coche faite au‑deffous du cadre, pour marquer le point de fufpenfion autour duquel l'inftrument eft en équilibre, & fe tient dans une fituation verticale.

TOUT l'inftrument doit être de laiton : l'axe de l'aiguille & fon canon donnent cependant des frottemens plus doux, fi on les conftruit de métal de cloche ou de matiere dure (1).

Étendue de fes va‑riations.

§. 5. L'ÉTENDUE des variations de cet Hygrometre n'eft guere que la quatrieme ou la cinquieme partie de celle des Hygrometres à arbre ; on pourroit l'augmenter en donnant un plus petit diametre au fégment de poulie auquel eft fixé le cheveu ; mais alors le cheveu, en fe roulant autour d'elle, fe friferoit & contracteroit une roideur qui le feroit adhérer au fond de la gorge. Je ne crois donc pas que l'on doive donner à cette poulie un rayon plus petit que deux lignes, à moins que l'on n'y adaptât une lame d'argent ou quelqu'autre mécha‑nifme ; mais alors l'Hygrometre deviendroit trop difficile à conf‑truire, & il exigeroit trop d'attention & de foins de la part de ceux qui l'emploieroient. J'ai cherché à en faire un inftrument d'un ufage général, & d'un emploi facile & commode. On

____

(1) M. PAUL, l'un des Artiftes les plus diftingués de notre ville, & qui eft capable, non‑feulement d'exécuter les inftrumens les plus délicats, mais de perfectionner même les idées du Phyfi‑cien qui les fait conftruire, a fait pour moi un grand Hygrometre à arbre & plufieurs portatifs, qui ont toute la per‑fection dont leur conftruction les rend fufceptibles.

Le prix de ceux à arbre eft de trois louis. Les portatifs coûtent quarante‑deux livres de France avec leur étui, & quinze francs de plus fi l'on fouhaite qu'il y joigne un thermometre de mercure monté fur une plaque d'argent.

pourra fe fervir de l'Hygrometre à arbre pour les obfervations qui exigeroient une extrême fenfibilité.

On pourroit auffi augmenter les variations de cet inftrument en le faifant plus haut, parce qu'alors on pourroit lui adapter des cheveux plus longs, mais il feroit moins portatif. D'ailleurs fi le cheveu eft trop long, le vent, lorfqu'on obferve en plein air, a trop de prife fur lui, & communique ainfi à l'aiguille des ofcillations incommodes. Il ne convient donc pas de donner à l'inftrument plus d'un pied de hauteur. Lorfqu'il a cette mefure & qu'on lui adapte un cheveu convenablement leffivé, fes varia-tions, de la féchereffe à l'humidité extrême, font de quatre-vingt & même de cent degrés, qui, vus fur un cercle de trois pouces de rayon, forment une étendue fuffifante pour des obfer-vations de ce genre. J'en ai même fait conftruire de beaucoup plus petits pour porter habituellement dans la poche, & pour faire des expériences dans de petits récipiens; ils n'ont que fept pouces de hauteur fur deux de largeur, & cependant leurs va-riations font encore très-fenfibles.

CHAPITRE II.

P R É P A R A T I O N   D U   C H E V E U.

Onctuofité naturelle du cheveu.
§. 6. Les cheveux ont naturellement une efpece d'onctuofité, qui les préferve jufqu'à un certain point de l'action de l'humidité, ou qui du moins ralentit beaucoup cette action.

On peut l'enlever avec l'alkali cauftique.
§. 7. Pour les dépouiller de cette onctuofité, & les rendre plus fenfibles aux alternatives de l'humidité & de la féchereffe, j'employai d'abord du fel alkali cauftique ; mais je trouvai de la difficulté à en fixer la dofe : pour peu qu'il y en ait trop, ce fel diffout entiérement les cheveux ; & s'il y en a trop peu, ils ne deviennent pas affez fenfibles. Ce qui augmente cette difficulté, c'eft que la force de ce fel varie beaucoup, fuivant qu'il a été plus ou moins bien préparé, & que l'on a été plus ou moins foigueux à le préferver du contact de l'air qui diminue fa caufticité, en l'humectant & en lui rendant de l'air fixe.

Mais le fel de foude eft préférable.
§. 8. Pour détourner ces fources d'incertitudes, j'ai eu recours au fel de foude cryftallifé, qui, fous cette forme, contient conftamment la même quantité d'eau & d'air fixe, & j'ai trouvé, après bien des tâtonnemens, que fi l'on prend de l'eau pure & qu'on y ajoute fix grains de ce fel par once, cette leffive a un degré de force tel, qu'en vingt-cinq ou trente minutes d'ébullition, elle donne aux cheveux toute la mobilité que l'on peut fouhaiter.

Choix des cheveux.
§. 9. Les cheveux deftinés à former des Hygrometres doivent être fins, doux, non crépés, la couleur eft indifférente ; il

m'a cependant paru qu'en général les blonds réuffiffent mieux
que les noirs ; mais ce qui eft effentiel, c'eft qu'ils aient été
coupés fur une tête vivante & faine ; car ceux qui tombent
d'eux - mêmes, ou que l'on coupe après de longues maladies ,
tels que la plupart de ceux que les perruquiers achetent dans
les hôpitaux , font fujets à un vice dont je parlerai dans le
chapitre fuivant. Il eft inutile que les cheveux aient plus d'un
pied de longueur ; il eft même rare qu'on en emploie d'auffi
longs.

§. 10. Il ne convient pas de leffiver à la fois un volume
de cheveux qui furpaffe l'épaiffeur d'une plume à écrire. Pour
les affujettir, pour que l'agitation de l'eau ne les mêle pas, &
qu'ils foient également expofés à l'action de la leffive, je prends
une bande de toile fine, large d'environ quinze lignes, & un
peu plus longue que les cheveux ; je les couds dans cette toile
comme dans un fac, fans les ferrer & fans que la toile faffe
plus d'une révolution autour d'eux (1). Je plonge ces cheveux
ainfi renfermés dans un matras à long col, qui peut contenir
quarante ou cinquante onces d'eau ; je le choifis à long col,
afin que l'ébullition ne produife pas une trop grande évaporation & ne concentre pas fenfiblement la liqueur. Je mets dans
ce matras trente onces d'eau, dans laquelle je fais diffoudre
cent quatre - vingts grains ou fept deniers & demi de fel de
foude cryftallifé. Alors je fais chauffer ce matras jufqu'à l'ébullition de la liqueur ; je foutiens cette ébullition doucement &

Détails de
l'opération.

---

(1) Je me contentois d'abord de
lier les cheveux, fans les renfermer ainfi
dans un fac, mais alors leurs extrémités
qui flottoient librement dans la leffive,
& ceux qui fe féparoient des autres en
tout ou en partie, fe trouvant entourés
de tous côtés par cette leffive & expofés
immédiatement à fon action, étoient
toujours trop leffivés, & fouvent le même
cheveu qui l'étoit trop dans une place,
l'étoit trop peu dans une autre.

uniformément pendant trente minutes, au bout defquelles je retire le fac & les cheveux qu'il renferme, & je les lave foigneufement en les faifant bouillir à deux reprifes pendant quelques minutes dans de l'eau pure. Je découds enfuite la toile, & après en avoir retiré les cheveux, je les agite en divers fens dans un grand vafe rempli d'eau froide & claire pour achever de les laver & pour les détacher les uns des autres. Enfin, je les fufpends & les laiffe fécher à l'air.

Caractderes des cheveux leffivés à propos.

§. 11. Ce n'eft que quand ils font fecs que l'on peut juger de la réuffite de cette opération. Ils doivent paroître nets, doux, brillans, tranfparens, bien détachés les uns des autres. S'ils étoient rudes, crêpés, ternes, opaques, collés enfemble, ce feroit une preuve certaine que l'on a employé trop de fel en les leffivant. Il faut bien fe garder de conftruire des Hygrometres avec des cheveux qui aient ces caracteres. Leurs variations font à la vérité très-grandes ; mais ils s'alongent trop & d'une maniere irréguliere, fur-tout lorfqu'ils approchent du terme de l'humidité extrême ; leur état eft prefque celui d'une gelée qui perd tout fon reffort dans un air humide. Il vaut mieux un peu moins de fenfibilité & un peu plus de folidité & de force.

Il eft rare que l'action de la leffive ait été la même fur tous les cheveux que l'on a préparés en même tems : on reconnoît à leur plus grande tranfparence ceux qui en ont été le moins affectés. Si donc le premier qu'on effaie fe trouvoit trop extenfible, il faudroit en chercher un de la même cuite qui fût plus tranfparent, *& vice-verfâ.*

C H A P I T R E I I I.

DÉTERMINATION DU TERME DE L'HUMIDITÉ EXTRÊME.

§. 12. Au moment où je commençai à m'occuper de l'Hygrometrie, je vis que, pour obtenir le terme de l'humidité extrême, il falloit plonger l'Hygrometre, non pas dans l'eau, dont l'action peut être fur certains corps, fort différente de celle des vapeurs; mais dans un air complétement faturé d'eau, & par cela même auffi humide qu'il peut l'être. Le moyen le plus fimple me parut être de mouiller exactement toute la furface intérieure d'une cloche de verre ou d'un récipient, & de pofer cette cloche fur un plat rempli d'eau. Il eft clair qu'un Hygrometre fufpendu dans ce récipient fe trouve placé dans un air entouré d'eau de toutes parts; que cet air doit fe faturer de cette eau, & produire fur cet Hygrometre l'effet de la plus grande humidité poffible.

Moyen d'obtenir cette humidité.

§. 13. Mais quand l'Hygrometre demeure long-tems fous cette cloche, il arrive quelquefois, fur-tout lorfque l'air du lieu dans lequel on opere vient à fe réchauffer, que les parois intérieures de la cloche fe deffechent, du moins en partie, qu'alors l'Hygrometre n'indique plus l'humidité la plus grande poffible, & qu'il peut même s'en écarter de trois ou quatre degrés. Il faut donc de tems en tems lever la cloche, l'humecter intérieurement avec une éponge, & la replacer bien vîte fur l'Hygrometre; il marche de quelques degrés vers la féchereffe pendant cette opération, avec quelque diligence qu'on l'exécute, la fit-on même, comme cela eft poffible, en dix fecondes; mais au bout de trois ou quatre minutes il retourne à fon terme d'hu-

Moyen de la conferver.

midité extrême. Quelquefois auffi, pour éviter ce defféchement momentané, j'humecte les parois intérieures de la cloche en paffant pardeffous fes bords & fans les dégager de l'eau dans laquelle ils trempent, la pointe recourbée d'une feringue remplie d'eau, & j'arrofe ainfi toutes les parois intérieures de la cloche ; mais en employant cette méthode, on court le rifque de jeter de l'eau fur l'Hygrometre & de le déranger ; ainfi je préfere ce qui eft plus fimple & fans inconvénient, de lever la cloche & d'y paffer de l'eau ou de l'humecter avec une éponge.

Effets de cette humidité fur le cheveu.

§. 14. LE cheveu que l'on a laiffé fécher à l'air après l'avoir leffivé, fe trouve ordinairement tortueux ; le poids deftiné à le tendre ne fauroit le redreffer tant qu'il eft fec ; mais dans un air faturé d'humidité, ce même poids, quoiqu'il ne foit que de trois grains, le redreffe & l'étire autant qu'il eft néceffaire. A la vérité, il faut une heure ou deux de féjour dans cette humidité pour qu'il y prenne tout l'alongement dont il eft fufceptible. Il faut donc laiffer l'Hygrometre fous la cloche, & y entretenir une humidité conftante jufqu'à ce qu'il ceffe de s'alonger.

MAIS fi au bout de cinq ou fix heures de féjour dans cette humidité extrême, le cheveu ne ceffoit point de s'alonger, ce feroit une preuve qu'il a été trop fortement leffivé, & que l'action du fel l'a dépouillé de fon nerf & de fa force organique ; il faudroit l'ôter pour en fubftituer un moins cuit.

Cheveux rétrogrades.

§. 15. SI au contraire on voyoit le cheveu, après s'être alongé jufqu'à un certain point, fe raccourcir fenfiblement, enforte que l'aiguille, après avoir marché vers l'humidité, rétrogradât vers la féchereffe malgré l'eau & les vapeurs que l'on introduit dans la cloche, cela prouveroit que le cheveu a

été

été trop fortement tiraillé, foit avant, foit après fa préparation, & il faudroit également le rejeter.

Cette rétrogradation m'étonna beaucoup les premieres fois que je l'obfervai : je croyois toujours que l'air fe defféchoit dans l'intérieur de la cloche, j'employois mille moyens différens pour humecter cet air, & plus je le rendois humide, plus le cheveu fe contractoit ; mais je reconnus enfin que l'on n'obferve ce vice que dans les cheveux que l'on a fortement étirés, foit en les féparant les uns des autres, foit en les nouant, foit enfin en les chargeant d'un poids trop confidérable.

Il y a lieu de croire que le tiraillement déchire en quelque maniere le cheveu, ou défunit du moins fes parties intégrantes ; qu'enfuite, lorfqu'il eft expofé à l'action de l'humidité, elle commence par produire fon premier effet, qui eft de le relâcher ; mais que l'action continuée de cette même humidité guérit peu à peu les plaies qu'avoit faites le tiraillement, réunit les parties féparées & raccourcit le cheveu à-peu-près au point où il auroit été naturellement. Si ce raccourciffement opéré par l'humidité duroit autant que le cheveu, il pourroit également fervir ; mais cet effet n'eft pas durable, une féchereffe long-tems continuée enleve au cheveu cette eau qui avoit réuni fes parties ; celles-ci donc fe féparent, & le cheveu s'alonge pour fe raccourcir de nouveau s'il fe trouve dans une humidité furabondante. Or, comme ces mouvemens contraires répandent de l'incertitude fur les variations hygrométriques, il faut rejeter les cheveux que l'on voit atteints de ce défaut ; c'eft-à-dire, ceux qui, après s'être alongés jufqu'à un certain point dans l'humidité extrême, fe raccourciffent dans cette même humidité, lors même que l'on remplit de vapeurs le lieu où ils font renfermés. Si cependant

C

cette contraction ne paffe pas un degré, on peut bien ne pas y prendre garde, d'autant qu'il eft très-rare d'en trouver qui en foient entiérement exempts, & que ce défaut produit des effets beaucoup moins fenfibles en plein air que dans des vafes fermés.

§. 16. Si l'on charge le cheveu d'un poids trop grand relativement à fa force, mais pourtant pas exceffif; fi, par exemple, un feul cheveu eft chargé d'un poids de douze grains, le tiraillement caufé par ce poids ne fe manifefte pas d'abord, l'Hygrometre conftruit avec ce cheveu a dans les premiers tems une marche affez réguliere, mais au bout d'un ou deux ans, & même de quelques mois, il s'étire trop & devient fujet à rétrograder dans l'humidité extrême.

C'EST ce défaut qu'avoient mes premiers Hygrometres, & dont j'ignorois la caufe, qui me fit défefpérer de pouvoir employer le cheveu à la conftruction d'un inftrument durable; mais depuis que j'en ai reconnu l'origine, que j'ai trouvé dans la diminution du poids le remede à ce défaut; depuis fur-tout que j'ai vu, comme je l'ai dit dans la préface, que des cheveux confervés pendant cinq ans dans un lieu fec, étoient exactement auffi bons qu'au moment où ils furent préparés, j'ai repris ce travail avec confiance.

UNE autre précaution que j'ai cru devoir employer, c'eft d'arréter les cheveux par des pinces à vis, au lieu de les nouer comme je faifois autrefois, parce qu'il eft bien difficile de ferrer un nœud fait avec un corps tel que le cheveu, fans courir le rifque de l'étirer & de déranger fon organifation intérieure.

§. 17. M**ais** il convient de réfumer en peu de mots le procédé que j'emploie pour obtenir le terme de l'humidité extrême.

Réfumé de
l'opération.

J'**ai** un récipient cylindrique de quinze à feize pouces de hauteur, fur fix à fept de diametre. Pour tenir les Hygrometres fufpendus dans ce récipient, je prends un chandelier de verre, dans la bobeche duquel font fixés des crochets affez élevés, pour que les Hygrometres fufpendus à ces crochets ne touchent point le plat fur lequel doit repofer le chandelier, & pourtant affez bas pour que le chandelier chargé d'Hygrometres puiffe entrer dans le récipient; ce fupport eft très-commode, parce que l'on peut y fufpendre quatre Hygrometres à la fois, & obferver leur marche à tous en même tems.

L**orsque** je veux déterminer le point d'humidité extrême d'un ou de plufieurs Hygrometres, je les accroche à ce chandelier, que je place enfuite fur un plat, dont le fond eft couvert de quelques lignes d'eau; je mouille bien complétement avec une éponge tout l'intérieur de la cloche de verre, & fur-le-champ je couvre le chandelier & les Hygrometres de cette cloche, dont le bord inférieur eft ainfi plongé dans l'eau.

B**ientôt** les cheveux commencent à s'alonger, & les Hygrometres à marcher à l'humide: je les obferve au moins de quart en quart d'heure, en donnant quelques légeres fecouffes à l'appareil, pour favorifer le mouvement de l'aiguille, & je note à chaque fois le degré & la fraction de degré qu'elle indique dans chaque Hygrometre.

S**i** les cheveux ne font pas trop fortement leffivés, au bout d'une heure, & même quelquefois d'une demi-heure, ils ont atteint leur plus grande extenfion, & par conféquent le terme de l'humidité extrême : alors on les voit demeurer au même point, tant que l'intérieur du récipient demeure parfaitement humide. Mais comme il feroit poffible que les parois intérieures fe fuffent un peu deffechées, il faut, lorfqu'on vcit les Hygrometres ftationnaires, injecter de l'eau dans le récipient, ou le lever, le mouiller intérieurement & le replacer fur les Hygrometres avec toute la diligence poffible. Si le cheveu s'étire toujours de plus en plus, & qu'au bout de deux ou trois heures de féjour dans l'air humide, il ne ceffe point de s'alonger, il a été trop leffivé, il faut le rejeter & en adapter un autre. Si au contraire il rétrograde de plufieurs degrés vers la féchereffe, malgré l'humidité foigneufement entretenue dans l'intérieur de la cloche, il a le défaut dont j'ai parlé plus haut, §. 15, il eft *rétrogade;* il faut encore le rejeter : mais s'il demeure fixe, ou à-peu-près fixe autour du même point, il eft bon, & le degré le plus élevé auquel l'aiguille foit allée, eft le terme de l'humidité extrême.

Si l'on defire un inftrument qui mérite la plus grande confiance, il faut, après cette opération, le tirer de deffous la cloche, lui faire fubir pendant quelques jours diverfes alternatives d'humidité & de féchereffe, & le remettre enfuite fous la cloche remplie de vapeurs. Si alors il revient au même point, ou même s'il ne s'en écarte que d'un demi degré, on peut être affuré que le cheveu adapté à l'Hygrometre eft de la meilleure qualité, & que le terme le plus haut qu'il ait atteint, indique bien la plus grande humidité que l'on puiffe jamais obferver.

La chaleur
ne change

§. 18. Je fais toute cette opération avec de l'eau froide,

c'eft-à-dire, à la température du lieu dans lequel je me trouve; & l'on ne doit pas craindre que les réfultats foient différens lorfque l'air eft plus ou moins chaud. Car on peut verfer de l'eau chaude dans le plat qui fupporte la cloche fous laquelle font les Hygrometres, fans que les vapeurs chaudes qui s'en exhalent & qui rempliffent la cloche, relâchent le cheveu plus que ne le faifoient les vapeurs de l'eau froide. Quelquefois même, au contraire, on voit les vapeurs chaudes contracter le cheveu, & faire faire à l'aiguille quelques pas vers la fechereffe. Mais cela n'arrive qu'aux cheveux viciés par le tiraillement ou par quelqu'autre caufe, & qui par cela même font fujets à rétrograder: ces vapeurs abondantes les pénetrent de toutes parts, les nourriffent, pour ainfi dire, & leur rendent pour quelque tems le nerf qu'ils ont perdu; ces mêmes cheveux qui éprouvent cet effet dans les vapeurs chaudes, l'éprouvent auffi dans les froides, fi, en injectant continuellement de l'eau dans la cloche, on la tient conftamment fuperfaturée de vapeurs. Seulement les vapeurs chaudes produifent-elles cet effet avec plus de promptitude. Mais des cheveux bien fains & leffivés à propos, ne font nullement contractés par les vapeurs de l'eau, même bouillante, elles ne produifent pas fur eux plus d'effet que celles de la froide. Et lors même que les vapeurs, foit chaudes foit froides, produifent fur un cheveu quelque rétrogradation, je ne le rejette pas, pourvu que cette rétrogradation ne foit que d'une moitié ou des trois quarts d'un degré, l'erreur qui peut réfulter de là pouvant être négligée dans un inftrument de ce genre.

On ne doit donc point craindre que la chaleur plus ou moins grande, foit de l'eau, foit des vapeurs, foit de l'air ambiant, produife un changement fenfible fur le terme de l'humidité extrême.

Ce n'eſt pas que la chaleur ne dilate le cheveu comme elle dilate tous les corps connus. Nous déterminerons même, dans le chapitre V de cet eſſai, la quantité de cette dilatation, & nous verrons que, bien qu'elle ſoit aſſez petite pour que l'on puiſſe la négliger ſans riſque, on peut cependant en tenir compte ſi l'on veut employer une exactitude très-ſcrupuleuſe.

Mais quant aux vapeurs, elles ne pénetrent, ou du moins elles n'alongent pas plus le cheveu lorſqu'elles ſont chaudes que lorſqu'elles ſont froides, & c'eſt-là une propriété du cheveu bien remarquable, & qui le rend bien précieux pour l'Hygrometrie.

CHAPITRE   IV.

DÉTERMINATION DU TERME DE SÉCHERESSE EXTRÉME.

§. 19. **I**L ne suffit pas d'avoir trouvé un point fixe d'humidité, il en faut un de féchereffe. On a depuis long-tems penfé à l'obtenir par le moyen des fels qui attirent l'humidité de l'air. M. Senebier en a fait le plus heureux ufage pour la graduation des Hygrometres à boyau ; j'avois même auffi employé ces fels dans le travail que je fis il y a fix ans ; mais je ne m'étois pas encore pleinement fatisfait, parce que je n'avois pas trouvé de critere ou d'indice fûr & infaillible auquel on pût reconnoître fi le point de féchereffe que l'on avoit obtenu, étoit un terme conftant & invariable.

En effet, les alkalis cauftiques, les acides concentrés, les neutres déliquefcens, deffechent toujours très-fortement l'air dans lequel on les renferme ; mais j'ai cependant éprouvé, que fuivant que cet air eft plus ou moins fec dans le moment où l'on y introduit les fels, fuivant que la quantité de ces fels eft plus ou moins grande relativement au volume de l'air qu'ils doivent deffécher, & enfin fuivant qu'ils ont été préparés & confervés avec plus ou moins de foins, le degré de féchereffe qu'ils produifent varie d'une maniere très-fenfible. Ainfi lors même que j'avois employé les plus grandes précautions pour deffécher complétement l'air qui entouroit mon Hygrometre, il me reftoit toujours quelque doute fur le fuccès, & fur-tout fur l'uniformité des effets de mon opération. Mes derniers travaux ont été plus heureux, j'ai trouvé pour l'Hygrometre à cheveu un caractere fûr de fon defféchement parfait, ou du moins d'un degré de deffléchement bien déterminé, & qui eft en même tems, à ce que je crois, le plus grand dont cette fubftance foit fufceptible fans fe détruire.

Caractere du defféchement extrême.

§. 20. Voici le fondement de ce critere : les belles expériences de M. Le Roi ont fait voir que l'air eft un vrai diffolvant des vapeurs, & que la chaleur augmente fa force diffolvante. S'il pouvoit refter quelque doute fur cette vérité, l'Hygrometre en fourniroit la preuve. Que l'on en renferme un fous une cloche de verre feche, dans laquelle il ne fe trouve ni eau, ni aucun corps d'où la chaleur puiffe en faire fortir ; qu'on obferve le degré auquel l'Hygrometre fe fixe dans cette cloche, & qu'on l'expofe enfuite aux rayons du foleil, ou à une autre caufe quelconque de chaleur, on verra l'Hygrometre marcher au fec ; qu'au contraire on le porte dans un lieu froid, on le verra aller à l'humide. Cet effet a lieu tant qu'il refte dans l'air une quantité fenfible d'humidité, & lors même que l'action des fels abforbans l'a defféché à un degré fort fupérieur au plus haut degré de féchereffe où nous puiffions jamais le voir dans l'athmofphere : mais lorfqu'enfin ces fels l'ont totalement dépouillé de l'eau qu'il tenoit en diffolution, alors l'Hygrometre renfermé dans cet air ne va plus au fec quand on le réchauffe, ni à l'humide quand on le refroidit, & même, au contraire, la chaleur agit alors fur le cheveu comme elle feroit fur un corps métallique ; elle le dilate, le froid le contracte, il ceffe d'être Hygrometre, il devient pyrometre. Mais il faut voir les détails de cette obfervation.

Détails de l'opération.

§. 21. J'emploie toujours, pour le deffléchement de l'air, le procédé que j'ai décrit dans ma lettre à M. Senebier. (*Journal de phyfique*, 1778, *Tome I, page* 43.) Je choifis un récipient

de

de forme à-peu-près cylindrique, le plus petit possible relativement à l'Hygrometre qui doit y être renfermé; je fais ensuite
courber une feuille de tole en forme d'un demi cylindre, dont
les dimensions soient telles, qu'il puisse entrer dans le récipient,
& qu'il occupe toute sa hauteur & la moitié de sa largeur. Je
place cette tole sur des charbons ardens, je l'échauffe jusqu'à ce
qu'elle commence à rougir, je l'asperge alors de tous côtés,
tant dans sa concavité que sur sa convexité, d'une poudre com-
posée de parties égales de nitre & de tartre crud; je fais ensorte
qu'après la détonation, l'alkali fixe, qui en est le résultat, couvre
toute la surface de la tole, & soit également répandu sur elle;
je calcine ce sel en continuant de tenir la tole à peine rouge
pendant le premier quart d'heure, pour laisser au sel le tems
de perdre sa trop grande liquidité qui le feroit couler & abandonner la tole; mais à mesure que le sel devient moins fusible,
j'augmente la chaleur, & je la pousse jusqu'à ce que le fer &
le sel qui le couvrent soient d'un beau rouge de cerise; j'entretiens ce degré de chaleur pendant une bonne heure; après
quoi je retire la tole du feu, & je la laisse refroidir jusqu'au
point de ne pas courir le risque de faire fendre le récipient
dans lequel elle doit être insinuée; je la place alors encore
chaude dans ce récipient, que j'ai tenu aussi chaud & parfaitement sec; j'y renferme en même tems l'Hygrometre (1) & un
thermometre monté en métal, & j'empêche la communication

____

(1) Pour que l'aiguille ait la liberté d'aller au sec, il faut, avant cette opé-ration, lui donner, par le moyen de la vis de rappel *m* fig. 2, une position telle, que le terme de l'humidité extrême tombe tout près du point le plus élevé du cadran; alors le cheveu, en se con-tractant, peut lui faire parcourir toute l'étendue de ce même cadran.

Quand on a plusieurs Hygrometres à graduer, on peut, comme en détermi-nant le point d'humidité extrême, les suspendre à un chandelier de verre ou de métal, & en placer ainsi trois ou quatre sous la même cloche.

avec l'air extérieur, par du mercure, ou en lutant avec de la cire molle les bords du récipient.

Au moment où l'Hygrometre eſt renfermé avec la tole alkaliſée, on le voit marcher au ſec avec une très-grande rapidité; je l'ai vu faire, dans les dix premieres minutes, vingt-quatre degrés: ce qui eſt preſque le quart de l'intervalle compris entre les deux extrêmes d'humidité & de ſéchereſſe; mais peu à peu ſa marche ſe ralentit, & ſur la fin il fait à peine un quart de degré en vingt-quatre heures. Je laiſſe cet appareil ſans y toucher, juſqu'à ce que l'aiguille ſoit demeurée au moins douze heures ſans faire aucune variation; ſeulement ai-je ſoin de donner de tems à autre de légeres ſecouſſes à l'appareil, pour faciliter le mouvement de l'aiguille & lui aider à ſurmonter les frottemens & la roideur du cheveu. Si la tole a été bien garnie & l'alkali bien préparé, l'Hygrometre ſe fixe au bout de deux ou trois fois vingt-quatre heures.

Alors, comme il ſeroit poſſible que cette fixité vint de ce qu'il ſe ſeroit établi un équilibre entre la force attractive du ſel & la force diſſolvante de l'air, ſans que pourtant celui-ci fût dépouillé de toute ſon humidité, pour écarter ce doute, je place l'appareil au ſoleil ou devant le feu; dans ce dernier cas, je le mets à une diſtance telle qu'il ne riſque pas d'éclater, & que pourtant il puiſſe s'échauffer juſqu'à quarante ou cinquante degrés: & pour qu'il s'échauffe également de tous côtés, j'ai ſoin de le tourner réguliérement, en lui faiſant faire un quart de tour de deux en deux ou de trois en trois minutes, enforte que toutes les dix minutes l'appareil faſſe un tour entier ſur lui-même. (1)

---

(1) Au reſte, la régularité de ces révolutions n'eſt néceſſaire que quand on veut obſerver avec beaucoup d'exactitude les effets de la chaleur ſur le

Ordinairement le premier coup de chaleur, fur-tout fi elle eft vive & brufque, alonge le cheveu & fait marcher l'aiguille du côté de l'humidité, d'un quart & même d'une moitié de degré, lors même que l'air n'eft pas encore parfaitement defféché; fans doute parce qu'il faut moins de tems pour que la chaleur pénetre & dilate un corps auffi mince qu'un cheveu, qu'il n'en faut pour qu'elle réduife en vapeurs l'humidité qu'il contient encore, & pour que l'air ambiant puiffe abforber ces vapeurs. Si donc il refte de l'humidité, foit dans le cheveu, foit dans l'air, fi l'un ou l'autre eft éloigné, ne fût-ce que de trois ou quatre degrés du point de defféchement extrême, on verra la même chaleur, foutenue pendant deux ou trois heures, faire rebrouffer chemin à l'aiguille, & la faire marcher vers la féchereffe.

Si au contraire le cheveu & l'air qui l'entoure font parfaite-ment fecs, on verra le cheveu s'alonger conftamment & même proportionnellement à l'intenfité de la chaleur qu'on lui appli-que; & fi on tranfporte l'appareil dans un lieu froid, on verra le cheveu fe contracter avec la même régularité. Cependant, comme un cheveu ifolé fe réchauffe & fe refroidit incompara-blement plus vîte que le thermometre même le plus fenfible, fes dilatations & fes contractions devancent toujours de beau-coup celles du thermometre.

Mais ce qu'il faut fur-tout foigneufement obferver, c'eft que quand le cheveu eft parfaitement defféché, fi, après l'avoir for-tement échauffé, on le fait paffer à une température moyenne, il retourne toujours précifément au même degré; au lieu que s'il lui refte encore de l'humidité, cette même température le

cheveu; car fi l'on n'a d'autre but que de graduer l'Hygrometre, il n'y a aucun inconvénient à ce que l'un des côtés de l'appareil s'échauffe plus que l'autre.

ramene à des degrés de fécherefſe continuellement plus grands. Je reviendrai à ce fait dans le §. 30.

§. 22. Il m'a paru intéreſſant de favoir fi cette contraction pyrométrique du cheveu, s'obferveroit encore dans des degrés de froid qui paſſeroient le terme de la congelation. J'ai placé tout l'appareil, c'eſt-à-dire, l'Hygrometre renfermé dans fa cloche avec fa tole alkalifée, fon thermometre & fon air parfaitement deſſéché ; j'ai placé, dis-je, tout cet appareil fous une grande cloche de verre, & j'ai couvert & entouré cette cloche d'un mélange de glace & de fel marin. Lorfque le froid a eu bien pénétré tous ces corps, j'ai retiré l'appareil de deſſous la cloche, & j'ai trouvé que le mercure dans le thermometre s'étoit condenfé jufqu'au douzieme degré au-deſſous de la glace fondante, tandis que le cheveu, en fe contractant auſſi, avoit fait marcher l'aiguille d'un demi degré vers la fécherefſe. Lorfque l'appareil fe fut rechauffé & fut revenu à la température qu'il avoit avant d'être plongé dans la glace, c'eſt-à-dire, à dix degrés au-deſſus de la congelation, le cheveu fe dilatant auſſi, ramena l'aiguille exactement au point où elle avoit été.

§. 23. L'ALONGEMENT du cheveu par la chaleur eſt donc le critere du deſſéchement parfait : ainſi le degré qu'indique l'aiguille dans cet état du cheveu & à une température qui approche du tempéré, eſt, dans mes Hygrometres, le terme de la fécherefſe extrême.

QUAND on a fuivi avec foin le procédé que je viens de décrire, on obtient infailliblement & ce terme & fon critere. Mais lorfque l'on a commis quelque négligence, on voit le cheveu renfermé avec la tole alkalifée conferver toujours quelque tendance à s'alonger par le froid & à se contracter par la chaleur. Si au bout de sept ou huit jours cette tendance ne diminue pas sensiblement, il est inutile d'attendre plus long-tems, l'opération est manquée, il faut la recommencer.

§. 24. LA même tôle, une fois qu'elle est bien garnie de sels, peut servir à un grand nombre d'opérations ; mais il faut chaque fois la calciner de nouveau pour lui enlever l'humidité qu'elle a reprise. On peut alors lui donner une chaleur plus forte & plus brusque, parce que le sel a perdu la grande fusibilité qu'il a d'abord après sa détonation. Et si l'on veut conserver pour long-tems cette tôle garnie de sels, il faut la renfermer dans une cloche de verre luttée avec de la cire, sans quoi l'alkali se détache par plaques ou se résout en liqueur.

La même tôle peut resservir.

§. 25. J'AUROIS desiré de rendre cette opération plus facile, & d'éviter aux Physiciens qui voudront construire des Hygrometres d'après ces principes, la peine de cette calcination. J'ai essayé l'huile de vitriol concentrée, & la terre foliée de tartre qui absorbent l'humidité de l'air avec une très - grande force, & même avec plus de promptitude que le sel de tartre ; mais je n'ai point pu obtenir avec ces sels le degré de sécheresse extrême que j'obtiens sûrement avec le sel de tartre calciné ; & les Hygrometres gradués avec le sel de tartre, lorsqu'on les expose à l'action de ces sels restent toujours de trois ou quatre degrés en-deçà du terme de la sécheresse extrême.

D'autres moyens ne donnent pas le même degré de sécheresse.

Au reste, cette opération n'a rien de bien embarrassant, il n'est besoin d'aucun fourneau ; on peut la faire avec du charbon sur l'âtre d'une cheminée ordinaire ; & quand une fois on a un Hygrometre gradué directement par cette méthode, il peut servir comme je le ferai voir dans le chapitre VI, à en graduer d'autres par comparaison.

CHAPITRE V.

DES VARIATIONS PYROMÉTRIQUES DU CHEVEU.

On peut les apprécier dans un air complète-ment defféché.

§. 26. LE procédé que je viens de décrire nous fournit donc un des extrêmes des variations de l'Hygrometre ; mais il a encore un autre avantage, c'eft qu'il nous met en état de connoître & de mefurer même les effets de la chaleur fur le cheveu ; effets que l'on ne peut point déterminer lorfqu'il n'eft pas entiérement defféché. Car tant que le cheveu, ou tout autre corps de ce genre, contient de l'humidité, la chaleur produit fur lui tout à la fois deux effets contraires, les particules du feu s'infinuent entre fes parties élémentaires, les écartent & dilatent le cheveu, pour ainfi dire, *pyrométriquement* ; mais dans le même tems la chaleur volatilife & entraîne hors de lui des particules d'eau, qui laiffant vuides les places qu'elles occu-poient, lui permettent de fe contracter *hygrométriquement*. Or, les effets de ces deux caufes, qui fe croifent & fe modifient mutuellement, ne peuvent point étre appréciés, à moins qu'on ne les fépare pour les obferver indépendamment l'un de l'autre. Et c'eft ce que l'on peut faire, lorfque le cheveu eft complé-tement defféché, parce qu'alors la chaleur ne produit plus fur lui de contraction hygrométrique.

Mefure de ces varia-tions.

§. 27. AINSI, puifque dans l'expérience que j'ai rapportée à la fin du chapitre précédent, un cheveu parfaitement defféché, en paffant d'une température de dix degrés au-deffus de la congelation à un froid de douze degrés au-deffous de ce même terme, s'eft contracté de maniere à faire décrire un demi degré de cercle à l'aiguille qui lui eft attachée, il fuit de-là qu'un degré de chaleur, mesuré par le thermometre de mercure, dilate le cheveu d'une quantité qui fait parcourir à l'aiguille la quarante-quatrieme partie d'un degré, ou, ce qui revient au même, ce degré de chaleur dilate le cheveu d'environ dix-neuf millioniemes de sa longueur totale.

Le calcul en est facile. Le cheveu s'enveloppe autour d'une portion de poulie à laquelle est fixée l'aiguille de l'Hygrometre : le centre de la poulie est le même que celui de l'aiguille, enforte que l'aiguille & la poulie décrivent toujours des arcs de cercle femblables. Donc, pour que l'aiguille fe meuve d'un degré, il faut que la poulie fe meuve auffi d'un degré, & que par conféquent le cheveu s'alonge ou fe raccourciffe de la longueur d'un degré de cette poulie. Or, la poulie de l'Hygrometre que j'employai à ces expériences, avoit trois lignes de rayon ; donc fon degré valoit 0,05236 de ligne; donc le demi degré qu'a décrit l'aiguille dans notre expérience, prouve que le cheveu s'est alongé de la moitié de cette quantité, c'est-à-dire, de 0,02618 de ligne. La longueur de ce cheveu étoit de foixante - trois lignes & demie; il s'est donc alongé d'une deux mille quatre cents vingt-quatrieme, ou de quatre cents douze millioniemes de fa longueur: cet alongement a été l'effet de vingt-deux degrés de chaleur; d'où il fuit que fi les dilatations pyrométriques du cheveu font toujours proportionnelles aux différens degrés de chaleur qu'il éprouve, un cheveu pareil à celui-là, & monté de la même maniere, fe dilateroit d'environ dix-neuf millioniemes de fa longueur totale pour chaque degré du thermometre dans lequel l'intervalle entre l'eau dans la glace & l'eau bouillante est divifé en quatre-vingts parties.

§. 28. Mais ce qu'il y a de plus intéreffant à déduire de ces calculs, c'eſt la détermination préciſe de la correction qu'il faut employer pour la chaleur. Un cheveu leſſivé à propos, en paſſant de la ſéchereſſe extrême à l'humidité extrême, s'alonge de 0,0245 de ſa longueur totale. Or, comme je diviſe cet alongement en cent parties qui forment les degrés de l'échelle hygrométrique, un degré de l'Hygrometre indique une variation de 0,000245 de la longueur totale du cheveu. Donc, puiſqu'un degré de chaleur alonge ce même cheveu de 0,000019 de ſa longueur, l'effet de ce degré de chaleur, exprimé en degrés de l'échelle hygrométrique, eſt égal à $\frac{19}{245}$, environ à $\frac{1}{13}$, (1)

(1) Pour donner à ces calculs toute l'exactitude dont ils ſont ſuſceptibles, il faudroit tenir compte de la dilatation du métal ou de la matiere quelconque qui forme le cadre de l'Hygrometre, puiſque les variations du cheveu ſont néceſſairement modifiées par celles du cadre qui le porte. Si le cheveu n'étoit ni alongé ni raccourci par la chaleur, & que le cadre ſeul fût affecté par cet agent, il eſt clair que ce cadre, en ſe dilatant, tireroit le cheveu & feroit marcher l'aiguille du côté de la ſéchereſſe; ſi au contraire & le cadre & le cheveu étoient dilatés par la chaleur préciſément de la même quantité, l'action exercée ſur le cheveu compenſeroit exactement celle qui ſeroit exercée ſur le cadre; & par conſéquent on n'obſerveroit dans l'Hygrometre aucune variation pyrométrique. Si enfin, & c'eſt ce qui arrive en effet, le cheveu étoit affecté par la chaleur, plus que le cadre qui le porte, il paroîtroit s'alonger par la chaleur & ſe raccourcir par le froid; & ſon alongement vrai ſeroit la ſomme de ſon alongement apparent, & de celui qu'éprouveroit la partie correſpondante de ſa monture. Si l'on veut donc connoître la quantité dont un cheveu eſt réelle-

ment alongé par un degré de chaleur, il faut ajouter aux dix-neuf millioniemes de ſa longueur dont ce degré le dilate, la quantité dont le cadre ſur lequel il eſt monté s'alonge par cette même chaleur. M. HERBERT, qui paroit avoir fait ſur la dilatation des métaux les expériences les plus exactes, ſuppoſe dans ſa diſſertation ſur le feu, p. 14 & 15, que de la glace fondante à l'eau bouillante l'étain ſe dilate d'une quatre cents ſoixante dix-ſeptieme de ſa longueur; ce qui donne environ vingt-ſix millioniemes pour un degré du thermometre. Il ſuit de-là que la dilatation réelle du cheveu pour un degré de thermometre eſt de 19+26, ou du quarante-cinq millioniemes de ſa longueur.

Une conſéquence pratique qui découle de ces conſidérations, c'eſt que les variations pyrométriques apparentes du cheveu, étant proportionnelles à l'excès de ſes variations réelles ſur celles de ſa monture, plus cette monture ſera affectée par les variations du froid & du chaud, & moins le cheveu paroitra affecté par ces variations, ſi, par exemple, comme nous l'avons vu plus haut, il faut treize degrés de chaleur pour dilater

c'eſtc'eft - à - dire, qu'un degré de chaleur alonge le cheveu d'une quantité qui équivaut à-peu-près à la treizieme partie d'un degré de l'échelle hygrométrique, quantité que l'on peut négliger dans les obfervations courantes, & dont on pourroit aifément tenir compte dans des obfervations délicates & importantes, fi du moins il eft permis de fuppofer que la chaleur dilate toujours le cheveu fuivant la même loi, dans les divers degrés d'humidité dont il eft fufceptible. Mais je confidérerai de nouveau les effets de la chaleur fur l'Hygrometre dans le chapitre V du IIᵈ effai, & je donnerai là une table qui difpenfera pour l'ordinaire de l'ufage de ces corrections.

La même épreuve, répétée à d'autres degrés de chaleur, a donné à-peu-près les mêmes réfultats. Une fois, par exemple, le même Hygrometre, en paffant de trois degrés au-deffus de zéro à trente-fix au-deffus du même terme, varia des trois quarts d'un degré du cercle que décrit l'aiguille, ce qui revient à un degré de cercle pour quarante-cinq de chaleur, & dans l'expérience qui a fervi de bafe à nos calculs, quarante-quatre degrés avoient produit le même effet.

le cheveu d'un degré de l'échelle hygrométrique, lorfque l'Hygrometre eft monté fur de l'étain, il ne faudra que dix degrés un tiers de chaleur pour le dilater de la même quantité lorfqu'il fera monté fur du laiton, parce que la dilatation du laiton par un degré de chaleur n'eft que de vingt-deux millioniemes. De même il ne faudra que huit degrés de chaleur pour alonger le cheveu d'un degré lorfqu'il fera monté fur du fer, & enfin il n'en faudroit que fept s'il étoit monté fur du verre. L'étain feroit donc le métal le plus convenable pour fervir de monture à un inftrument de ce genre; mais comme il eft trop flexible, j'ai confeillé l'ufage du laiton, qui réunit toute la folidité néceffaire à une dilatabilité affez grande pour que dix degrés un tiers de chaleur ne produifent qu'un degré d'écart fur l'Hygrometre. J'ai répété les expériences qui fervent de bafe à ces calculs avec des Hygrometres montés, les uns en fer & les autres en laiton, & j'ai trouvé les mêmes réfultats avec une précifion que je n'aurois pas ofé efpérer dans un fujet de ce genre.

E

Gradations dans l'étendue de ces variations.

§. 29. Mais il faut bien obferver que les variations pyrométriques du cheveu n'atteignent la plus grande étendue dont elles foient fufceptibles, que lorfque le cheveu & l'air qui l'entoure font parfaitement deffléchés. Car tous ces changemens fe font par gradations. Lorfque le defféchement eft encore éloigné d'être parfait, la chaleur contracte le cheveu; fi la fécherefle augmente, le cheveu devient de moins en moins fufceptible d'être contracté par la chaleur; & il arrive ainfi peu à peu au terme où la chaleur ne le contracte plus. Ce degré eft environ le cinquieme de mon échelle. Là l'Hygrometre demeure pendant quelque tems ftationnaire, & ne fait aucune variation lors même que la chaleur augmente fenfiblement, parce qu'il refte alors précifément affez d'humidité pour que la contraction que caufe la chaleur en defféchant le cheveu, compenfe exactement la dilatation produite par cette même chaleur, ou en d'autres termes, parce que le volume des particules de feu qui entrent alors dans le cheveu, eft égal à celui des particules d'eau qui en fortent. Enfin, lorfque l'humidité eft encore plus diminuée, la dilatation pyrométrique commence à l'emporter fur la contraction hygrométrique, & cette dilatation s'accroît jufqu'à ce que le cheveu & l'air dans lequel il eft renfermé, foient parvenus au plus haut point de fécherefle où notre procédé puifle les conduire. (1)

---

(1) Quand je dis que l'Hygrometre, lorfqu'il eft defféché jufqu'au cinquieme degré, ne fait pendant quelque tems aucune variation par la chaleur, il faut fe rappeller ce que j'ai dit & expliqué dans le §. 21, que quand il approche du terme de la fécherefle extréme, le premier effet de la chaleur eft toujours de l'alonger. Lors donc qu'il eft environ à cinq degrés, & qu'on lui applique fubitement quinze ou vingt degrés de chaleur, il s'alonge d'abord de près de trois quarts de degré, puis, fi la chaleur fe foutient fans relâche, il retourne peu à peu au point d'où il eft parti, & y demeure ftationnaire pendant une heure ou deux; après quoi il commence de nouveau à marcher au fec, comme je viens de le dire.

§. 30. Mais on obfervera peut-être que toutes ces nuances doivent rendre incertain le figne que j'ai indiqué pour reconnoître le point de la féchereffe extrême, puifqu'il en réfulte que le cheveu peut être dilaté par la chaleur, fans être pourtant parvenu au terme d'un defféchement parfait.

Réponfe à une objection.

Je répondrai à cette difficulté, que l'erreur qui peut réfulter de là, n'excédera jamais un ou deux degrés au plus, & que, comme le terme du defféchement que j'obtiens par mon procédé va fort au-delà du plus haut degré de féchereffe que l'on obferve jamais à l'air libre, cette erreur n'a que peu d'influence fur les obfervations météorologiques auxquelles l'Hygrometre eft principalement deftiné. D'ailleurs fi l'on eft curieux d'une exactitude extrême, on peut toujours éviter cette erreur, en examinant fi la dilatation pyrométrique du cheveu a bien atteint fon *maximum*, tel que je l'ai défigné §. 21. Mais un moyen plus fûr encore, eft de faire fubir à l'Hygrometre renfermé avec les fels, plufieurs alternatives de chaud & de froid, & d'obferver fi en revenant à une température moyenne il retourne toujours exactement au même point. Car s'il refte encore de l'humidité dans le cheveu, la chaleur la volatilife & fur-le-champ les fels s'en emparent pour ne la rendre jamais, fi du moins ils font bien préparés; & ainfi l'Hygrometre, en fe refroidiffant, fe trouve plus au fec qu'il n'étoit avant qu'on l'eût réchauffé. Ces alternatives de chaud & de froid fervent donc en même tems & à connoître fi l'Hygrometre eft bien parvenu au terme de la féchereffe extrême, & à le conduire à cet extrême lorfqu'il ne l'a pas encore atteint.

§. 31. Au refte, lorfque j'emploie les expreffions de *féchereffe extrême*, ou de *defféchement parfait*, je ne prétends point que

Ce qu'il faut enten-

l'air foit abfolumeut dépouillé de toute l'eau qu'il peut contenir; car indépendamment de celle qui conftitue vraifemblablement un de fes élémens, il pourroit en refter encore quelque portion, tellement unie avec lui, que les fels abforbans n'auroient point la force de la lui enlever; & je ferai même voir dans la théorie que je donnerai de l'Hygrometrie, qu'un abforbant, quelle que foit fa puiffance, ne peut jamais dépouiller un corps de toute fon humidité. J'emploie donc ces expreffions pour défigner la féchereffe la plus grande que l'on puiffe produire par le moyen des fels, & celle que j'ai obtenue par leur moyen eft effectivement la plus grande que l'on ait produite, ou du moins obfervée jufqu'à ce jour.

§. 32. CES recherches fur le defféchement m'ayant acheminé, comme on vient de le voir, à des expériences fur les variations pyrométriques du cheveu, dans un état de féchereffe parfaite, j'aurois defiré de répéter ces mêmes expériences fur le cheveu parfaitement faturé d'humidité; mais j'ai rencontré de très-grandes difficultés. Il faudroit pour cela tenir l'Hygrometre dans un vafe rempli de vapeurs, & l'expofer alors fucceffivement à l'action de la chaleur & à celle du froid. Or, premiérement, en réchauffant ce vafe, il eft très-difficile, pour ne pas dire impoffible, de le tenir conftamment faturé de vapeurs, & pour peu qu'il s'écarte de la faturation parfaite, la chaleur fait fur-le-champ marcher l'Hygrometre vers la féchereffe, & trouble ainfi l'expérience; enfuite, fi on laiffe refroidir ce même vafe, l'inftrument fe couvre d'une abondante rofée qui gêne les mouvemens de l'aiguille, & rend même fes indications infideles à caufe du poids dont elle la charge.

J'AI bien effayé de tenter ces mêmes épreuves, en plongeant

le cheveu dans de l'eau à laquelle je faifois fubir différentes
températures. Cette opération fe fait très-commodément avec un
de mes grands Hygrometres à arbre. (*Pl. I , fig.* 1.) Il n'y a
qu'à prolonger jufqu'au-deffous du cadran la lame d'argent qui
fe roule autour de l'arbre, & alors on peut plonger le pied de
l'inftrument & tout le cheveu dans l'eau, fans mouiller ni l'arbre
ni le cadran. Mais j'ai rencontré ici un nouvel obftacle ; l'eau
qui entoure, mouille & pénetre le cheveu, fait, pour ainfi dire,
corps avec lui, & par fa vifcofité elle le retient & gêne fes
mouvemens, de maniere que l'aiguille de l'Hygrometre demeure
indifférente & fe fixe où on la place , dans une latitude de dix
ou douze degrés de cet Hygrometre, qui répondent à un &
demi ou deux degrés de l'Hygrometre à poulie , & par conféquent on ne peut répondre de la précifion de ces expériences
que dans cette latitude.

Il paroît naturel de penfer que le cheveu faturé d'eau doit
fubir des variations pyrométriques à-peu-près auffi grandes
que celles qu'il éprouve lorfqu'il eft complétement dépouillé
d'humidité Cependant je puis affurer ce que j'ai déjà affirmé
§. 18, que la plus ou moins grande chaleur du vafe dans lequel
on fixe le terme d'humidité extrême d'un Hygrometre à cheveu,
ne change point fenfiblement la place de ce terme.

CHAPITRE VI.

GRADUATION DE L'HYGROMETRE.

Échelle de
cent degrés.

§. 33. Après avoir déterminé les termes extrêmes d'humidité & de féchereffe, il ne refte plus qu'à divifer leur intervalle
en un nombre conftant de parties égales, pour avoir des degrés
correfpondans d'humidité ou de féchereffe. J'ai adopté le nombre
cent, parce que je crois que dans les divifions abfolument
arbitraires, il faudroit autant qu'il eft poffible prendre des puif-
fances de dix, à caufe de la facilité qu'elles donnent dans les
calculs.

Je place le zéro au terme de la féchereffe, & le nombre cent
à celui de l'humidité extrême. Lors donc que l'aiguille monte
& parvient à des degrés plus élevés, ou plus voifins du nombre
cent, elle indique l'accroiffement de l'humidité.

Pourquoi
les degrés
croiffent
avec l'hu-
midité.

Je me fuis écarté en cela de la notation admife dans la plupart des autres Hygrometres, où les degrés en croiffant indiquent l'augmentation de la féchereffe. En général, je n'aime pas
les innovations dans les fignes arbitraires; mais j'ai cru devoir
fuivre ici l'analogie la plus générale & la mieux raifonnée, qui
prefcrit de marquer par des nombres croiffans l'accroiffement
d'une fubftance réelle. Or l'eau fufpendue dans l'air, ou renfermée
dans les pores du cheveu, eft une fubftance pofitive, au lieu
que la féchereffe qui n'eft que la privation d'humidité, eft une
quantité purement négative. D'ailleurs le nom même de l'inftrument indique qu'il eft la mefure de l'humidité & non de la
féchereffe. La raifon qui a, je crois, déterminé à marquer en plus

les accroiffemens de la féchereffe, c'eft que, comme le barometre & le thermometre montent ordinairement par le beau
tems, on a voulu que dans la même circonftance l'Hygrometre
marchât auffi dans le même fens. Mais cette raifon eft trop foible
pour balancer, du moins à mes yeux, celle que je viens d'allé-
guer, d'autant plus que le barometre & le thermometre font
auffi foumis à l'analogie générale qui m'a déterminé ; leurs nombres croiffans indiquent les accroiffemens de deux fubftances
pofitives, l'air & le feu.

§. 34. Lors donc que l'on a obfervé les points fur lefquels
tombent les extrêmes d'humidité & de féchereffe, il faut placer
le zéro au terme de la féchereffe, le nombre cent à celui de l'humidité, & divifer en cent parties égales l'arc de cercle compris
entre ces points. Mais, comme il feroit impoffible de tracer
cette divifion fur le cadran tandis qu'il eft fixé à l'Hygrometre,
fans courir le rifque d'offenfer le cheveu, le cadran ne doit être
affujetti au cadre que par des vis, de maniere que l'on puiffe
le dégager fans déranger le cheveu, & il ne faut graver aucune
divifion fur ce cadran avant d'avoir déterminé les extrêmes
d'humidité & de féchereffe ; mais comme on a pourtant befoin
de quelque marque à laquelle on puiffe reconnoître les points
du cadran fur lefquels tombent ces extrêmes, il faut, avant de
polir & de blanchir la furface du cadran, tracer fur cette furface,
avec un crayon, des divifions quelconques, fixer à l'Hygrometre
le cadran ainfi divifé, déterminer, comme nous avons enfeigné
à le faire, les termes extrêmes d'humidité & de féchereffe, &
noter à quels points de ces divifions poftiches répondent ces
termes ; féparer alors le cadran de l'Hygrometre, marquer d'un
trait indélébile les points extrêmes, polir enfuite le cadran,
graver fur lui des divifions permanentes qui foient des centiemes

de l'intervalle entre les deux extrêmes, & le fixer enfin pour toujours à l'Hygrometre. En le plongeant pour quelques momens dans les vapeurs, on verra bientôt fi l'on a bien placé le terme de l'humidité, & fi le cheveu n'a point été dérangé par ces opérations.

Pour moi, comme je changeois fouvent les cheveux de mes Hygrometres, & que plus fouvent encore les expériences variées & les violentes épreuves auxquelles je les expofois mettoient les cheveux hors d'ufage, il eût été trop embarraffant de faire graver pour chacun d'eux des divifions nouvelles; ainfi je laiffe toujours le même cadran, divifé comme celui de la *fig.* 2 en cent degrés du cercle dont l'aiguille eft le rayon, & lorfque j'ai obfervé ceux de ces degrés auxquels répondent les termes de féchereffe & d'humidité extrêmes, je dreffe une table qui m'apprend quel eft pour chaque degré de ce cadran perpétuel le degré correfpondant de la divifion en cent parties. Si, par exemple, j'ai obfervé que le terme de la féchereffe extrême tombe fur le dixieme, & celui de l'humidité fur le quatre-vingt-cinquieme, je marque fur ma table que le dixieme degré de ce cadran répond au zéro de la divifion générale, que le quatre-vingt-cinquieme répond au centieme; & divifant cent par foixante-quinze, je vois que chaque degré du cadran vaut un degré & un tiers de la divifion en cent parties, qu'ainfi le treizieme du cadran correfpond au quatrieme de la divifion générale; le feizieme au huitieme, le dix-neuvieme au douzieme, & ainfi des autres.

Les grands Hygrometres à arbre, *fig.* 1, peuvent auffi être divifés fuivant la premiere méthode, en faifant le cadran amovible, & l'étendue de leur marche permettra de marquer les

quarts

quarts ou même les cinquiemes des degrés de la divifion en
cent parties. On peut auffi , comme je le fais , laiffer toujours
le même cadran divifé en trois cents foixante degrés, & dreffer
une table qui indique à quel degré & à quelle fraction de degré
de la divifion en cent parties répondent les degrés de ce cadran
perpétuel.

§. 35. Lorsqu'une fois on a un Hygrometre bien conftruit ,
rien n'eft plus facile que d'en graduer d'autres par comparaifon.
Comme le point d'humidité extrême eft très-facile à déterminer
& n'exige aucun appareil embarraffant ; que d'ailleurs il faut
néceffairement que le cheveu , après avoir été adapté à l'inftrument , féjourne dans un air faturé de vapeurs pour y prendre
toute l'extenfion dont il eft fufceptible , ce terme doit toujours
être déterminé immédiatement ; mais celui de la féchereffe qui
exige une opération plus pénible peut s'obtenir par comparaifon.

Il faut pour cela attendre un tems ou choifir un lieu où l'air
foit le plus fec poffible , parce que l'erreur que l'on pourroit
commettre dans la comparaifon, aura d'autant moins d'influence
que les inftrumens feront plus voifins du terme que l'on veut
obtenir. L'Hygrometre que l'on veut graduer doit être placé à
côté de celui qui l'eft déjà , fous une cloche de verre dont
l'entrée foit interdite à l'air extérieur par du mercure ou de la
cire molle , & il faut les laiffer ainfi plufieurs heures de fuite
dans la même température jufqu'à ce que l'on n'apperçoive plus
dans l'un ni dans l'autre aucune variation. Ce point commun
bien obfervé dans les deux inftrumens , fuffira pour déterminer
tous les autres par de fimples proportions.

On peut même fe difpenfer de renfermer les Hygrometres

dans une cloche, & les expofer fimplement en plein air ou au foleil l'un à côté de l'autre, pourvu que ce foit dans un tems où l'Hygrometre foit à-peu-près ftationnaire, parce que s'il fe faifoit des variations rapides, & que l'un des deux fût plus mobile que l'autre, ils n'indiqueroient pas dans le même moment des points correfpondans de leur échelle.

Précaution qui rend cette opé- ration plus fûre.

§. 36. Pour faire cette opération avec plus de fûreté, il convient de commencer par placer les deux Hygrometres dans un lieu très-humide, & de les porter enfuite de là tous deux en même tems dans l'air fec; ce féjour dans l'air humide leur donnera à tous deux une égale mobilité, & mettra une parité parfaite dans les effets que l'air fec produira fur eux.

Raifon de cette pré- caution.

§. 37. Car c'eft un défaut commun à la plupart des Hygro- metres, de perdre un peu de leur fenfibilité lorfqu'ils féjournent pendant long-tems dans un air très-fec; il femble que leurs parties rapprochées par l'abfence de l'eau qui les féparoit, s'uniffent entr'elles avec plus de force, & contractent une adhérence qui les rends moins promptes à admettre où à laiffer échapper de nouvelles molécules d'eau. Mais un quart-d'heure ou une demi-heure de féjour dans un air très-humide, fuffit au cheveu pour perdre cette adhérence & pour recouvrer toute fa mobilité.

Cette précaution eft fur-tout néceffaire lorfque le cheveu vient d'être porté au terme de la féchereffe extrême; alors, avant de l'employer à des obfervations, il convient de le placer dans un air faturé de vapeurs, jufqu'à ce qu'il foit retourné au point de l'humidité extrême.

Accord ob-

§. 38. Des Hygrometres à cheveu, conftruits avec foin fur

ces principes, marchent toujours d'une maniere à très-peu près uniforme ; je les ai rarement vus différer de plus de deux ou trois degrés de la divifion en cent parties, j'en ai même conf-truit dont la différence ne paffoit pas un degré, même en paffant de l'air le plus humide dans le plus fec, & réciproque-ment. Or, je ne connois aucun Hygrometre avec lequel on puiffe fe flatter d'une plus grande précifion, & fûrement n'en exifte-t-il aucun fufceptible d'une graduation réguliere, & dont les variations foient à beaucoup près auffi promptes.

Mais il faut le voir en action ; c'eft à quoi font deftinées les expériences que renferme l'effai que l'on va lire, & c'eft d'après ces expériences que l'on pourra juger du mérite de cet inftru-ment.

fervé entre les Hygro-metres à cheveu.

SECOND ESSAI.

THÉORIE DE L'HYGROMÉTRIE.

CHAPITRE PREMIER.

PRINCIPES GÉNÉRAUX DE CETTE THÉORIE.

Définitions. Plan de cet essai.

§. 39. **O**n entend communément par *humidité*, la difpo-fition d'un corps à mouiller les corps qui le touchent, ou à leur communiquer une partie de l'eau dont il eft imprégné. L'*Hy-grométrie* en général feroit donc la fcience de mefurer cette difpofition dans un corps quelconque. Mais je ne prends point ce terme dans une acception auffi étendue ; je me borne à confidérer ici l'humidité de l'air & des corps qui fervent à la connoître.

L'air eft fufceptible d'humidité ; il peut s'imprégner d'eau, abandonner enfuite cette eau & mouiller les corps qui font en contact avec lui. Cette difpofition de l'air à abandonner l'eau dont il eft chargé paroît au premier coup - d'œil ne pouvoir être l'effet que de la quantité de cette eau ; mais elle peut venir de caufes abfolument différentes : car un air très-fec en appa-rence devient humide par le feul refroidiffement ; il le devient par fa condenfation , & il le deviendroit encore fi on lui offroit des vapeurs avec lefquelles il eût plus d'affinité qu'avec celles de l'eau.

Il ne suffit donc pas d'avoir des instrumens qui nous apprennent que l'air est humide, puisque cette disposition peut dépendre de causes si différentes ; il faut encore apprendre à démêler les causes de son humidité ; & dans les cas où elles agissent toutes en même tems, il faut savoir attribuer à chacune d'elles l'effet qui lui appartient. C'est la connoissance de ces causes & la mesure de leurs effets qui doit faire l'objet de l'Hygrométrie, & tel a été le but que je me suis proposé dans cet essai.

Pour procéder avec ordre, je commencerai par faire un examen succinct des différentes méthodes qui peuvent servir à mesurer la quantité d'eau que l'air renferme, & j'exposerai en même tems la théorie générale des rapports de l'eau avec l'air & avec les autres corps qu'elle pénetre. J'étudierai ensuite la marche de l'Hygrométre à cheveu ; après quoi je chercherai à connoître, par la voie de l'expérience, comment les indications de cet instrument sont modifiées par les différens agens qui peuvent influer sur l'air que nous respirons ; & comment cet instrument peut servir à connoître la quantité réelle & absolue de l'eau contenue dans l'air.

§. 39. *a.* Les différentes méthodes imaginées jusqu'à ce jour pour mesurer l'humidité de l'air, peuvent se réduire aux trois suivantes.

Divers moyens de mesurer l'humidité de l'air.

Ire. Faire absorber l'eau contenue dans l'air par des corps capables de l'attirer, & estimer ensuite la quantité qu'ils en ont absorbée, par les changemens survenus dans le poids, les dimensions, la figure, ou quelqu'autre qualité de ces corps.

La IIe méthode, qui est l'inverse de la premiere, consiste

à plonger dans l'air que l'on veut éprouver, ou de l'eau, ou un corps qui en eſt imbibé, & à eſtimer la quantité d'humidité de cet air par la quantité plus ou moins grande qu'il abſorbe de cette eau, ou par la plus ou moins grande rapidité avec laquelle il l'abſorbe.

La IIIe eſt de faire condenſer par le froid les vapeurs ſuſpendues dans l'air, & d'eſtimer ſon humidité, ou par la quantité abſolue d'eau qui ſe condenſe, ou par l'intenſité du froid néceſſaire pour opérer un commencement de condenſation viſible.

§. 40. Voici les principes généraux ſur leſquels repoſe la théorie des Hygrometres de la premiere claſſe.

1°. L'eau, ou en ſubſtance, ou réduite en vapeurs, tend à pénétrer certains corps, ou à s'unir avec eux par une affinité ſemblable à celle que l'on nomme *affinité chymique*.

2°. Cette tendance eſt différente en différens corps ſuivant leur plus ou moins grande affinité avec l'eau.

3°. Enfin, dans un même corps cette tendance eſt d'autant plus forte, que ce corps eſt plus ſec; pourvu du moins que ſon deſſéchement n'aille pas juſqu'à changer ſa nature.

§. 41. Lorsque le ſel de tartre ou l'acide vitriolique concentré s'emparent des vapeurs inviſibles qui nagent dans l'air, perſonne ne doute que ce ne ſoit en vertu de l'affinité chymique de ces matieres ſalines avec l'eau; mais il n'eſt pas également reconnu, que quand ces vapeurs pénetrent la corde, la plume, ou le cheveu d'un Hygrometre, ce ſoit par une affinité proprement dite de l'eau ou de la vapeur avec ces différens corps. On eſt plutôt diſpoſé à regarder l'humidité que ces corps contractent, comme dépoſée ou ſimplement abandonnée par l'air, lorſqu'il en eſt ſaturé & qu'il ne peut point en contenir davantage.

Mais ceux qui penchent pour cette opinion, y renonceront, j'eſpere, s'ils conſiderent que les cordes, **les cheveux** & toutes les matieres de ce genre s'imprégnent des vapeurs contenues dans l'air, lors même que l'air n'en contient point encore autant qu'il pourroit en abſorber. Nous voyons quelquefois les Hygrometres conſtruits avec ces corps, aller à l'humide dans des tems que l'on jugeroit d'ailleurs être ſecs, dans leſquels l'évaporation ſe fait encore avec force à l'air libre, & où par conſéquent cet air, bien loin d'abandonner l'eau qu'il renferme, eſt au contraire diſpoſé à en abſorber de nouvelle.

Comment donc les Hygrometres peuvent-ils donner alors des ſignes d'humidité ? Pourquoi l'air, s'il eſt capable d'abſorber encore de l'eau, en laiſſe-t-il prendre à ces corps & ne s'empare-t-il pas même de celle qu'ils contiennent ? C'eſt qu'alors ces corps étant plus ſecs que l'air, ont avec l'eau plus d'affinité que lui. Mais il convient de développer un peu mieux cette théorie.

§. 42. Je dis premiérement, que les différens corps ont une aptitude différente à ſe charger des vapeurs qui ſont contenues dans l'air, & qu'ils s'en chargent en raiſon de leur affinité avec ces vapeurs, ou avec l'eau dont elles ſont formées.

Cette affinité n'eſt pas la même dans tous les corps.

Exposez dans le même air des quantités égales de ſel de tartre, de chaux vive, de bois, de linge, &c. que tous ces

corps foient, s'il eft poffible, parfaitement defféchés; quelques-
uns d'entr'eux imbiberont de l'eau & augmenteront de poids,
mais en quantité inégale; le fel en prendra plus que la chaux,
celle-ci plus que le bois, d'autres corps n'en prendront point
du tout.

Or ces différences ne peuvent venir que des différens degrés
d'affinité de ces corps avec l'eau; car elles ne tiennent ni à la
forme, ni au volume de ces corps, ni même à la nature de leur
aggrégation, puifque des corps déjà liquides, tels que l'acide
vitriolique, attirent l'eau contenue dans l'air avec la plus grande
force. Ce qui prouve encore que cette abforption des vapeurs
dépend d'une affinité, c'eft que l'union des vapeurs condenfées
avec ces corps, eft vraiment celle qui réfulte d'une affinité
chymique; cette eau eft chez eux dans un état de combinaifon,
elle ne peut leur être enlevée par aucun moyen méchanique,
elle eft intimement liée avec leurs élémens; les moyens chymiques peuvent feuls la féparer de ces corps, en lui offrant
des combinaifons auxquelles elle tende par une affinité plus forte.

Elle croit
dans un mé-
me corps en
raifon de fa
féchereffe.

§. 43. Je dis enfuite que, toutes chofes d'ailleurs égales,
l'affinité de ces corps avec l'eau eft d'autant plus grande qu'ils
en contiennent moins, & qu'ils font, pour ainfi dire, plus fortement altérés.

L'alkali fixe parfaitement defféché attire l'humidité de l'air
avec une force extrême; placé dans le baffin d'une balance, on
voit fon poids augmenter fenfiblement de minute en minute;
mais à mefure qu'il boit des vapeurs, fa foif, ou fa force attractive diminue, & enfin fa pefanteur n'augmente que par degrés
infenfibles.

Il

Il en est de même des autres dissolvans chymiques ; ils agissent d'abord avec la plus grande célérité & la plus grande force, & leur activité diminue à mesure qu'ils approchent du point de saturation. Mais ce qu'il y a de particulier dans l'affinité qui existe entre les vapeurs & les corps qui les absorbent, ou *l'affinité hygrométrique*, si l'on me passe ce terme, c'est que nonseulement leur activité, mais le degré même de leur affinité diminue à mesure qu'ils approchent de la saturation. Ainsi, lors même qu'un corps n'a que très-peu d'affinité avec l'eau, ce défaut d'affinité peut être compensé par un plus haut degré de sécheresse, & réciproquement celui qui en a le plus, tombe au niveau de celui qui en a le moins, lorsqu'il approche beaucoup plus que lui de son point de saturation.

§. 44. On verra dans le chapitre V de cet essai la preuve de fait de cette vérité. Je renferme une ou deux onces de sel alkali fixe très-caustique & très-sec dans un ballon de quatre pieds cubes de contenance rempli d'un air médiocrement humide, mais sans aucune humidité surabondante ; ce sel absorbe le poids de vingt-quatre ou vingt-cinq grains d'eau qu'il tire de ces quatre pieds cubes d'air. Alors le sel, par l'imbibition de cette eau, se trouve avoir perdu un peu de sa force attractive, & en revanche celle de l'air s'est tellement augmentée par la déperdition qu'il a faite de ces vingt-quatre grains d'eau, que bien qu'il en contienne encore, le sel ne peut plus la lui enlever, parce que l'air la retient avec une force égale à celle avec laquelle le sel la demande. Et ce n'est pas que le sel soit saturé, ni près de là ; car dans un air humide & renouvellé il en absorberoit encore pour le moins deux cents fois autant ; mais c'est que cette quantité, toute petite qu'elle est, a diminué sa force absorbante. En effet, si l'on introduit dans ce même ballon

Expérience qui le prouve.

deux nouvelles onces du même sel parfaitement desséché, elles enleveront encore à l'air renfermé avec elles quelques portions d'humidité, & ainsi succeffivement, jusqu'à ce que l'extrême desséchement ait mis la force attractive de l'air en équilibre avec celle de l'alkali fixe.

L'affinité hygrométrique differe à cet égard de l'affinité chymique.

§. 45. Ce genre d'affinité differe donc en cela des autres affinités chymiques dont la nature ou le degré ne change pas en approchant de la faturation. Car fi plufieurs menftrues dont les affinités avec un certain corps font inégales entr'elles, fe trouvent à portée d'agir tous à la fois fur ce même corps, le plus puiffant commencera par attaquer ce corps; & quoiqu'il marche continuellement vers la faturation, la fupériorité de fes forces fur celles des autres diffolvans ne diminuera point pour cela; il ne laiffera rien diffoudre aux autres menftrues qu'il ne foit lui-même complétement faturé, ou fi dans les premiers momens ils s'étoient emparés de quelques portions du diffolvende, il les leur reprendroit jufqu'à fa complete faturation. Si, par exemple, on projettoit peu à peu de la craie dans un mêlange d'acide vitriolique, d'acide nitreux & de vinaigre, il faudroit que l'acide vitriolique fût complétement faturé de craie, avant que l'acide nitreux & le vinaigre puffent s'en approprier un atome; l'acide nitreux fe fatureroit enfuite, & enfin le vinaigre n'en prendroit qu'après la parfaite faturation des deux autres.

Diftribution de l'humidité entre différens corps.

§. 46. Au contraire, fi dans un efpace donné il ne fe trouve pas une quantité d'eau ou de vapeurs fuffifante pour faturer d'humidité tous les corps qui font renfermés dans cet efpace, aucun d'eux ne fe faturera complétement; tous en auront un peu; cette eau fe partagera entr'eux, non pas, à la vérité, en parties égales, mais en parties proportionnelles au degré d'affinité que chacun de ces corps a avec elle. Ceux qui l'attirent le plus fortement, en prendront affez pour que cette quantité rabaiffe leur force attractive au niveau de ceux dont l'attraction eft la moindre; & il s'établira ainfi entr'eux une efpece d'équilibre.

C'est par l'intermede de l'air que fe fait cette répartition; il en prend à ceux qui en ont trop, il en rend à ceux à qui il en manque, & il en conferve lui-même la part que lui affigne le degré de fon affinité avec l'eau.

Si dans le tems où cet équilibre eft complétement établi, il s'introduifoit tout-à-coup dans l'air même de nouvelles vapeurs, dont la quantité ne fût pas affez confidérable pour faturer & l'air & les corps renfermés avec lui, ces corps ne permettroient pas à l'air de les garder toutes pour lui feul; il faudroit qu'il leur en cédât, pour ainfi dire, leur quote-part; & alors les Hygrometres, s'il y en avoit dans cet efpace, iroient à l'humide quoique l'air ne fût point encore raffafié. Une nouvelle portion de vapeurs fe répartiroit de la même maniere, & ainfi fucceffivement jufqu'à la parfaite faturation de tous ces corps.

Enfin, fi après leur faturation on continuoit de faire entrer des vapeurs dans cet efpace, cette eau furabondante s'attacheroit à leur furface, les mouilleroit, & quoique retenue fur cette furface par une adhérence qui appartient peut-être encore aux affinités chymiques, elle pourroit être effuyée ou féparée de ces corps par des moyens purement méchaniques.

Introduisez alors dans cet efpace une nouvelle fubftance, plus avide d'eau que les corps qui y font renfermés, cette fubftance commencera par s'emparer de cette eau furabondante qui mouille la furface de ces corps, fans être combinée avec leurs élémens : puis fi cette eau ne fuffit pas pour la faturer, elle en dérobera aux corps qui font renfermés avec elle, jufqu'à ce qu'elle ait diminué fon altération & augmenté la leur au point qu'elles deviennent égales, & qu'il leur refte à tous une égale tendance à s'unir avec l'eau.

De même fi la chaleur ou quelqu'autre caufe augmentoit la tendance de quelqu'un de ces corps à s'unir avec l'eau, fans augmenter proportionnellement celle des autres, il s'empareroit auffi d'une portion de l'eau contenue dans les autres, fuffifante pour réduire fa force attractive au niveau de la leur.

Limites du defféchement.

§. 47. De là fuit ce que j'ai dit §. 3 1 , que les fels abforbans ne peuvent jamais dépouiller ni l'air ni aucun autre corps de toute fon humidité, parce que, quelle que foit l'affinité de ces fels avec l'eau, lorfqu'ils ont dépouillé à un certain point les autres corps de celle qu'ils contiennent, la force attractive des fels diminue, & celle des corps dépouillés augmente dans le même rapport ; d'où réfulte un équilibre en vertu duquel les corps les moins abforbans retiennent toujours quelque portion de leur humidité. Mais fi l'on fait ufage de fels très - attractifs par leur nature, très - fortement deftéchés, qu'on les emploie à grandes dofes , qu'on les renouvelle lorfque l'eau qu'ils ont abforbée a diminué leur force, on pouffera le defféchement auffi loin qu'on le voudra, affez loin du moins pour pouvoir, fans erreur fenfible, négliger la quantité qui demeurera en arriere.

Réfultat général de la théorie des Hygrometres de la Ire claffe.

§. 48. Il exifte donc des rapports déterminés entre les degrés d'affinité qu'ont avec l'eau ou avec les vapeurs les différens corps qui font capables de les abforber ; & c'eft fur l'exiftence de ces

rapports qu'eft fondée l'Hygrométrie , celle du moins qui emploie les Hygrometres de la premiere claffe dont nous nous
fommes occupés jufqu'ici.

Un Hygrometre à corde , par exemple , n'indique, à proprement parler , que l'état de la corde qui fait mouvoir fon aiguille ;
mais comme il y a un rapport certain entre la force attractive
de la corde & celle de l'air, il s'enfuit que l'état de la corde
dépend néceffairement de celui de l'air dans lequel elle eft
plongée , & que par conféquent on peut , avec fûreté, de l'état
de la corde , déduire celui de l'air.

§. 49. Tous ceux qui ont fait ufage des Hygrometres de la
premiere claffe , ont tacitement fuppofé ce rapport ; mais perfonne, à ce que je crois, n'avoit encore déterminé la nature &
les loix de cette affinité ; tout comme on n'a pas encore examiné
quels font, pour un Hygrometre donné , les changemens qu'in-
troduifent dans ce rapport les différentes modifications de l'air,
fa chaleur, fa denfité, fon agitation, &c. & l'on n'a même fait
que des effais très-imparfaits & très-fautifs pour favoir fi les
changemens que l'humidité de l'air produit dans l'Hygrometre ,
font proportionnels aux quantités effectives d'eau qui font contenues dans l'air. Or il eft évident qu'il ne fauroit y avoir d'Hygrométrie proprement dite , que toutes ces queftions ne foient
réfolues. (1)

Ce qu'il refte à faire pour perfectionner cette théorie.

(1) Je ne m'arrête point à examiner ici les effets que produifent les vapeurs fur les différens corps qu'elles péne-trent, comment elles liquéfient les fels concrets, raccourciffent les cordes végé-tales , alongent les fibres animales , &c. Ces faits bien connus ont été expliqués par d'autres phyficiens, & quoiqu'il reftât des confidérations intéreffantes à faire fur ce fujet, elles n'appartiennent point directement à l'Hygrométrie.

M. BUTINI, à la fuite de l'excellent ouvrage qu'il vient de publier fur la magnéfie, a donné un petit traité fur les affinités chymiques , dans lequel il explique de la maniere la plus précife

§. 50. La première méthode de mesurer l'humidité de l'air, dont nous venons d'examiner les fondemens généraux, juge donc de la quantité de cette humidité par ses effets sur les corps qui sont capables de l'absorber. Elle juge par conséquent de cette humidité d'une maniere, si non immédiate, du moins directe; au lieu que la seconde méthode procede indirectement, & juge de l'humidité de l'air par sa plus ou moins grande aptitude à se charger d'une nouvelle quantité d'eau.

§. 51. La base sur laquelle repose cette méthode, c'est que l'air est susceptible de saturation; c'est-à-dire, que lorsqu'il s'est pénétré d'une certaine quantité d'eau, il ne peut plus en absorber davantage: d'où il suit que toutes choses d'ailleurs égales, son humidité actuelle est en raison inverse de la quantité d'eau nécessaire pour le saturer.

§. 52. Ce principe qui a été bien développé & démontré par M. Le Roi, semble fournir des moyens très-faciles d'estimer l'humidité de l'air; mais ces moyens se trouvent peu sûrs dans la pratique, à cause de la difficulté de reconnoître & de saisir le vrai point de saturation de l'air; & cette difficulté, ou plutôt l'oubli total de cette condition essentielle, a jeté dans des erreurs énormes ceux qui ont tenté d'employer ces moyens. On a, par exemple, renfermé une quantité d'eau bien déterminée dans un vase exactement luté; au bout d'un certain tems on a mesuré la diminution de cette eau, & l'on a cru que l'air contenu dans le vase s'étoit chargé de tout le déficient, sans penser que cette eau avoit toujours continué de s'évaporer, même après la

<hr>

& la plus claire, les phénomenes qui résultent de la pénétration de l'eau dans les corps, & en particulier la prodi- | gieuse force expansive que déploient certains corps tandis que l'eau les pénetre.

parfaite faturation de l'air, parce que les vapeurs fe condenfant contre les parois du vafe, il fe faifoit une vraie diftillation, qui auroit pu confommer à la longue une quantité d'eau, pour ainfi dire illimitée.

On ne peut donc employer cette méthode, que l'on n'ait préalablement établi des caracteres bien fûrs de la faturation; & il faudroit même enfuite déterminer, comme pour les Hygrometres du premier genre, quelles font fur le terme de cette faturation les influences de la chaleur, de la denfité & des autres modifications de l'air.

§. 53. La troifieme méthode qui confifte à rendre fenfibles par le refroidiffement les vapeurs fufpendues dans l'air, eft auffi fondée fur le principe de la faturation; le froid condenfe les vapeurs & diminue la force diffolvante de l'air; d'où il fuit, que de l'air qui par fa chaleur tenoit en diffolution une certaine quantité de vapeurs, commence à les abandonner au moment où le refroidiffement lui ôte le pouvoir de les diffoudre. On peut donc juger de la quantité de vapeurs que cet air contenoit, ou par la quantité d'eau qu'un degré de froid déterminé lui fait dépofer fur une furface déterminée, ou par la quantité du refroidiffement néceffaire pour opérer un commencement de précipitation.

Principes de la troifieme méthode.

§. 54. Les académiciens del Cimento, ces reftaurateurs de la phyfique expérimentale, mirent en ufage le premier de ces deux moyens. Ils prirent un vafe de verre de forme conique, qu'ils tinrent conftamment plein de neige ou de glace pilée: ils fufpendirent ce vafe en plein air la pointe en-bas; les vapeurs vinrent fe condenfer à la furface de ce verre, & diftiller goutte

Hygrometrie de l'académie del Cimento.

à goutte de la pointe du cône : la plus ou moins grande fréquence de ces gouttes leur indiquoit le degré d'humidité de l'air.

§. 55. LE célebre Abbé FONTANA, digne à tant d'égards de feconder les vues du grand Prince qui occupe aujourd'hui la place du fondateur de cette académie, (1) a tiré du même principe un Hygrometre moins volumineux & plus commode.

IL prend une lame de verre bien nette & bien polie, dont il connoît exactement le poids ; il la refroidit à un degré déterminé, puis il l'expofe à l'air pendant un tems auffi déterminé, & l'augmentation de fon poids lui indique le degré d'humidité de l'air. Voyez *Saggio del real gabinetto di Firenze*, p. 19.

§. 56. ENFIN, M. LE ROI employant des moyens plus fimples encore, prefcrivoit de tenir dans l'air un verre plein d'eau, & dont la chaleur fût la même que celle de cet air ; de refroidir lentement cette eau par une addition graduée & fucceffive d'eau à la glace, & de noter le degré de froid auquel on commenceroit à voir à la furface du verre cette légere rofée qui indique la précipitation des vapeurs, & par conféquent la fuperfaturation de l'air contigu au verre. Il jugeoit l'air d'autant moins humide, qu'il falloit un degré de froid plus confidérable pour opérer cette précipitation.

(1) On dit que ce Prince, toujours occupé du bonheur de la Tofcane, veut faire refleurir les fciences & les arts dans ce pays qui fut jadis leur berceau, & penfe à rétablir avec un nouveau luftre l'académie del Cimento. J'ai même vu à Florence une magnifique collection d'inftrumens de phyfique, perfectionnés par l'Abbé FONTANA & exécutés fous fes yeux, pour fervir aux expériences dont cette académie doit faire fa principale occupation.

§. 57. Ces procédés ingénieux font honneur aux phyficiens qui les ont imaginés, & peuvent même quelquefois être utiles ; mais fi l'on confidere qu'on ne peut guere en faire ufage dans des vafes clos ; qu'on ne peut jamais les employer lorfque l'air eft plus froid que le terme de la congélation, ni lorfqu'il eft très-fec, & que d'ailleurs la moindre particule d'une matiere graffe, ou d'autres obftacles difficiles à éviter, peuvent troubler la précipitation de cette rofée, & répandre de l'incertitude fur les réfultats, (1) on conviendra fans peine qu'il eft bien difficile qu'aucun moyen de ce genre puiffe tenir la place d'un Hygrometre univerfel.

Ce font donc les Hygrometres de la premiere & de la feconde claffe, dont il faut attendre les plus grands fecours pour mefurer l'humidité de l'air. Il ne faut cependant négliger aucun des moyens que la nature ou l'art peuvent nous fuggérer pour parvenir à la connoiffance de la vérité. Il faut, au contraire, les combiner entr'eux, comparer leurs rapports, & les contrôler, pour ainfi dire, les uns par les autres. Ainfi le phyficien qui voudra, dans quelque circonftance particuliere, connoître avec la plus grande précifion le degré d'humidité de l'air, pourra plonger dans cet air des Hygrometres proprement dits, à corde, à plume ou à cheveu, & confulter leurs indications. Il pourra auffi renfermer des fels abforbans dans un volume donné de cet air, & connoître la quantité d'eau que ces fels font capables

Inconvé-
niens des
Hygrome-
tres de ce
genre.

---

(1) J'ai fouvent effayé d'employer le procédé de M. Le Roi ; avec cette différence que, pour refroidir l'eau contenue dans le verre, au lieu de me fervir d'eau à la glace, qu'il feroit difficile de porter avec foi en voyage, j'employois du fel ammoniac en poudre, que j'injectois peu à peu dans l'eau, & qui, lorf- que l'air n'étoit pas très-fec, produifoit un froid fuffifant pour ternir le verre ; mais lorfque je répétois plufieurs fois de fuite la même épreuve, je ne trouvois pas que la rofée commençât toujours à paroître au même degré de froid, quoique dans l'intervalle l'air n'eût fouffert aucun changement fenfible.

d'en extraire. Il pourra encore, en suivant la méthode inverse, chercher quelle est la quantité d'eau qu'une portion donnée du même air sera en état de dissoudre. Et il pourra enfin éprouver quel est le degré de refroidissement nécessaire, pour que cet air commence à abandonner l'eau dont il est chargé, ou quelle quantité de cette eau un degré de froid déterminé lui fait abandonner. Nous verrons dans la suite de cet ouvrage divers exemples des combinaisons de ces différentes méthodes.

CHAPITRE II.

EXAMEN DES HYGROMETRES A CHEVEU.

§. 58. L'Astronome commence par vérifier les inftrumens dont il doit faire ufage dans le cours de fes obfervations; commençons auffi par éprouver les Hygrometres dont nous allons nous fervir dans les expériences fondamentales de l'Hygrométrie; nous réglerons fur ces épreuves le degré de confiance que nous devons accorder & à l'inftrument & aux réfultats de fes indications.

Néceffité de cet examen.

§. 59. Un Hygrometre feroit parfait, premiérement, fi fes variations étoient affez étendues pour rendre fenfibles les plus petites différences d'humidité & de féchereffe. 2°. Si elles étoient affez promptes pour fuivre pas à pas toutes celles de l'air, & pour indiquer toujours exactement fon état actuel. 3°. Si l'inftrument étoit toujours d'accord avec lui-même, c'eft-à-dire, qu'au retour du même état de l'air, il fe retrouvât toujours au même degré: 4°. s'il étoit comparable, c'eft-à-dire, fi plufieurs Hygrometres conftruits féparément fur les mêmes principes, indiquoient toujours le même degré, dans les mêmes circonftances: 5°. s'il n'étoit affecté que par l'humidité ou la féchereffe proprement dites; c'eft-à-dire, que les vapeurs aqueufes fuffent le feul agent qui pût influer fur fes variations: 6°: enfin, fi ces mêmes variations étoient proportionnelles à celles de l'air, enforte que dans des circonftances pareilles, un nombre double ou triple de degrés indiquât conftamment une quantité double ou triple de vapeurs.

Qualités que devroit avoir un Hygrometre pour être parfait.

Ces deux dernieres conditions exigent un examen approfondi, & feront traitées dans des chapitres féparés; les quatre
premieres formeront le fujet de celui-ci.

§. 60. La fenfibilité ou l'étendue des variations, dépend dans
les Hygrometres à cheveu de deux caufes différentes, premiérement de la force de la leffive dans laquelle a été lavé le cheveu ; & en fecond lieu, de la longueur du bras de levier auquel
eft fixée une des extrémités de ce même cheveu.

Moyens d'augmenter la fenfibilité de l'Hygrometre.

§. 61. J'ai confeillé, §. 11, d'ufer avec réferve du premier
de ces moyens, c'eft-à-dire, de ne pas leffiver le cheveu trop
long-tems, ni dans une liqueur trop cauftique. Il y a cependant
des cas où l'on peut être moins févere; lorfque, par exemple,
on ne veut comparer l'inftrument qu'avec lui-même, & qu'on
cherche à connoître par fon moyen les variations momentanées
& journalieres de l'air, fans fe foucier de faire correfpondre fa
marche avec celle d'autres Hygrometres, on peut fans fcrupule
lui donner par une leffive plus forte ou par une cuiffon plus
longue, une plus grande fenfibilité.

Par la leffive.

§. 62. Quant au fecond moyen d'augmenter cette fenfibilité,
en diminuant la longueur du bras de levier auquel fe fixe le
cheveu, on peut le pouffer très-loin dans l'Hygrometre à arbre. Si l'on ne donne à cet arbre que trois quarts de ligne de
diametre, un Hygrometre d'un pied de hauteur aura des variations dont l'étendue ira au-delà d'une révolution entiere de
l'aiguille, & même de 400 degrés du cercle qu'elle décrit, &
cela fans employer des cheveux trop leffivés.

Par des moyens mé-chaniques.

Mais dans les Hygrometres portatifs à poulie, où le cheveu

fe roule immédiatement autour de l'extrêmité cylindrique du
lévier qu'il fait mouvoir, on ne pourra pas diminuer à beaucoup près autant le bras de ce levier ; parce que le cheveu
roulé pendant long-tems autour d'un trop petit cylindre contracte un roideur qui devient difficile à furmonter. Ainfi je ne
crois pas que l'on doive donner moins de deux lignes de rayon
à la poulie dont il embraffe la circonférence. Or, en employant
une poulie de cette grandeur, & en donnant un pied de hauteur à l'Hygrometre, le cheveu fans être trop cuit , pourra
donner à fon aiguille des variations d'environ 80 degrés d'un
cercle de trois pouces de rayon, ce qui fait une échelle d'environ quatre pouces deux lignes ; & cet efpace divifé en 100
degrés donne des degrés de demi-ligne chacun, que l'on peut
aifément fubdivifer à l'œil, au moins en quatre ou cinq parties,
& cela fuffit pour les obfervations les plus délicates.

§. 63. La promptitude des variations d'un inftrument météorologique quelconque eft une qualité plus importante encore
que leur étendue ; parce que l'on peut fouvent fuppléer à cette
étendue par des moyens méchaniques , ou en obfervant les
variations avec de fortes loupes ; au lieu que l'on ne peut apporter aucun remede aux inconvéniens qui réfultent de la lenteur ou de l'inertie d'un tel inftrument. Car ce que nous de-
mandons à un thermometre ou à un Hygrometre, c'eft de nous
apprendre quel eft l'état de l'athmofphere dans le moment
même où nous l'obfervons. Or, fi l'inftrument que nous employons a befoin de plufieurs heures , pour que fon état correfponde à celui de l'air ; il eft clair qu'il n'indique point, ni
même à beaucoup près, l'état actuel de l'athmofphere, fi ce n'eft
dans les cas bien rares où l'air demeure pendant plufieurs heures
fans faire aucune variation. Et s'il fe fait , comme cela arrive pref-

Inconvé-
niens des
Hygrome-
tres paref-
feux.

que toujours, des changemens fucceſſifs dans l'air, l'inſtrument n'indique jamais qu'une eſpece de moyenne entre les différens états par lefquels a paſſé l'athmoſphere pendant les heures an‑ térieures au moment où l'on obferve : je dis *une eſpece de moyenne*, parce que la nature de cette moyenne varie fuivant l'époque à laquelle fe font faits ces changemens, fuivant leur promp‑ titude, leur grandeur, leur durée, toutes chofes qui nous font abfolument inconnues, quand nous n'employons qu'un inſtru‑ ment lent & pareſſeux.

Or, de toutes les variations de l'air, il n'en eſt peut‑être aucune qui fe faſſe avec plus de promptitude, que celles qui font relatives à l'humidité. La chûte de la rofée, par exemple, fe détermine quelquefois avec tant de précipitation, que j'ai vu dans cette circonſtance, mon Hygrometre fuſpendu en plein air, varier en vingt minutes de quarante degrés de fon échelle, c'eſt‑à‑dire des deux cinquiemes de la totalité de fes varia‑ tions. Les coups de vent apportent auſſi des changemens inf‑ tantanés, & qui font entiérement perdus pour des inſtrumens pareſſeux.

Cette mobilité paroît moins néceſſaire dans les vafes clos, dont nous pouvons à ce qu'il femble, prolonger l'état à vo‑ lonté ; on verra cependant par les expériences que j'ai faites dans un air raréfié, par celles qui m'ont fervi à connoître la nature des vapeurs de différens corps, &c. combien, même dans des vaiſſeaux fermés, la trop grande inertie d'un Hygro‑ metre déroberoit de connoiſſances intéreſſantes.

§. 64. Mais les cheveux ne fuivent pas tous avec la même promptitude les variations de l'air, les plus fins doivent natu‑

rellement être plus mobiles ; ceux qui ont été moins forte-
ment leffivés le font auffi davantage , & leur promptitude com-
penfe avantageufement la moins grande étendue de leurs va-
riations.

les plus mo-
biles.

Tous ont leurs variations d'autant plus promptes, que l'air eft plus humide. Ceux qui font leffivés à propos , lorfqu'on les plonge dans un air voifin de l'humidité extrême , atteignent dans deux ou trois minutes le point où ils doivent fe fixer; mais à mefure que l'air devient plus fec, il leur faut plus de tems pour fe mettre à fon niveau. Cependant fi un Hygrometre , après avoir féjourné dans un air très-humide , eft tranfporté dans un air très-fec , il fera en très-peu de tems, c'eft-à-dire, en deux ou trois minutes, la plus grande partie , environ les fept huitiemes de toute la variation qu'il doit faire ; mais il reftera dix à douze minutes à faire la derniere huitieme. Le cas dans lequel fa marche eft la plus lente , c'eft lorfque l'air & le cheveu qui l'environne étant déjà très-fecs , ils fe defféchent encore davantage. Cependant je puis affurer qu'en plein air, même dans les plus grandes fécherefſes , je ne l'ai jamais vu exiger plus de douze ou tout au plus quinze minutes pour parvenir au terme où il devoit fe fixer.

Et dans
quelles cir-
conftances.

§. 65. Je dis *en plein air*, parce qu'en général les Hygro-
metres exigent plus de tems pour fe fixer dans les vafes clos
qu'à l'air libre ; & la raifon en eft fort fimple. Lorfque le cheveu eft plus fec ou plus humide que la couche d'air qui le touche , il faut qu'il pompe une partie des vapeurs que contient cette couche ; ou que cette même couche abforbe les vapeurs que le cheveu contient de plus qu'elle ; enfuite il faut que l'équilibre fe rétabliffe entre cette couche d'air & les couches plus éloi-

Ils font plus
lents dans
les vafes
clos.

gnées, & comme il y a peu de mouvement & de circulation dans un vafe clos, il faut affez de tems pour qu'il puiffe s'établir un équilibre général. Mais à l'air libre, qui eft dans une agitation continuelle, le cheveu toujours baigné de nouvelles parties d'air, n'a d'autre caufe de retard que l'inertie & l'adhérence de fes propres élémens.

Senfibilité des Hygrometres à cheveu.

§. *66.* Les Hygrometres à arbre bien conftruits, ont une mobilité fi grande qu'elle eft prefque incommode; il faut les plus grandes précautions pour s'approcher d'eux fans les faire varier. Si l'on ne retient pas fon haleine, à l'inftant même où elle les touche ils marchent de deux ou trois degrés vers l'humide; & la chaleur du corps, fi on le tient trop près de l'inftrument, deffeche le cheveu & le fait marcher à vue d'œil du côté de la féchereffe (1). Il eft fur-tout intéreffant de les expofer en plein air, par exemple, fur la tablette d'une fenétre, & de les obferver au travers de la vitre qui les préferve de l'action du corps de l'obfervateur. On les voit dans un mouvement prefque continuel, principalement lorfque l'air eft très-humide; ils marchent quelquefois auffi vîte qu'une aiguille à fecondes, & il eft très-rare qu'ils reftent au même point pendant trois minutes de fuite. Cette mobilité eft moins apparente, mais tout auffi réelle dans les Hygrometres à poulie; enforte que je ne crois pas que l'on puiffe efpérer, ni prefque fouhaiter cette qualité dans un plus haut degré qu'elle n'eft dans l'Hygrometre à cheveu.

---

(1) Quelques phyficiens ont cru que la tranfpiration infenfible devoit faire marcher à l'humide un Hygrometre fitué dans le voifinage de la peau. Mais j'ai toujours obfervé le contraire; l'approche du vifage, des mains, le fait marcher très-promptement au fec, fans doute parce que la chaleur du corps augmente la force diffolvante de l'air plus que la tranfpiration ne le raffafie. Il en feroit peut-être autrement fi le corps étoit baigné de fueur.

§. 97.

§. 67. ON n'a fans doute pas eu de peine à accorder au cheveu le mérite d'une prompte fenfibilité ; fa fineffe & la leffive
qui le dépouille de la graiffe qui pourroit le rendre moins
pénétrable à l'humidité, paroiffent devoir lui donner éminemment cette propriété. Mais on fera tenté de lui refufer le mérite de la conftance ; car au phyfique comme au moral, une
mobilité qui rend acceffible à toutes les impreffions étrangeres
femble exclure la conftance. On craindra fur-tout que le poids
dont le cheveu eft chargé, ne l'étire & ne l'alonge continuellement. Mais l'expérience m'a prouvé qu'un cheveu d'une bonne
qualité, qui n'eft pas trop leffivé, & qui n'eft chargé que d'un
poids de trois grains ne s'étire pas, même au bout d'un an,
d'une quantité qui puiffe produire une erreur fenfible : & on
ne s'en étonnera pas fi l'on obferve que le cheveu eft un corps
très-fort, relativement à fa groffeur, & de plus très-élaftique.
Un cheveu fin, même après avoir été leffivé, pourvu qu'il ne
l'ait pas été avec excès, peut porter fans fe rompre au-delà
d'une once & demie : or, une once & demie eft près de trois
cents fois le poids des trois grains dont je le charge, & il eft
bien naturel qu'un corps porte fans fatigue la trois-centieme
partie du poids qu'il peut porter fans fe rompre. D'ailleurs le
cheveu eft un corps organique entier, deftiné par la nature à
être expofé à l'air, & même à défendre la tête de l'homme
contre les injures de cet élément ; il lui réfifte, comme je l'ai
dit dans la préface, pendant un tems dont on ne connoît pas
les limites, il furvit à la deftruction, ou du moins à l'altération
de toutes les autres parties du corps ; & c'eft peut-être par
cette raifon que les Américains ont imaginé d'en faire leurs
trophées. On ne doit donc craindre, au moins pour plufieurs
années, ni fa deftruction, ni fon alongement indéfini, ni même

Conftance ou durée des Hygro-metres à cheveu.

I

un degré d'altération qui change fenfiblement fes qualités hy.
grométriques.

Je dois cependant avertir que les cheveux qui ont été trop
leffivés, & ceux que j'ai nommés *rétrogrades*, §. 15, c'eft-à-
dire, qui dans un vafe rempli de vapeurs fe raccourciffent
après s'être alongés, font fujets à s'étirer avec le tems ; enforte
qu'après quelques mois de fervice on les voit quelquefois, par
exemple, dans un brouillard épais, paffer d'un, de deux, &
même de trois degrés le terme de l'humidité extrême. Mais
il ne réfulte de là qu'un inconvénient très-léger ; pour remettre
ces inftrumens en regle il fuffit de faire agir la vis de rappel
& de ramener l'aiguille au point de l'humidité extrême ; ou de
lui faire faire du côté de la féchereffe autant de degrés qu'elle
en faifoit de trop au-delà du terme de l'humidité. Un Hygrometre ainfi corrigé eft auffi jufte qu'au moment où il a été
conftruit.

Ainsi dans un cours d'obfervations délicates, il convient
d'expofer de tems en tems les hygrometres à l'humidité extrême, foit dans un vafe rempli de vapeurs, foit, ce qui eft
plus efficace encore, dans un brouillard épais. On les emploie
avec plus de confiance fi on les trouve juftes, & on les ré-
pare fi le tems les a un peu altérés.

§. 68. Quant à la comparabilité (qu'on me paffe ce terme
devenu néceffaire) des Hygrometres conftruits avec cette fubf.
tance, je puis dire que deux ou plufieurs de ces inftrumens,
faits avec des cheveux femblablement préparés, gradués fur les
mêmes principes, & expofés enfuite aux mêmes variations
d'humidité & de féchereffe, ont des marches que l'on peut

nommer paralleles. Je ne dirai cependant pas qu'ils indiquent toujours tous le même degré, mais que leurs écarts vont rarement au-delà de deux degrés, ou d'une cinquantieme de l'intervalle entre leurs variations extrêmes ; & ce degré d'exactitude peut, à ce que je crois, fuffire pour des obfervations de ce genre. Ils s'accordent fur-tout très-bien dans les termes d'humidité ou de féchereffe extrêmes, & dans les points limitrophes, lors même qu'ils font partis de termes très-éloignés les uns des autres. Ils ne s'accordent point mal non plus, fi l'un venant d'un lieu très-humide & l'autre d'un lieu très-fec, on les porte tous deux dans un lieu d'une humidité moyenne. Mais le cas où il y aura entr'eux le plus grand écart, c'eft celui où après que tous deux auront féjourné pendant long-tems dans un air très-fec, par exemple, au quarantieme degré de ma divifion, on en porte un dans un air encore plus fec, qui le faffe venir, je fuppofe à trente, & que, pendant ce tems-là, l'autre Hygrometre ait été porté dans un air un peu moins fec, par exemple, à cinquante degrés ; qu'enfuite on les replace tous les deux dans l'air où ils étoient d'abord, ils ne reviendront ni l'un ni l'autre à quarante ; celui qui vient de l'air le moins fec reftera à quarante-deux ou quarante-trois ; & celui qui vient de l'air le plus fec ne montera qu'à trente-fept ou trente-huit ; enforte que leur différence fera d'environ cinq degrés, c'eft-à-dire, d'une vingtieme de l'échelle totale. Mais cette différence s'évanouira, & ils reviendront tous les deux à quarante, fi on commence par les plonger tous deux dans un air dont l'humidité foit extrême, & qu'enfuite on les rapporte tous deux dans l'air fec. C'eft pour cette raifon que j'ai prefcrit, §. 35, de commencer par plonger dans les vapeurs les Hygrometres que l'on veut graduer par comparaifon ; & j'ai donné en même tems la raifon de ce phénomene.

J'AJOUTERAI feulement ici, que lorfqu'on n'auroit pas fous
fa main un vafe de verre qui pût fervir à plonger l'Hygrometre
dans les vapeurs, en voyage par exemple, & que l'on crain-
droit que dans un tems très-fec, cette caufe n'empêchât l'Hygrometre d'accufer fidelement l'état actuel de l'air, on pourroit
prendre la précaution d'humecter un peu l'intérieur de l'étui
dans lequel on le porte ; j'ai éprouvé que le cheveu après avoir
féjourné pendant quelques minutes dans cet étui humide y reprend toute la mobilité que l'on peut fouhaiter.

§. 69. MAIS la condition la plus indifpenfable pour obtenir
des Hygrometres dont la marche foit bien parallele, c'eft de
les conftruire avec des cheveux qui aient été également leffivés. Ceux qu'on a fait bouillir trop long-tems ou dans une
leffive trop cauftique, ont le défaut de continuer de s'alonger
après avoir atteint le terme de l'humidité extrême. Quoique ce
prolongement ait des limites qu'il ne paffe point, & qu'ainfi il
ait toujours le mérite de donner un terme fixe, il a cet inconvénient, c'eft qu'il peut induire en erreur, en faifant croire
qu'un air déjà faturé d'humidité ne l'eft pas encore ; & on comprend que fi l'on a deux cheveux dont l'un foit plus leffivé
que l'autre, celui qui l'eft le moins marquera fes cent degrés
ou le terme de faturation, tandis que l'autre ne l'aura point
encore atteint : & comme ce défaut fe fait fentir par gradations
en approchant du terme de l'humidité extrême, l'Hygrometre
auquel eft adapté le cheveu trop leffivé indiquera toujours
dans un air humide un degré moins élevé, ou plus éloigné de
l'humidité extrême. Il eft vrai que leur différence fera toujours moins grande à mefure que l'air fera plus fec, & s'évanouira même au terme de la féchereffe parfaite ; mais comme
il eft très-rare que l'on faffe des obfervations dans un air auffi

fec , il vaut mieux éviter cette caufe d'erreur en employant des cheveux également leffivés.

§. 70. Une attention qu'il faut toujours avoir en faifant ufage de ces Hygrometres , c'eft d'examiner fi des araignées n'ont point tendu leurs fils fur l'aiguille ou fur le cheveu. Quand on laiffe ces inftrumens en plein air, & fouvent même dans les chambres les plus propres, des araignées viennent accrocher leurs fils à l'aiguille & la lier avec le cadran ; elles prennent auffi le cheveu pour point d'appui, l'uniffent par des liens redoublés au cadre de l'Hygrometre & gênent ainfi fes mouvemens. Et quelquefois ces infectes font fi petits & leurs fils fi déliés , qu'il faut beaucoup d'attention & un jour favorable pour les appercevoir.

Il faut auffi examiner de tems en tems s'il ne s'eft point accumulé de pouffiere qui puiffe gêner le mouvement de l'aiguille fur fon pivot, ou fi fa pointe ne frotte point contre le cadran. Pour s'en affurer, il fuffit d'obferver avec attention le degré auquel correfpond l'aiguille , & de la faire enfuite defcendre avec le doigt de dix à douze degrés; fi tout eft en bon ordre, elle doit, lorfqu'on la relâche , revenir exactement au même point.

Il convient enfin de laver quelquefois le cheveu avec un pinceau bien net & humecté d'eau pure ; on le promene délicatement fur le cheveu dans toute fa longueur pour le débarraffer de la pouffiere qui peut s'être attachée à lui.

§. 71. J'aurois pu , & on trouvera peut-être que j'aurois dû foumettre les principaux Hygrometres connus aux mêmes épreu-

ces Hygro-
metres avec
d'autres.

ves que les miens, pour mettre les phyficiens en état de juger de leur mérite refpectif; mais la difficulté d'en avoir de bien conftruits, la longueur de ce travail & la crainte de paroître prévenu en faveur de mon ouvrage m'en ont détourné : je fouhaite qu'un phyficien qui en aura le loifir, & qui fera parfaitement défintéreffé, veuille s'en donner la peine.

CHAPITRE III.

LA VAPEUR AQUEUSE EST-ELLE LA SEULE QUI ALONGE LE CHEVEU?

§. 72. J'AI dit, dans le Chapitre précédent, qu'un Hygro- *Introduc-* metre parfait ne feroit affecté que par les vapeurs auxquelles ap- *tion.* partient éminemment le nom d'*humides*, c'eft-à-dire, par les va- peurs aqueufes. En effet, fi d'autres vapeurs, des vapeurs hui_ leufes, par exemple, ou des exhalaifons falines pouvoient faire varier l'Hygrometre, on ne fauroit quel eft le genre de vapeur qui auroit opéré telle ou telle variation que l'on a obfervée. J'ai donc cru devoir foumettre mon Hygrometre à ce nouveau genre d'épreuve; je dis *nouveau*, parce que je ne crois pas qu'on l'ait jamais tenté fur aucun Hygrometre. Voici le pro- cédé que j'ai fuivi.

§. 73. JE prends un récipient de verre, de forme cylindri- *Appareil* que, d'un pied de hauteur fur quatre pouces de diametre; & *employé* je fufpends au-dedans un de mes Hygrometres avec fon ther- *dans ces ex-* *périences.* mometre. Enfuite je fufpends le récipient lui-même, de maniere que fon bord inférieur foit à deux pouces au-deffus d'une affiette de verre couverte de mercure bien net à la hauteur de trois ou quatre lignes. Je laiffe cet appareil tranquille pendant une ou deux heures dans une chambre fermée, & dont l'air ne fouffre pas de changement fenfible. Au bout de ce tems l'Hy- grometre & le thermometre indiquent exactement le degré d'humidité & de chaleur, tant de l'air contenu dans le réci- pient que de celui qui l'entoure. Alors je place au milieu de l'affiette un petit gobelet de verre, qui contient le corps dont

je veux éprouver les vapeurs, & j'abaiffe le récipient, de maniere que fes bords repofent fur le fond de l'affiette, & foient
entourés de mercure. Ainfi l'Hygrométre fe trouve renfermé
avec le corps que l'on veut éprouver, & le mercure empêche
toute communication avec l'air extérieur.

On comprendra fans que j'en avertiffe, que fi l'air renfermé
dans le récipient vient à fe refroidir, l'Hygrometre ira à l'humide par la feule diminution de la force diffolvante de l'air,
lors même qu'il ne fe fera développé aucune vapeur nouvelle ;
tout comme, fi cet air fe réchauffe, l'Hygrometre ira au fec
fans qu'il fe foit abforbé des vapeurs. C'eft pour cette raifon
que je joins un thermometre à l'Hygrometre, & avant que de
prononcer fur la nature des vapeurs du corps renfermé dans
le récipient, j'attends le retour du degré de chaleur qui régnoit
au moment où j'ai commencé l'expérience.

Expérien-
ce prélimi-
naire.

§. 74. Mais avant de procéder à ces expériences, j'ai commencé par éprouver le mercure feul, fans ajouter aucun corps
étranger, pour voir fi l'air emprifonné pendant plufieurs jours
avec du mercure ne fouffriroit aucune altération hygrométrique.
J'ai vu qu'il n'en fouffroit aucune lorfque le mercure étoit
parfaitement pur ; mais que l'Hygrometre alloit d'un demi degré
ou d'un degré à l'humide dans l'efpace de quatre à cinq jours,
lorfque le mercure étoit mélangé de quelque matiere métallique capable de ternir fa furface. J'ai donc toujours eu foin
d'employer du mercure le plus pur poffible.

Expérien-
ce avec de
l'eau ou des
corps qui en

§. 75. Si l'on place fous le récipient de l'eau, ou un corps
chargé d'une humidité furabondante, comme une carte mouillée
ou une plante verte, l'Hygrometre marche à l'humide, jufques

à

à ce qu'il foit arrivé à quelques degrés près au terme de l'hu- font im-
prégnés.
midité extrême ; car il n'atteint pas tout-à-fait ce terme, parce
que l'air n'étant pas entouré de toutes parts par des corps im-
prégnés d'eau , ne fe fature pas uniformément dans toute la
capacité du récipient.

§. 76. APRÈS ces expériences préliminaires , j'ai fait mes Huile
éthérée de
térébenthi-
ne.
premieres épreuves fur un corps très-volatil , & d'une nature très-
différente de celle de l'eau , l'huile éthérée de térébenthine ; j'en
ai mis dans un petit verre environ deux deniers , & j'ai placé
ce verre fous le récipient. Bientôt après l'Hygrometre a commencé à aller à l'humide, d'une quantité très-petite à la vérité,
mais pourtant fenfible , & au bout de deux heures, quoique
la chaleur de la chambre qui alloit en croiffant eût fait monter le thermometre d'un degré , & que par conféquent l'Hygrometre eût dû aller au fec, il étoit cependant encore un peu
plus vers l'humide qu'avant l'introduction de l'huile. Enfin, au
bout de vingt-quatre heures le thermometre étant revenu exactement au même point où il étoit au commencement de l'expérience, l'Hygrometre s'eft trouvé avoir marché vers l'humidité d'un degré & fix dixiemes ; je l'avois placé à quarante-neuf,
il s'eft trouvé à cinquante & fix dixiemes.

§. 77. COMME cette huile de térébenthine avoit été diftillée La même
huile foig-
neufement
defféchée.
fur de l'eau, j'ai foupçonné que peut-être quelques particules
d'eau fe feroient combinées avec elle, dans une quantité petite
fans doute, mais qui pouvoit être rendue fenfible par des expériences auffi délicates.

POUR vérifier ce foupçon, j'ai mis environ deux onces de
la même huile dans une petite cornue de verre avec une once de

K

ſel de tartre calciné & defféché très-ſoigneuſement; j'ai diſtillé à un feu très-doux, je n'ai recueilli que la premiere moitié de l'huile eſſentielle, qui eſt paſſée parfaitement claire & ſans couleur, & j'ai répété l'expérience avec cette huile rectifiée. L'effet de ſes vapeurs ſur l'Hygrometre a toujours été ſenſible, mais plus petit de moitié que dans le premier cas; l'Hygrometre n'eſt allé à l'humide que des huit dixiemes d'un degré. Cette diminution produite par la diſtillation ſur le ſel alkali, me feroit pencher à croire que ce ſont quelques parties aqueuſes développées par l'évaporation, qui produiſent cette variation dans l'Hygrometre. Il ne feroit cependant pas impoſſible que les vapeurs huileuſes ne pénétraſſent & ne dilataſſent elles-mêmes le cheveu de cette petite quantité; ou ils ſe pourroit enfin, que ces mêmes vapeurs diminuaſſent la force par laquelle l'air tient l'eau en diſſolution, & cauſaſſent ainſi une eſpece de précipitation d'une partie de l'eau ſuſpendue dans l'air.

Au reſte, l'air renfermé dans le récipient étoit tellement ſaturé des vapeurs de l'huile de térébenthine, qu'on voyoit ces vapeurs condenſées ſur la ſurface intérieure de ce vaſe, elles étoient là ſous la forme d'une roſée compoſée de gouttes exceſſivement petites; & de même que les vapeurs aqueuſes, ſi l'on réchauffoit par dehors la portion du vaſe ſur laquelle elles s'étoient condenſées, elles en délogeoient pour aller ſe fixer ſur la place la plus froide de l'intérieur du récipient.

Le camphre.

§. 78. Le camphre a produit un effet plus petit encore; il n'a augmenté que d'un demi degré l'humidité apparente de l'air renfermé dans la cloche.

L'éther.

§. 79. L'éther m'a préſenté de ſinguliers phénomenes: j'employai d'abord de l'éther rectifié par la fimple diftillation, je pris les parties les plus volatiles, les plus pures, celles qui paffent les premieres dans la rectification. J'en plaçai environ deux deniers fous mon récipient avec les précautions que j'ai décrites. Bientôt après cette liqueur volatile commença à fe ré- foudre en vapeurs élaftiques qui fortoient du vafe par bouffées en foulevant le mercure qui entouroit fes bords, & répandoient dans la chambre l'odeur qui eft propre à ce fingulier produit. Dans l'efpace de quatre heures, les trois quarts de mon éther étoient évaporés. Pendant ce tems-là l'Hygrometre avoit tou- jours marché vers l'humidité, lentement d'abord, mais plus ra- pidement enfuite ; il n'arriva cependant pas à l'humidité extrême, il fe fixa neuf degrés au-deffous.

JE trouvai au fond du petit verre le réfidu de l'éther encore inflammable, mais qui après avoir brûlé, laiffa en arriere une matiere onctueufe qui exhaloit une odeur très-forte d'acide ful- fureux. Un crochet de cuivre jaune que j'ai fixé au fommet de la voûte intérieure du récipient, pour y fufpendre les Hygro- metres, étoit auffi couvert d'une matiere onctueufe qui étoit devenue verte en corrodant le métal.

§. 80. POUR purger ce même éther de l'acide & de l'eau qui l'accompagnoient, j'en rectifiai deux onces en les diftillant fur un poids égal de fel alkali fixe parfaitement defféché, & j'employai un feu bien doux ; car la chaleur du foleil me fuffit pour cette opération. Je plaçai ma petite cornue dans l'inter- valle des deux vitres d'une fenêtre à double chaffis, & je fis paffer le récipient dans la chambre même, au travers d'un carreau qui ferme à couliffe ; au bout d'une demi heure l'éther commença à boutonner, & bientôt il vint à diftiller, en donnant pref-

Le même éther dé- pouillé de fon eau furabon- dante.

qu'une goutte par feconde. Lorfqu'il en eut paffé environ la moitié, je retirai cette premiere moitié, & je m'en fervis à répéter mon expérience.

J'en mis le poids de quarante-fept grains dans le petit verre ; & au bout de trois ou quatre minutes, la vapeur élaftique commença à fe faire jour au travers du mercure, qui furpaffoit pourtant de plus de trois lignes les bords du récipient. Les bouffées de cette vapeur fe fuccédoient de demi minute en demi minute, & l'odeur qu'elles répandoient étoit fi pénétrante, que toute la maifon en étoit remplie. La chaleur de la chambre n'étoit cependant que de douze degrés & demi. Peuà-peu les bulles devinrent plus rares, & cependant au bout de trois ou quatre heures l'éther fut tout évaporé, & le verre qui le contenoit demeura parfaitement fec.

L'Hygrometre dans les premiers tems, lorfque l'évaporation étoit la plus forte, marchoit lentement, mais uniformément au fec, quoique le thermometre reftât conftamment au même point. Au bout d'une heure & demie il avoit fait quatre degrés & une huitieme vers la féchereffe ; mais dès-lors il commença à retourner à l'humide, & vingt-quatre heures après il fe trouva de cinq degrés & un tiers plus à l'humide qu'il n'étoit en commençant l'expérience.

Je foulevai alors le récipient, & n'y trouvai aucun indice d'acide fulfureux, le cuivre ne paroiffoit point avoir été attaqué, & le récipient exhaloit l'odeur qui eft propre à l'éther ; cependant lorfque j'eus introduit dans le récipient une petite bougie allumée, pour voir fi l'air n'étoit point vicié, il en fortit une odeur fuffocante d'acide fulfureux, quoique la bougie eût donné pendant quelques inſtans dans cet air une flamme plus grande & plus vive qu'elle ne faiſoit à l'air libre.

Les Chymiſtes verront par cette expérience combien M. Mac-quer eſt fondé à ne point regarder l'éther comme une huile pure & homogene ; puiſque celui-ci , rectifié avec tout le ſoin poſſible, a donné des indices ſi manifeſtes des différens principes dont il eſt le mélange , & peut-être feront-ils quelquefois un heu-reux emploi de ce nouveau genre d'analyſe.

Ce qu'il y a ici de ſingulier relativement à l'Hygrometre , c'eſt que la vapeur de l'éther le faſſe aller au ſec. On feroit peut-être tenté de ſuppoſer dans cette vapeur une force aſtringente , capable de contracter le cheveu , mais je croirois plutôt que les premieres vapeurs dans leſquelles ſe convertit la partie la plus pure de l'éther , ſont un fluide élaſtique parfaitement ſec, qui n'a aucune action directe ſur le cheveu, mais qui entraîne avec lui hors du récipient, une partie de l'air contenu dans ce même récipient & des vapeurs aqueuſes ſuſpendues dans cet air ; qu'alors le cheveu n'étant plus entouré de cet air & de ces vapeurs laiſſe échapper une portion de ſon humidité, juſques à ce que l'éther appauvri par la déperdition de ſes parties les plus vo-latiles , commence à entraîner avec lui l'eau qu'il contient, & que cette eau mélée avec les vapeurs de l'éther, pénetre le cheveu & l'alonge de nouveau.

Ce qui confirme cette explication, c'eſt que quand je répétai cette expérience en mettant quarante-ſept autres grains du même éther dans une petite bouteille à col étroit , au lieu de les mettre dans un verre , l'Hygrometre n'alla au ſec que de deux degrés & deux cinquiemes, c'eſt-à-dire, d'environ un degré trois-quarts de moins que dans l'expérience précédente, & cela parce que l'évaporation fut plus lente & entraîna moins d'air hors du récipient; car la vapeur ne fortoit point par bouffées, mais en s'infiltrant peu-à-peu entre le mercure & le verre. L'évaporation fe fit pourtant continuellement, l'éther diminuoit dans la bouteille, & l'odeur de la vapeur qui s'échappoit hors du récipient étoit fi pénétrante qu'elle m'incommodoit, & que je fus obligé de porter l'appareil dans une chambre éloignée de la mienne.

L'efprit de vin.

§. 81. L'ESPRIT de vin parfaitement rectifié n'a fait pendane. les premieres heures aucune impreffion fur l'Hygrometre; fans doute parce que les premieres vapeurs qu'il exhale font purement fpiritueufes & ne contiennent point d'eau libre, mais celles qui fuivent font marcher l'Hygrometre vers l'humidité, d'abord avec lenteur, enfuite avec plus de vîteffe, & enfin au bout de vingt-quatre heures je le trouvai tout près du terme de l'humidité extrême. Il fortit dans les commencemens quelques bulles d'air imprégné de l'odeur de l'efprit de vin; & ces bulles étoient produites par l'expanfion de la vapeur fpiritueufe & non par une dilatation thermométrique de l'air; car le thermometre renfermé dans le récipient ne varioit point dans ce moment là. Cés bulles furent trop peu nombreufes pour que l'air qu'elles entrainoient produifit l'effet de celles de l'éther, & fit aller l'Hygrometre au fec.

Le cuivre de l'Hygrometre fe trouva terni & noirci par les vapeurs de l'efprit de vin; la petite bougie allumée que j'introduifis après cela dans le récipient y brûla fort bien; mais il en fortit enfuite une odeur acide fuffocante, femblable à celle de l'efprit de Vénus. Dans toute cette expérience le thermometre fe foutint entre quatorze & quinze degrés. Il paroît donc qu'à ce degré de chaleur, il se fait aussi une décomposition spontanée de l'esprit de vin.

§. 82. Quant aux huiles grasses, les vapeurs qui s'en élevent à ce même degré de chaleur, ne m'ont paru affecter l'Hygrometre en aucune maniere. De l'huile d'olives fine renfermée pendant vingt-quatre heures avec lui dans un récipient n'a opéré aucune variation sensible; & cependant quand j'ai levé le récipient, je l'ai trouvé rempli de l'odeur de cette huile.

Huile d'olives.

§. 83. La cire molle que j'emploie pour luter mes récipiens, & qui est un mélange de quatre parties de cire vierge, de deux de poix résine & d'une d'huile d'olives, ne paroît pas non plus donner des exhalaisons qui agissent sensiblement sur l'Hygrometre.

Cire molle.

§. 84. Enfin, j'ai éprouvé, & toujours de la même maniere, les exhalaisons de l'alkali volatil concret soigneusement desséché. Comme la chaleur de la chambre augmentoit un peu pendant l'expérience, l'Hygrometre marchoit au sec; mais d'une quantité exactement correspondante à l'accroissement de la chaleur; ensorte que l'alkali volatil ne paroissoit produire aucun changement dans les modifications, hygrométriques du cheveu. Cependant l'air renfermé dans le récipient étoit tellement rempli des vapeurs de ce sel, que les divisions de l'instrument qui sont gravées sur une plaque de cuivre jaune, commencérent à paroître d'un beau bleu, & peu-à-peu il se forma une efflorescence, ou plutôt une espece de malachite lisse & solide, sur toutes les parties de l'instrument où le cuivre étoit lisse & exempt de vernis. Enfin, au bout de neuf heures de séjour

Alkali volatil concret.

dans le récipient, l'aiguille de l'Hygrometre perdit entiérement la liberté de fe mouvoir, parce que la vapeur avoit attaqué le pivot fur lequel tourne cette aiguille, & l'avoit couvert de cette même malachite. Mais comme elle avoit confervé toute fa liberté pendant les premieres heures, j'en vis affez pour être affuré que la vapeur de l'alkali volatil ne pénetre point le cheveu, ou du moins n'opere fur lui ni dilatation ni contraction fenfibles.

Réfultat de ces expé-riences.

§. 85. JE crois pouvoir conclure de ces expériences, que les dimenfions du cheveu ou du moins fa longueur, ne font fenfiblement affectées par aucune vapeur, fi ce n'eft par la vapeur aqueufe. Car je crois avoir rendu raifon d'une maniere fatisfaifante du defféchement produit par l'éther, & à l'égard du demi degré ou des trois quarts de degré dont l'huile de térében-thine rectifiée & le camphre ont fait varier l'Hygrometre, on doit les attribuer, ou à quelques particules d'eau que l'évaporation dégage de ces fubftances, ou à quelqu'inexactitude dans l'expérience même. Car il eft bien difficile de concevoir, que fi ces fubftances avoient réellement le pouvoir d'agir fur le cheveu, leur action fe bornât à un effet auffi minime, tandis que leurs vapeurs renfermées avec lui pendant plufieurs heures l'entourent & le preffent de toutes parts.

Nous pouvons donc fans danger d'erreur regarder les variations de l'Hygrometre à cheveu comme dépendantes bien réellement de l'eau, & de l'eau feule ou de fa vapeur.

MAIS ces variations font-elles proportionnelles à la quantité d'eau qui eft contenue dans l'air? C'eft ce que nous examinerons, dès que nous aurons confidéré les effets de la chaleur fur l'air & fur l'Hygrometre deftiné à mefurer fon humidité.

CHAPITRE

CHAPITRE IV.

DES EFFETS HYGROMÉTRIQUES DE LA CHALEUR SUR L'AIR ET SUR LE CHEVEU.

§. 86. Dans le Chapitre V du précédent Essai, j'ai fait voir que la chaleur produit en même tems sur le cheveu deux effets contraires ; qu'elle le dilate par l'insinuation des particules du feu entre ses élémens, & qu'elle le contracte en volatilisant & en expulsant hors de lui des parties d'eau qui augmentoient son volume. J'ai tâché dans le même chapitre d'évaluer l'effet pyrométrique. Il s'agit dans celui-ci de déterminer l'effet hygrométrique, effet qui est presque toujours modifié par l'augmentation que la force dissolvante de l'air reçoit de la chaleur. Je commencerai par faire sentir l'importance de cette détermination.

§. 87. Après une forte rofée, qui a couvert la furface de la terre d'une humidité abondante, & qui a fait aller les Hygrometres à l'extrémité de leur échelle ; le foleil fe leve, l'air fe réchauffe, les Hygrometres vont au fec, il ne paroît plus, ni fur la terre, ni dans l'air aucun veftige d'humidité. Qu'on dife à un homme qui n'eft pas phyficien, qu'alors au milieu du jour, quand un foleil ardent deffèche & brûle les campagnes, l'air contient réellement plus d'eau qu'il n'en contenoit dans le moment où il diftilloit cette rofée bienfaifante ; cet homme croira qu'on veut fe jouer de fa crédulité ; il faudra bien des notions préliminaires pour le mettre en état de comprendre que cet air animé par la chaleur eft devenu capable de fe charger d'une plus grande quantité d'eau ; que l'eau de la rofée n'a pas été anéantie par la chaleur ; mais qu'elle a été repompée par

L

l'air, qui contient par conféquent une quantité de vapeurs d'autant plus grande.

Mais fi cet homme, tout en avouant ces principes, répon-
doit au phyficien, qu'il a régné dans la matinée un petit vent
de nord, qui peut-être étoit affez fec par lui-même pour ba-
layer & entraîner toute cette rofée, & laiffer ainfi un air moins
aqueux, moins chargé d'eau que celui du matin; comment le
phyficien réfoudroit-il ce doute? Il ne le pourroit certainement
qu'en employant un grand appareil d'expériences, telles que
celles que j'ai décrites au commencement du Chapitre III. Cependant la feule infpection de l'Hygrometre & du thermometre
lui donneroit fur-le-champ une réponfe fatisfaifante, fi la marche
de l'Hygrometre & la maniere dont elle eft modifiée par la
chaleur, lui étoient parfaitement connues.

C'est fur-tout en montant & en defcendant de hautes montagnes que j'ai defiré la folution de ce problême. Je voyois fouvent, à mefure que je montois, l'Hygrometre aller à l'humide &
le thermometre au froid, & je me demandois fans ceffe à moi-
même, cette humidité croiffante eft-elle uniquement l'effet du
refroidiffement de l'air, ou l'air eft-il réellement plus chargé
d'eau fur ces hauteurs qu'il ne l'eft dans les plaines? ou bien
ne feroit-il pas encore poffible, que malgré cette humidité apparente, il contint moins d'eau que l'air des vallées?

Il eft évident, que fi l'on favoit, combien dans tel ou tel
état de l'Hygrometre, tel ou tel degré de chaleur doit, indépendamment de toute autre caufe, faire aller cet Hygrometre au
fec, il fuffiroit de voir, fi dans une circonftance donnée, il a
fait vers la féchereffe plus ou moins de chemin qu'il ne devoit

faire par la feule action de la chaleur; le réfultat de cet examen indiqueroit fur-le-champ, fi c'eft la chaleur feule, ou bien
un changement réel dans la quantité des vapeurs qui a fait varier l'inftrument.

§. 88. Il faut donc, pour trouver par la voie de l'expérience la folution de ces problêmes, fituer un Hygrometre de
maniere que cet inftrument & l'air qui l'entoure n'éprouvent
d'autre changement que celui de la chaleur : il faut 'qu'aucune
vapeur nouvelle ne puiffe venir fe mêler à cet air, & qu'aucune de celles qu'il contient ne puiffe l'abandonner.

Elles doi-
vent être
faites dans
des vafes
fermés.

Il eft donc indifpenfable de faire ces expériences dans des
vafes clos; & certes malgré le mépris qu'un phyficien célebre
a témoigné pour les expériences faites fur l'air dans des vafes
clos, je crois que nous n'aurons jamais de bonne théorie des
modifications de l'air qu'on n'en ait étudié tous les principes
dans des vafes fermés. Car ce fluide fi mobile, fi facilement renouvellé, fufceptible de fe mêler avec tant de fubftances différentes, ne peut être bien étudié que quand on le tient fous fa
main renfermé dans des vafes, & avec des corps dont on connoît bien la nature ; c'eft un prothée, qui ne nous révélera les
vérités qu'il cache, que quand il fera foigneufement garotté.

§. 89. Mais j'avoue qu'il faut faire ces expériences dans les
vafes les plus grands poffibles, auffi quoique j'aie fait un grand
nombre d'épreuves dans de petits vaiffeaux, je ne leur ai ac-
cordé un certain degré de confiance que quand elles ont été con-
firmées par celles qui ont été faites dans un ballon de quatre
pieds cubes de contenance, & fi j'euffe pu m'en procurer un
plus grand, je l'aurois employé avec encore plus de plaifir.

Procédé
mis en ufa-
ge.

L 3

Le procédé eft fort fimple ; il ne ne s'agit que de fufpendre dans un ballon ou dans un récipient, un ou deux Hygrometres avec un ou deux thermometres bien fenfibles ; de les renfermer là de maniere qu'il ne puiffe ni entrer, ni fortir, ni fe produire, ni s'abforber aucune vapeur aqueufe ; de faire enfuite fubir à ce ballon des alternatives de chaud & de froid, & d'obferver avec foin la marche correfpondante des Hygrometres & des thermometres. Mais fi l'on veut de l'exactitude, ces recherches coûteront du tems & du travail ; premiérement parce qu'il faut, comme je l'ai dit, §. 65, beaucoup de tems à l'Hygrometre, pour fe mettre en équilibre avec un air renfermé ; le même inftrument qui, dans moins d'un quart d'heure, vient à exprimer exactement le degré d'humidité de l'air libre, demeure plufieurs heures à indiquer le degré précis d'humidité d'un air renfermé (1), au moins lorfque cet air eft defféché à un certain point ; car lorfqu'il eft très-humide il fe met très-promptement à l'uniffon avec lui. J'ai donc toujours eu foin dans chaque expérience de laiffer l'appareil dans un lieu dont la température ne changeât pas d'une maniere fenfible, jufqu'à ce que j'euffe vu l'Hygrometre demeurer fixe au même terme pendant plufieurs heures. Et je ne tenois pas une obfervation pour bonne, que le paffage du froid au chaud ne m'eût donné dans les mêmes circonftances la même variation que le paffage du chaud au froid. Cette attention eft fur-tout importante lorfqu'on a introduit une très-petite dofe d'humidité dans un vafe qui contient de l'air très-fec, par exemple au vingtieme, trentieme & même au quarantieme degrés de mon échelle. Alors dans les premiers tems le paffage du chaud au froid fait marcher l'Hygrometre plus à

---

(1) Ce qui prouve que cette lenteur doit être attribuée à l'air & non point à l'inftrument, c'eft que dans le vuide l'Hygrometre à cheveu fait fes variations avec une promptitude finguliere, comme nous le verrons dans le Chapitre VI de cet Effai.

l'humide, qu'un femblable paffage du froid au chaud ne le fait marcher au fec ; mais peu-à-peu l'égalité s'établit, & enfin quand l'humidité eft uniformément diftribuée entre l'air & le cheveu, ces effets deviennent parfaitement égaux.

Enfin, il ne fuffit pas de faire cette expérience pour tel ou tel degré d'humidité; car l'influence de la chaleur n'eft point la même dans les différens degrés d'humidité & de féchereffe. La chaleur n'opere que de petites variations fur l'Hygrometre lorfqu'il eft très-fec ; elle en opere de très-grandes quand il eft humide.

J'ai donc commencé par deffécher l'air du ballon jufqu'à ce que l'Hygrometre defcendit environ au vingt-cinquieme degré de mon échelle (1). Lorfqu'il s'eft bien fixé à ce terme, j'ai éprouvé les variations que quatre ou cinq degrés de chaleur tantôt en plus, tantôt en moins lui faifoient fubir dans cet air deffeché. Je dis *quatre ou cinq degrés*, parce que les erreurs de l'obfervation & les défauts des inftumens, produiroient des écarts trop confidérables, fi l'on prenoit des différences beaucoup plus petites, & que d'un autre côté l'on ne faifiroit pas bien la loi que fuivent les variations, fi l'on faifoit ces différences beaucoup plus grandes.

Après avoir ainfi obfervé les variations de l'Hygrometre dans un air très-fec, lorfque j'ai voulu obferver celles qu'il fait dans

(1) Je n'ai fait ces recherches que pour les degrés d'humidité fupérieurs au vingt-cinquieme, à caufe de l'opiniâtreté avec laquelle l'air retient le peu d'humidité qui lui refte à ce point de defféchement, & du tems qu'il faut pour que cette humidité fe diftribue également entre lui & le cheveu. D'ailleurs, ces recherches auroient été à-peu-près inutiles; car fûrement on ne verra jamais l'Hygrometre indiquer en plein air un degré de féchereffe au-deffus du vingt-cinquieme.

un air moins fec ou plus humide, j'ai introduit dans le ballon
une carte légerement humectée, que j'ai retirée dès que j'ai vu
l'Hygrometre commencer à être affecté par fon humidité;
alors j'ai fcellé de nouveau le ballon, j'ai laiffé à ces nouvelles
vapeurs le tems de fe diftribuer bien également, & de fe
mettre en équilibre dans l'air & dans le cheveu; & celui-ci
ayant ainfi fait quatre ou cinq pas vers l'humidité, j'ai de nouveau éprouvé la variation que lui feroient fubir quatre ou cinq
degrés d'augmentation ou de diminution de chaleur. J'ai procédé ainfi graduellement jufqu'à la faturation parfaite. Après
avoir répété diverfes fois ces épreuves, j'ai rejeté le petit nombre d'obfervations, dont les écarts majeurs prouvoient quelqu'erreur ou quelque négligence, j'ai pris des moyennes entre
celles dont l'accord infpiroit plus de confiance, & j'ai tâché
de faire paffer des lignes régulieres par tous les points que
j'avois ainfi déterminés par des obfervations immédiates.

§. 90. *Table des différentes variations qu'un degré (1) de chaleur produit dans l'Hygrometre à cheveu, suivant le degré d'humidité qu'il indique.*

Degrés de l'Hygr.	Variations pour un degré de chaleur.	Degrés de l'Hygr.	Variations pour un degré de chaleur.	Degrés de l'Hgr.	Variations pour un degré de chaleur.
25	0, 450	50	1, 283	75	2, 145
26	0, 483	51	1, 316	76	2, 196
27	0, 517	52	1, 350	77	2, 251
28	0, 550	53	1, 383	78	2, 311
29	0, 583	54	1, 416	79	2, 374
30	0, 616	55	1, 450	80	2, 441
31	0, 650	56	1, 483	81	2, 494
32	0, 683	57	1, 516	82	2, 545
33	0, 716	58	1, 550	83	2, 594
34	0, 750	59	1, 583	84	2, 642
35	0, 783	60	1, 616	85	2, 689
36	0, 816	61	1, 650	86	2, 734
37	0, 850	62	1, 683	87	2, 777
38	0, 883	63	1, 716	88	2, 819
39	0, 916	64	1, 750	89	2, 860
40	0, 950	65	1, 783	90	2, 899
41	0, 983	66	1, 816	91	2, 937
42	1, 016	67	1, 850	92	2, 973
43	1, 050	68	1, 883	93	3, 008
44	1, 083	69	1, 916	94	3, 042
45	1, 116	70	1, 950	95	3, 074
46	1, 150	71	1, 983	96	2, 427
47	1, 183	72	2, 016	97	1, 780
48	1, 216	73	2, 054	98	1, 552
49	1, 250	74	2, 098	99	1, 324
				100	1, 096

(1) Je crois devoir encore avertir ici, que le thermometre auquel ces degrés fe rapportent eft celui qui porte le nom de M. de REAUMUR ; c'eft-à-dire, un thermometre de mercure, dans lequel la glace fondante eft marquée o , & l'eau bouillante à vingt-fept pouces du barometre, quatre-vingt.

Je dois auffi obferver, que l'influence d'un degré de chaleur fur l'Hygrometre eft la même dans toutes les températures, du moins depuis le feptieme degré au-deffous de la congélation , jufqu'au vingtieme au-deffus,

On voit dans cette table que lorſque l'Hygrometre eſt au 27e. degré de ſon échelle, un degré de variation dans la température de l'air fait varier cet Hygrometre d'environ un demi degré ; qu'au 42e. degré les variations ſont égales dans les deux inſtrumens ; c'eſt-à-dire, qu'une différence d'un degré dans le thermometre, produit auſſi une différence d'un degré dans l'Hygrometre ; mais que les variations de celui-ci deviennent doubles au 72e. degré & triples au 93e.

Et ſi l'on obſerve les gradations par leſquelles ſe font les accroiſſemens des variations hygrométriques, on verra que depuis le 25 juſqu'au 72e. degrés ils croiſſent en progreſſion arithmétique, & que dans cet intervalle, la différence entre deux termes qui ſe touchent eſt par-tout de la trentieme d'un degré : que du 72e. au 85e. cette différence n'eſt plus la même ; mais qu'elle croît d'un terme à l'autre en progreſſion arithmétique ; que ſon accroiſſement le plus rapide eſt de 72 à 80 degrés ; qu'il l'eſt moins entre 80 & 89, & moins encore entre 89 & 95 ; qu'enfin à 95 degrés ſe trouve le maximum de ces variations, qu'elles diminuent bruſquement à 96, & diminuent enſuite graduellement juſqu'à 100.

Il eût été plus élégant de faire paſſer une courbe uniforme & réguliere par toutes ces variations ; mais ici, comme par-tout ailleurs, je me ſuis impoſé la loi de ſuivre pied à pied l'expérience, ſans prétendre l'aſſujettir à des idées métaphyſiques de régularité & de ſymmétrie. Or, de tous les nombres exprimés dans cette table depuis 25 juſqu'à 98, il n'en eſt pas un ſeul qui s'écarte d'une dixieme de degré de la moyenne entre les expériences faites à ce même degré. Mais je n'ai pu faire aucune expérience exacte pour le 99 & le 100e. degrés, parce que

que l'Hygrometre ne vient à ces termes que quand les parois du vafe qui le renferme font abfolument mouillées ; or, on fent très-bien que dès qu'il y a de l'humidité fuperflue dans un vafe, il n'eft plus propre à une expérience de ce genre. J'ai donc fuppofé que la variation décroiffoit de 98 à 99 & de 99 à 100 de la même quantité que de 97 à 98, quantité que je connoiffois par l'expérience ; & quelques épreuves, imparfaites à la vérité, que j'ai tentées à ces termes, me donnent lieu de croire que les nombres que j'ai fuppofés ne different pas beaucoup des vrais.

§. 91. Pour faire ufage de cette table, il faut fe reffouvenir de fa deftination, qui eft de rappeller à une commune mefure des obfervations hygrométriques faites à des degrés de chaleur différens, ou de faire connoître les degrés qu'euffent indiqué les Hygrometres, fi le degré de chaleur eût été le même dans les différens lieux où ils ont été obfervés. Ainfi je fuppofe que dans la plaine, l'Hygrometre fût à 80 degrés & le thermometre à 15 ; tandis que fur la montagne l'Hygrometre feroit à 96 & le thermometre à 7 ; & qu'on voulût favoir de quel côté l'air contient réellement la plus grande quantité d'eau ; il faudroit pour le connoître, chercher le degré auquel viendroit l'Hygrometre fur la montagne, fi l'air fans fubir aucun autre changement que celui de fa température s'élevoit du 7e. au 15e. degré de chaleur ; ou bien le degré auquel viendroit l'Hygrometre de la plaine, fi l'air fe refroidiffoit au point de faire defcendre le thermometre du 15e. au 7e. degré. Je vois par la table, que quand l'Hygrometre eft à 80 degrés, le premier degré de refroidiffement le fait hauffer de 2 & 441, ou le fait venir environ à $82\frac{1}{2}$, que le fecond degré de froid le fait venir à 85, le troifieme à $87\frac{2}{3}$; le quatrieme à $90\frac{1}{3}$; le cinquieme à $93\frac{1}{4}$; le fixieme à $96\frac{1}{4}$;

Ufage de
cette table.

M

là, le feptieme le fait venir un peu au-delà de 98 ; enfin le huitieme & dernier degré de refroidiffement le ramene tout près de 100 ou du terme de faturation ; d'où il fuit que quoique l'Hygrometre marque 16 degrés d'humidité de plus fur la montagne, l'air qu'on y refpire contient réellement moins d'eau ou de vapeurs que celui de la plaine.

On peut de la même maniere comparer entr'elles des obfervations faites dans le même lieu en différens tems.

On voit encore par ce même exemple, qu'au moyen de cette table, l'Hygrometre à cheveu peut fervir à indiquer la diftance à laquelle l'air fe trouve du point de faturation ; c'eft-à-dire, de combien de degrés il faudroit qu'il fe refroidît pour commencer à donner de la rofée, ou à dépofer une partie des vapeurs dont il eft chargé.

§. 92. Mais pour abréger & faciliter encore davantage les calculs de ce genre, j'ai conftruit la table fuivante, dont la premiere colonne contient les degrés de l'Hygrometre ; la feconde qui eft l'inverfe de la table précédente, indique pour chacun de ces degrés la quantité dont il faudroit que la chaleur variât pour faire varier l'Hygrometre d'un degré ; & la troifieme, dont chaque terme eft la fomme de celui qui lui correfpond & de tous ceux qui le fuivent dans la feconde colonne, indique le degré de faturation de l'air.

Ainsi, lorfque l'Hygrometre fera à 71 degrés, fi je confulte cette table, le nombre 0, 504, qui dans la feconde colonne eft vis-à-vis de 71, m'apprend qu'à ce degré d'humidité, un demi degré d'augmentation ou de diminution dans la chaleur de l'air fuffit pour faire varier l'Hygrometre d'un degré entier ; & le nombre 1 2 , 3 3 3 qui lui correfpond dans la troifieme colonne , m'apprend qu'à ce même terme, fi l'air fe refroidiffoit de 1 2 degrés & $\frac{1}{3}$, l'Hygrometre viendroit à 1 0 0 , & l'air feroit fur le point de dépofer de la rofée.

De même, je vois qu'à 4 0 degrés , qui eft le terme de la plus grande féchereffe que j'aie jamais obfervée à l'air libre , il faut 1 degré & une 2 0e. de changement dans le thermometre , pour opérer un degré de variation dans l'Hygrometre , & qu'il faudroit que l'air fe refroidît de 3 4 degrés $\frac{7}{10}$ pour arriver au point de faturation.

Table des différentes augmentations ou diminutions de chaleur nécessaires pour faire varier l'Hygrometre d'un degré, suivant le point où il se trouve; & du nombre de degrés de refroidissement nécessaires pour l'amener au point de saturation.

I. Deg. de l'Hy-grometre.	II. Variat. du thermomet. corresp. à 1 d. de l'Hgr.	III. Distance du terme de saturation.	I. Deg. de l'Hy.	II. Variat. du thermomet. corresp. à 1 d. de l'Hgr.	III. Distance du terme de saturation.	I. Deg. de l'Hy.	II. Variat. du thermomet. corresp. à 1 d. de l'Hgr.	III. Distance du terme de saturation.
25	2, 222	57, 712	50	0, 779	25, 534	75	0, 466	10, 370
26	2, 070	55, 490	51	0, 760	24, 755	76	0, 455	9, 904
27	1, 934	53, 420	52	0, 741	23, 995	77	0, 444	9, 449
28	1, 818	51, 486	53	0, 723	23, 254	78	0, 433	9, 005
29	1, 715	49, 668	54	0, 706	22, 531	79	0, 421	8, 572
30	1, 623	47, 953	55	0, 690	21, 825	80	0, 410	8, 151
31	1, 538	46, 330	56	0, 674	21, 135	81	0, 401	7, 741
32	1, 464	44, 792	57	0, 660	20, 461	82	0, 393	7, 340
33	1, 397	43, 328	58	0, 645	19, 801	83	0, 386	6, 947
34	1, 333	41, 931	59	0, 632	19, 156	84	0, 379	6, 561
35	1, 277	40, 598	60	0, 619	18, 524	85	0, 372	6, 182
36	1, 225	39, 321	61	0, 606	17, 905	86	0, 366	5, 810
37	1, 176	38, 096	62	0, 594	17, 299	87	0, 360	5, 444
38	1, 133	36, 920	63	0, 583	16, 705	88	0, 355	5, 084
39	1, 092	35, 787	64	0, 571	16, 122	89	0, 350	4, 729
40	1, 053	34, 695	65	0, 561	15, 551	90	0, 345	4, 379
41	1, 017	33, 642	66	0, 551	14, 990	91	0, 340	4, 034
42	0, 984	32, 625	67	0, 540	14, 439	92	0, 336	3, 694
43	0, 952	31, 641	68	0, 531	13, 899	93	0, 332	3, 358
44	0, 923	30, 689	69	0, 522	13, 368	94	0, 328	3, 026
45	0, 896	29, 766	70	0, 513	12, 846	95	0, 325	2, 698
46	0, 869	28, 870	71	0, 504	12, 333	96	0, 412	2, 373
47	0, 845	28, 001	72	0, 496	11, 829	97	0, 562	1, 961
48	0, 822	27, 156	73	0, 487	11, 333	98	0, 644	1, 399
49	0, 800	26, 334	74	0, 476	10, 846	99	0, 755	0, 755

§. 93. Ces tables ont encore l'avantage de difpenfer de toute correction pour les dilatations & contractions pyrométriques du cheveu. On a toujours craint, que dans les Hygrometres de ce genre, la chaleur n'agît fur la matiere de l'Hygrometre, comme fur un corps métallique; qu'elle ne la dilatât, ne l'alongeât, & que cette dilatation, effet de la chaleur, ne fût attribuée à l'humidité. Dans le Chapitre V, du premier Effai, nous avons confidéré le cheveu fous ce point de vue, & nous avons déterminé la quantité de fon alongement pour un degré de chaleur donné. Mais fi en comparant des obfervations faites à différens degrés de chaleur, on emploie les corrections tirées des deux tables précédentes, on pourra négliger entiérement ces confidérations, parce que chacune des obfervations qui a fervi à former ces tables étoit l'expreffion de la différence entre l'action pyrométrique & l'action hygrométrique de la chaleur, & donnoit par conféquent le réfultat final de l'action du chaud & du froid fur l'Hygrometre. Ainfi, lorfque j'ai obfervé que quand l'Hygrometre étoit à 41 ou 42 degrés, un degré de chaleur le faifoit marcher d'un degré vers la féchereffe; je fais que dans ces circonftances la contraction produite par l'évaporation furpaffe tellement la dilatation produite par la chaleur, que l'effet final qui en réfulte, eft une contraction d'un degré. Je n'ai donc befoin d'aucune correction ultérieure.

§. 94. Avant de terminer ce Chapitre, il nous refte à confidérer la raifon de l'inégalité des variations de l'Hygrometre. Pourquoi les influences de la chaleur deviennent-elles plus grandes à mefure que le cheveu eft plus humide? Ce phénomene paroît dépendre de la nature de cette affinité, à laquelle j'ai donné le nom d'affinité hygrométrique, §. 41, 42, 43. La force avec laquelle le cheveu tend à abforbër les vapeurs qui nagent dans l'air ou à retenir l'eau dont il eft lui-même pénétré, eft d'autant plus grande, qu'il en contient moins; d'autant moins efficace, qu'il eft plus près d'en être faturé.

Lors donc que le cheveu eft très-humide, il ne retient que foiblement l'eau dont il eft abreuvé, enforte que la plus foible chaleur fuffit pour lui en enlever une portion confidérable, & pour la réfoudre en vapeurs élaftiques. Mais à mefure qu'il fe deff-féche, fon affinité avec l'eau qui lui refte prend des forces plus grandes, & il faut un plus haut degré de chaleur pour la féparer de lui.

Limites de cette aug-mentation.

§. 95. Pourquoi donc cette influence de la chaleur dimi-nue-t-elle paffé le 15e degré; c'eft que les derniers degrés d'extenfion que le cheveu reçoit de l'humidité paroiffent exiger une plus grande quantité d'eau; il faut qu'il foit gorgé d'humidité & prefque mouillé, pour arriver exaﬆement au terme de l'humidité extrême, & par conféquent il faut un degré de chaleur plus confidérable pour volatilifer toute cette quantité d'eau; c'eft-là une imperfeﬆion que le cheveu tient de fa lo-tion dans les fels alkalis; car dans ceux qui ont été trop forte-ment leffivés, ce défaut eft beaucoup plus fenfible; ils exigent pour arriver à leur terme d'humidité un féjour beaucoup plus long dans les vapeurs, & une abondance d'humidité beaucoup plus grande; & auffi la diminution des effets de la chaleur dans le voifinage de ce même terme eft-elle plus confidérable chez eux. C'eft une des raifons qui m'a engagé à déterminer avec beau-coup de foin la maniere dont j'ai leffivé les cheveux qui ont fervi à toutes mes expériences, & qui les approprie le mieux à l'Hygrometre. J'aurois même préféré de me paffer entiérement de cette opération; & quelques moyens méchaniques auroient

pü suppléer à la senfibilité qu'elle donne au cheveu ; mais elle
a le grand avantage de le corriger de la rétrogradation, §. 15,
qui eft toujours plus ou moins fenfible dans les cheveux cruds,
& qui peut produire des erreurs proportionnellement plus grandes
lorfque les variations directes font moins étendues.

§. 96. Au refte, je dois avertir que ces tables ne peuvent
fervir que pour l'Hygrometre à cheveu ; du moins feroit-ce un
bien grand hafard fi d'autres corps fuivoient les mêmes loix
dans des variations qui font les réfultats des effets réunis de
l'eau & du feu ; il faudroit pour cela qu'il y eût entre ces corps
& le cheveu une identité d'affinités & de ftructure qu'il eft bien
difficile d'efpérer.

Et ce qui rend plus probable encore, que ces loix font différentes dans des corps différens, c'eft qu'elles ne font point
exactement les mêmes dans les cheveux inégalement leffivés.
Ceux qui le font trop font plus affectés par la chaleur dans les
degrés compris entre le 70 & le 97e. de mon échelle, & ils
le font moins dans tous les autres termes. Mais ceux qui ont
été leffivés, en fuivant exactement le procédé décrit dans le
Chapitre II du premier Effai, fuivent tous la loi exprimée dans
la table ci-jointe, ou ne s'en écartent, du moins, que d'une
quantité peu confidérable. Les Phyficiens qui voudront ou faire
ufage de cette table telle qu'elle eft, ou vérifier les expériences dont elle donne les réfultats, doivent donc commencer
par s'affurer que le cheveu de leur Hygrometre a été leffivé au
même point que les miens, ou ce qui revient au même, que
de la féchereffe à l'humidité extrême, il s'alonge de 3 lignes
½ par pieds, ou plus exactement de la 0, 0245e. de fa
longueur.

Ces tables
ne peuvent
fervir que
pour l'Hy-
grometre à
cheveu.

CHAPITRE V.

QUEL RAPPORT Y A-T-IL ENTRE LES DEGRÉS DE L'HYGRO-
METRE, ET LA QUANTITÉ D'EAU CONTENUE DANS L'AIR?

Introduction.

§. 97. Nous avons vu, §. 59, qu'une des propriétés d'un Hygrometre parfait, feroit d'avoir une marche exactement proportionnelle à la quantité d'eau ou de vapeurs que l'air renferme.

Mais un Hygrometre pourroit encore être très-bon fans cette propriété, fi l'on venoit à bout de déterminer par des expériences exactes, le rapport de tous fes degrés avec la quantité des vapeurs. C'eft ce que j'ai tenté de faire pour mon Hygrometre : mais on verra que ce travail difficile eft encore bien loin de fa perfection.

Recherches fur la quantité d'eau que peut difloudre un pied cube d'air.

§. 98. J'ai cru devoir commencer par rechercher quelle eft à-peu-près la quantité d'eau néceffaire pour faturer un volume donné, par exemple, un pied cube d'air; afin de divifer enfuite cette quantité en un certain nombre de parties égales, d'introduire fucceffivement ces parties dans un volume d'air connu ; de conduire ainfi cet air par des pas égaux depuis la féchereffe jufqu'à l'humidité extrême, & d'obferver en même tems la marche de l'Hygrometre.

Idée générale du procédé à fuivre dans ces recherches.

§. 99. Ce problême préliminaire, celui de déterminer la quantité abfolue d'eau qui eft contenue dans un volume donné d'air exige néceffairement un Hygrometre très-fenfible, & dans lequel les points extrêmes d'humidité & de féchereffe foient très-exactement déterminés. Or, l'Hygrometre à cheveu poffede

ces

ces qualités dans le degré le plus éminent. Il femble donc qu'avec fon fecours ce problême doit être très-facile à réfou-dre; qu'il fuffit d'avoir un grand vafe, de renfermer dans ce vafe un Hygrometre à cheveu, de defsécher parfaitement l'air de ce vafe, d'y introduire enfuite une quantité connue d'eau, d'épier la marche de l'Hygrometre, de faifir l'inftant où il aura atteint le terme de l'humidité extrême, & de voir alors la dé-perdition qu'aura fouffert l'eau que l'on avoit introduite; cette déperdition indiquera la quantité d'eau que l'air a diffoute, & le rapport de la capacité du vafe avec un pied cube étant connu, on connoîtra la quantité d'eau contenue dans un pied cube d'air faturé d'humidité.

Mais cette expérience doit être faite avec les précautions les plus réfléchies, fi l'on veut pouvoir en conclure quelque chofe de certain.

§. 100. D'abord il faut que, ni la fubftance même du vafe, ni aucun des corps qui s'y trouveront renfermés ne foient ca-pables ou de donner ou d'abforber des exhalaifons aqueufes; car fi des vapeurs fortant de ces corps fe joignoient à celles de l'eau que l'on introduira dans le vafe, il faudroit d'autant moins de cette eau pour faturer l'air qui y feroit contenu. Et fi au contraire, il fe trouvoit là quelque corps capable d'en abforber, l'air paroîtroit avoir confumé plus d'eau qu'il n'en auroit réellement abforbé. Il faut donc n'y laiffer ni bois, ni papier, ni cuir, & fur-tout fi l'on defféche l'air par le moyen des fels abforbans, il ne faut pas qu'il refte dans le vafe le moindre atome de ces fels.

Premiere précaution à prendre.

§. 101. Il faut enfuite une extrême attention à ne pas laiffer

Seconde précaution.

l'eau dans le vafe au-delà du terme de faturation ; car quoique l'air foit faturé, elle continue de s'évaporer & va s'attacher fous la forme de rofée contre les parois du vafe. Il faut même employer les plus grand foins, pour que le vafe foit environné d'un air dont la température foit bien par-tout la même ; car fi quelqu'une des parties de ce vaiffeau étoit plus froide que les autres, ne fût-ce que d'un degré, on ne parviendroit jamais à faturer l'eau d'air qu'il renferme, les vapeurs iroient continuellement s'attacher à cette partie froide, dans le tems même ou l'Hygrometre témoigneroit qu'il eft encore éloigné de 10 à 12 degrés de fon terme de faturation. Le feul moyen d'éviter cet inconvénient, c'eft de placer ce vafe dans un lieu où il ne vienne ni froid ni chaleur d'un côté plutôt que de l'autre, & il faut même ou le fufpendre dans l'air, ou le placer fur un fupport qu'il ne touche que par un petit nombre de points ; autrement les parties du vafe contigues au fupport fuivent toujours plus lentement que les autres les variations de l'air extérieur, il en réfulte néceffairement des inégalités de température, & par conféquent cette rofée que l'on veut éviter. Et même avec tous ces foins, il ne faut pas fe flatter de pouvoir amener l'air au point de faturation parfaite, fans que les vapeurs commencent à fe dépofer quelque part fur les parois intérieures du vafe ; il vaut mieux refter de 4 ou 5 degrés au-deffous de ce point, & juger par analogie de la quantité d'eau qu'il auroit fallu pour compléter fa faturation.

Troifieme precaution.

§. 102. Il faut enfin que l'Hygrometre renfermé dans le vafe où fe fait cette expérience porte avec lui un thermometre très-fenfible monté fur métal, & obferver avec beaucoup de précifion, le degré de chaleur qu'indique ce thermometre dans le moment où l'on juge l'air fuffifamment faturé, parce que la quantité d'eau que l'air peut diffoudre varie beaucoup fuivant le degré de chaleur de cet air.

Les autres précautions, comme d'employer un vafe parfaitement propre, de le tenir exactement fermé, de faire ufage de balances très-mobiles & très-juftes, d'opérer avec la plus grande célérité poffible, &c. &c. annoncent d'elles-mêmes leur néceffité.

§. 103. J'ai fait mes premieres épreuves dans des ballons de verre, les uns d'un pied, les autres de 15 à 16 pouces de diametre ; & la moyenne entre plufieurs expériences m'a donné 11 à 12 grains par pied cube ; c'eft-à-dire, que de l'air defféché autant qu'il pouvoit l'être dans cet appareil, environ à 8 ou 10 degrés de mon échelle, n'exigeoit pour fa parfaite faturation qu'une quantité d'eau équivalente environ à 11 grains par pied cube, & cela à 14 ou 15 degrés du thermometre divifé en 80 parties.

Réfultat de mes premieres expériences.

§. 104. Ce réfultat étonnera beaucoup ceux qui auront lu les expériences de M. Lambert. Ce célebre mathématicien a cru que l'air pouvoit abforber à-peu-près la moitié de fon poids d'eau, c'eft-à-dire, jufqu'à 342 grains par pied cube. Mais malgré la confiance que méritent en général les affertions d'un homme tel que lui, je crois pouvoir affurer qu'il a été induit en erreur par la raifon que j'ai donnée plus haut, §. 101, c'eft qu'il n'a pas fait attention que l'évaporation continue même après la faturation complete de l'air, lorfque la vapeur, à mefure qu'elle fe forme, fe condenfe contre quelqu'une des parois du vafe qui la tient renfermée. Or, la plus légere inadvertance de ce genre pouvoit entraîner une erreur très-confidérable, parce que le vafe dans lequel M. Lambert faifoit cette épreuve,

Réfultats différens obtenus par M. Lambert.

n'avoit que 39 pouces cubes de contenance, c'eft-à-dire, la 44e. partie d'un pied cube ; enforte qu'une erreur d'un feul grain dans l'expérience en produifoit une de 44 fur le pied cube (*l'Académie de* Berlin, 1769. Effai d'Hygrométrie de M. Lambert, §. 60, 64.) Quand on fait cette épreuve avec un Hygrometre à cheveu renfermé dans le vafe , il eft très-aifé d'éviter cette erreur ; l'aiguille en s'approchant du terme de l'humidité extrême vous avertit de vous tenir fur vos gardes, & de ne pas laiffer trop long-tems dans le vafe l'eau ou le corps qui fe réduit en vapeurs ; au lieu que la corde de boyau de l'Hygrometre qu'employoit M. Lambert ne marquant point le terme de l'humidité extrême, & ne ceffant point de fe détordre quand l'air eft complétement faturé , induit l'obfervateur en erreur, & lui fait croire que l'humidité augmente, lors même qu'elle n'eft plus fufceptible d'augmentation.

§. 105. Et fi l'on avoit quelque doute fur le terme d'humidité de l'Hygrometre à cheveu, fi l'on foupçonnoit que peut-étre l'Hygrometre l'indique avant que l'air foit parfaitement faturé , je leverois entiérement ce doute, en affurant que j'ai fouvent effayé de laiffer l'eau dans le vafe, depuis que l'Hygrometre étoit venu au terme de faturation , & que conftamment j'ai vu, quand le ballon étoit bien net & bien clair, des gouttes de rofée commencer alors à fe dépofer fur quelque point de la furface intérieure du ballon. Or, cette rofée prouvoit que l'air étoit complétement faturé , puifqu'il abandonnoit des vapeurs à mefure qu'il s'en formoit de nouvelles. Si par le contact ou le frottement de la main, je réchauffois doucement par dehors la partie du vafe à laquelle ces petites gouttes étoient adhérentes, je les faifois difparoitre , mais quelque inftans après, je les voyois de nouveau condenfées dans quelqu'autre partie plus froide de la furface intérieure.

§. 106. On pourroit foupçonner encore, que l'opération par laquelle je tâche de ramener l'air au terme de la fécherelle extrême, lui caufe quelqu'altération qui le rend fufceptible d'être faturé par une quantité d'eau moins confidérable. Mais je leverai encore ce doute, en alurant que j'ai fait un grand nombre de fois ces mêmes expériences, avec de l'air pur & intact, pris fur une terrale élevée, & qui n'avoit fubi aucune opération quelconque. Les réfultats ont toujours été proportionnellement les mêmes. Je dis *proportionnellement*, parce que cet air moins fec que celui-ci, que j'avois artificiellement delléché, fe chargeoit d'une quantité d'eau moins confidérable.

Réponfe à un autre doute.

§, 107. Le refpect que j'ai & que tout phyficien doit avoir pour les allertions d'un philofophe tel que M. Lambert, ne fauroit donc me donner aucun doute fur mes expériences. Mais il y a plus encore : je dois croire d'après ces mêmes expériences, qu'en plein air une quantité d'eau plus petite encore, fuffit pour faturer complétement un pied cube de ce fluide. Car j'ai conftamment obfervé, qu'il falloit proportionnellement plus d'eau pour faturer l'air dans un petit vafe que dans un grand ; fans doute parce que, même avant la parfaite faturation de l'air, la furface intérieure du vafe fe charge d'une portion de l'eau qui s'évapore au-dedans de lui. Or, cette furface eft proportionnellement plus grande dans un petit vailleau. Et peut-être l'extrême petitelle des vafes qu'employoit M. Lambert eft-elle une des caufes de la quantité d'eau qui s'y évaporoit.

La quantité d'eau dilloute eft peut-être encore plus petite à l'air libre.

On pourroit en faifant dans ce dellein des expériences comparatives dans de très-grands & de très-petits vaiſſeaux, parvenir à connoître la quantité d'eau dont ſe charge une ſurface donnée de verre, ſuivant le degré d'humidité de l'air qui la touche. Mais il eſt vraiſemblable que l'on ne trouveroit rien de conſtant, & que cette quantité ſeroit différente en différentes eſpeces de verre ; plus grande, par exemple, dans les verres tendres & ſalins que dans ceux qui ſont durs & bien cuits.

Au reſte, on peut démontrer par des expériences électriques la réalité de l'exiſtence de cette vapeur inviſible qui s'attache à la ſurface du verre, long-tems avant que l'air ait commencé à dépoſer la roſée groſſiere qui ſe forme lorſqu'il eſt ſuperſaturé.

Tout homme qui s'eſt occupé d'électricité a dû voir fréquemment des ſupports de verre laiſſer infiltrer le fluide électrique le long de leur ſurface à la faveur d'une humidité qu'ils avoient contractée, même dans un air qui n'étoit point entiérement ſaturé de vapeurs. Certains verres paroiſſent plus que d'autres ſujets à ce défaut, & c'eſt pour y remédier que l'on preſcrit d'enduire ces ſupports d'une couche de vernis ; en effet, les vapeurs aqueuſes ne s'attachent point aux corps réſineux auſſi aiſément qu'au verre, parce que l'eau a moins d'affinité avec les corps gras, qu'avec les terres & les ſels dont eſt compoſé le verre.

Ballon employé aux recherches les plus exactes.

§. 108. Lorsque ces épreuves m'eurent convaincu de la petite quantité d'eau néceſſaire pour ſaturer un pied cube d'air, je vis que ſi je voulois ſubdiviſer cette quantité, il faudroit néceſſairement employer de plus grands vaſes. J'eus le bonheur de me procurer un grand ballon, d'un beau verre tranſparent & d'une forme réguliere. C'eſt un ellipſoïde alongé dont le grand axe a 25 pouces 5 lignes $\frac{1}{5}$, & le petit 23 pouces 5 lignes $\frac{3}{5}$, & dont par conféquent la contenance eft de 4,25 104 pieds cubes. En retranchant les 0, 00104 pour l'efpace qu'occupent les petits inftrumens que j'y renferme, il refte une contenance de 4 pieds cubes & $\frac{1}{4}$, ce qui eft bien fuffi-fant pour diminuer au moins beaucoup le danger des erreurs groffieres, & pour affimiler autant qu'il eft poffible ce qui fe paffe dans l'intérieur de ce ballon avec ce qui fe paffe à l'air libre.

§. 109. En faifant ces recherches fur la quantité d'eau que peut diffoudre un volume donné d'air, outre l'Hygrometre & le thermometre, j'avois introduit dans mes ballons un barometre, pour favoir fi, comme on l'a fuppofé, les vapeurs dilatent l'air en le pénétrant, & quel eft le rapport entre cette dilatation & la quantité de vapeurs qui l'operent.

On comprend aifément que c'eft fur-tout dans cette épreuve qu'il importe de donner la plus grande attention au thermo-metre; car un barometre renfermé dans un ballon bien luté n'eft plus fenfible qu'à l'élafticité de l'air, & cette élafticité croif-fant avec la chaleur, la moindre variation dans cette chaleur doit opérer fur lui un changement confidérable. J'eus donc foin de tenir dans ces ballons des thermometres de mercure à gran-des divifions, tellement que je pouvois répondre avec la plus parfaite certitude de la 10e. & même de la 20e. partie d'un degré; je m'efforçai de tenir autant qu'il étoit poffible les ballons dans la même température, depuis le commencement jufqu'à la fin de l'expérience, & lorfque malgré mes foins il fe trouvoit quelque variation dans la chaleur, j'en tenois compte comme je l'expliquerai dans la fuite.

Le mercure du barometre que j'ai employé dans ces épreuves & que je nommois *manometre*, parce qu'il mefuroit ici, non la pefanteur, mais l'élafticité de l'air, avoit bouilli dans le tube. Ce tube eft abfolument nud dans toute la partie qui plonge dans le ballon, pour que fa monture ne trouble point l'expérience; il paffe au travers d'une plaque de métal qui ferme l'orifice fupérieur du ballon, il eft foigneufement luté avec cette plaque, comme celle-ci l'eft avec le ballon lui-même, & il porte des divifions très-exactes dans la partie faillante hors du ballon.

Réfultats généraux de ces expériences.

§. 110. Avec cet appareil, j'ai trouvé qu'à une température de 14 à 15 degrés, l'élafticité de l'air augmentoit environ d'une 54e., lorfque les vapeurs en le pénétrant, le faifoient paffer de la féchereffe extrême à l'humidité extrême; car le manometre qui étoit à 27 pouces avant l'expérience, fe trouve environ à 27 pouces 6 lignes quand elle eft achevée. J'ai obtenu le même réfultat en faifant l'inverfe de cette expérience: j'ai commencé par faturer, ou à-peu-près, l'air que renfermoit le ballon, enfuite j'ai fait abforber par des fels les vapeurs qu'il contenoit, & fon élafticité a diminué auffi d'une 54e. Nous verrons dans le IVe. Effai les conféquences météorologiques de cette expérience.

Mais je ne me fuis pas contenté de ce réfultat fommaire; j'ai cru qu'il feroit intéreffant de connoître, non feulement la quantité totale de l'accroiffement que reçoit l'élafticité de l'air, lorfqu'il paffe de la féchereffe à l'humidité extrême, mais encore les progrès de cette augmentation relativement à la quantité

d'eau

d'eau ou de vapeurs qui s'introduisent dans l'air. J'ai donc adapté le manometre à mon grand ballon, & j'ai éprouvé de ligne en ligne la quantité d'eau qu'il falloit pour le faire varier. Je vais donner les détails de ces expériences, dès que j'aurai décrit quelques parties de mon appareil dont je n'ai pas encore parlé.

§. 111. Une plaque d'étain de forme circulaire & de 5 pouces de diametre ferme l'ouverture de mon grand ballon; le bord de cette plaque est percé d'un trou, qui laisse passer, comme je l'ai dit, le tube du manometre; elle est lutée bien soigneusement avec le ballon; le manometre l'est de même avec elle, & l'un & l'autre demeurent fixés là dans tout le cours de l'expérience. Mais au centre de cette plaque est une ouverture circulaire de 3 pouces de diametre, qui sert à introduire les sels destinés à desfécher l'air du ballon : cette ouverture se ferme avec une plaque plus petite, qui se lute par desfus la grande. Et cette petite est elle-même percée à son centre d'une autre ouverture aussi circulaire de six lignes de diametre, laquelle sert à infinuer dans le ballon le linge humide ou le tube plein d'eau qui doit produire des vapeurs dans l'intérieur du vafe. J'ai pratiqué ainsi des ouvertures de différentes grandeurs, afin de ne jamais ouvrir que précisément autant qu'il le falloit pour introduire les différens corps que je devois faire entrer dans le ballon, & de donner ainsi le moins d'accès possible à l'air extérieur. Toutes ces ouvertures font lutées avec la cire dont j'ai donné la compofition §. 83, & dont les exhalaisons, comme je l'ai dit dans le même paragraphe, n'affectent point du tout l'hygrometre.

Détails de
l'appareil.

Ce ballon ainsi fermé & luté contient, outre le manometre, deux Hygrometres placés à un pied de diftance l'un de l'autre, assez près de la furface du ballon, pour que je puisse lire leurs divifions avec une loupe de deux pouces & demi de foyer, & il renferme enfin le grand thermometre dont j'ai déja parlé, qui eft auffi à portée d'être obfervé avec la même loupe.

Sels employés au defféchement de l'air.

§. 112. DANS mes premieres expériences, pour deffécher l'air renfermé dans le ballon, j'avois fait ufage d'huile de vitriol concentrée, parce qu'elle agit avec plus de célérité que le fel de tartre. Mais j'obfervai, que quand le defféchement étoit parvenu à un certain terme, environ aux $\frac{3}{4}$ de la quantité totale, le phlogiftique, ou de l'air ou des exhalaifons de la cire, fe combinoit avec l'huile de vitriol, la bruniffoit, & engendroit un fluide élaftique, qui, à la vérité, n'affectoit nullement les Hygrometres, mais qui faifoit monter le manometre & troubloit ainfi mes expériences fur l'élafticité des vapeurs. Dès-lors j'ai employé le fel de tartre bien defféché, qui n'eft point fujet à cet inconvénient.

JE prépare ce fel moi-même avec un mélange de parties égales de tartre crud & de falpêtre pilés & mêlés enfemble. J'ai un grand creufet de fer que je place dans le foyer d'un fourneau de fufion; je réchauffe ce creufet jufques à ce qu'il commence à rougir, alors j'y injecte peu-à-peu le mélange de fels. Lorfqu'ils ont achevé leur détonation, j'augmente par degrés la chaleur jufques à ce que le creufet foit d'un rouge cerife, & je l'entretiens dans cet état pendant une bonne heure, de maniere que le fel bouillonne continuellement; après quoi je fais piler ce fel tout chaud, je dirois prefque encore liquide, dans un mortier chaud & fec, & je le conferve dans une fiole de verre lutée avec de la cire.

J'AI auffi employé avec fuccès la terre foliée de tartre, qui, après avoir été brûlée & calcinée, a une force defficcative encore plus grande que le fel de tartre calciné. Mais comme les Apothicaires la vendent à un très-haut prix, ceux qui voudront répéter ces expériences, pourront la préparer eux-mêmes en diffolvant de la potaffe dans du vinaigre & en faifant évaporer l'humidité fuperflue. La dépuration par l'efprit de vin qui eft la caufe de la cherté de cette drogue, n'eft nullement néceffaire pour ces expériences.

JE mets deux ou trois onces de quelqu'un de ces fels dans une taffe de verre de forme applatie, fufpendue par trois fils de métal déliés & affez longs pour que la boucle qui les réunit, étant accrochée à la plaque qui ferme le ballon, la taffe fe trouve à-peu-près au centre de ce même ballon.

§. 113. APRES tous ces préparatifs & ce long apprentiffage, je commençai une opération, digne, à ce que je crois, de quelque confiance, le 27 juin de l'année derniere 1781.

Détails d'une expérience faite fuivant ces principes.

J'AVOIS laiffé pendant deux jours mon grand ballon ouvert & expofé au vent auprès d'une fenêtre ouverte; j'avois même foufflé dedans à plufieurs reprifes avec un grand foufflet pour renouveller entiérement l'air qu'il contenoit. Les Hygrometres renfermés alors dans ce ballon étoient au même point que ceux de la chambre; l'un défigné par *R* marquoit 79 degrés & 26 centiemes (*), l'autre marqué *Q*, 80 degrés & 40 centiemes;

(*) Je n'ai pas la prétention de diftinguer dans mes Hygrometres des centiemes de degrés, mais bien des dixiemes; le fecours d'une loupe & une longue habitude m'en donnent la facilité. Ces centiemes viennent donc du calcul par lequel je réduis en degrés de la divifion générale en cent parties, les degrés de cercle tracés fur le cadran. (Voyez le §. 34.)

Quant au thermometre, c'eft celui dont j'ai dit que je diftinguois des vingtiemes de degré, & j'exprime ces vingtiemes en centiemes pour l'uniformité & la commodité du calcul.

enforte que la moyenne étoit 79, 83. Quant au thermometre, il étoit à 14, 65, & le manometre à 26 pouces, 10 lignes, 031.

Tel étoit donc l'état de l'air dans l'intérieur du ballon, lorſque le 27 juin, à neuf heures du matin, j'y introduiſis la taſſe de verre, qui conjointement avec ſes fils & le ſel fixe qu'elle contenoit, peſoit 3 onces, 3 gros, 9 grains; la taſſe elle-même & ſes fils peſoient une once 6 gros $\frac{1}{4}$ de grain ; & par conſéquent le poids du ſel fixe étoit 1 once, 5 gros, 8 grains, 3 quarts.

Le ſurlendemain 29 juin à midi, les Hygrometres ne paroiſſant plus aller au ſec, je notai le degré auquel je les trouvai fixés, R étoit à 38, 30, Q à 39, 45, & par conſéquent la moyenne étoit de 38, 87. Donc les Hygrometres étoient allés au ſec de 40, 96.

La taſſe peſée au moment même où elle ſortit du ballon ſe trouva augmentée de 24 grains 88 centiemes.

Quant à l'élaſticité de l'air, la condenſation de cette quantité de vapeurs l'avoit diminuée au point de faire deſcendre le manometre de 26 pouces 10 lignes, 031 à 26, 7, 94, ou de 2 lignes, 937. De plus, pendant la durée de cette expérience, le thermometre étoit monté de 14, 65 à 15, 20, ou de 0, 55. Or comme j'ai appris par un grand nombre d'expériences, qu'un degré de variation dans le thermometre fait varier le manometre de 22 ſeiziemes, ou de 1, 375 de ligne, (*) je vois que je dois ajouter à la dépreſſion du manometre

____

(*) M. le Colonel Roy (*Philoſ. Tranſact.* 1777, p. 704.), attribue à la chaleur une force expanſive beaucoup plus grande; il conclut de ſes expériences qu'aux environs du 15e. degré du thermometre diviſé en 80 parties, ou au

o, 756 de ligne, dont il se seroit trouvé plus bas, si le thermometre n'eût point varié pendant l'expérience. Il suit de là que le sel alkali, en absorbant une partie des vapeurs contenues dans le ballon, doit être censé avoir fait baisser le manometre de 3 lignes 693 milliemes.

66e. degré de celui de FARENHEIT, un degré de chaleur du thermometre de FARENHEIT, dilate l'air de 2,58090 milliemes de son volume. Or, il résulte des miennes que ce même degré de chaleur ne dilate l'air que de 1,88615. Car 27 pouces, qui expriment l'élasticité moyenne de l'air dans lequel j'ai fait mes expériences, équivalent à 324 lignes, ou à 5184 seiziemes de ligne. Or, 5184 font à 22 comme 1000 à 4,24383. Donc suivant mes expériences, un degré de chaleur du thermometre de REAUMUR, faisant monter le manometre de 22 seiziemes de ligne, dilate l'air de 4,24383 milliemes de son volume ; mais un degré de la division de FARENHEIT est à un degré de celle de REAUMUR, comme 4 : 9. Donc dans mes expériences un degré de FARENHEIT n'auroit fait monter le manometre que des $\frac{4}{9}$ de 4,24383, ou de 1,88615 milliemes. La différence qui est entre les résultats de M. le Colonel ROY & les miens équivaut donc à o, 69475, & par conséquent à un tiers de la quantité que j'ai observée. Or, cette différence est si considérable, qu'il est absolument impossible qu'un observateur aussi exact que M. le Colonel ROY ait commis une erreur aussi grande, & je ne puis pas non plus en suspecter mes propres expériences, puisque les plus grands écarts que j'aie trouvés entre mes nombreuses observations, ne sont jamais allés à 2 seiziemes de ligne, c'est-à-dire, à la onzieme partie de la totalité, & que ces écarts ont été en moins tout aussi souvent qu'en plus.

Il faut donc nécessairement attribuer cette différence à celle des appareils dont nous nous sommes servis. Le vase qui renfermoit l'air dans les expériences de M. ROY, étoit une poire de verre semblable à la boule d'un barometre ordinaire. M. ROY ne donne pas les dimensions de cette poire; mais puisque les tubes qui lui étoient annexés n'avoient qu'une 15e. ou une 25e. de pouce de diametre, il faut que cette poire n'eût guere plus d'un pouce de diametre, sans quoi les variations du volume de l'air qu'elle renfermoit eussent exigé des tubes d'une longueur excessive. Mais supposons qu'elle eût un pouce & demi de diametre, sa capacité auroit encore été environ quatre mille fois plus petite que celle de mon ballon. Or, il n'est point étrange que l'expansion de l'air ne soit pas la même dans des vases dont les capacités sont si prodigieusement différentes, parce que l'air doit nécessairement être modifié d'une maniere particuliere par la surface intérieure du vase qui le renferme, & que cette surface est plus grande dans les petits vases relativement à leur capacité, qu'elle ne l'est dans les grands. (Voyez le § 117.)

Un autre point sur lequel mes observations manométriques s'écartent beaucoup de celles de M. ROY, c'est la différence qu'il peut y avoir entre l'air sec & l'air humide relativement à leur expansibilité thermométrique. M. ROY a introduit ou de l'eau en nature, ou de la vapeur aqueuse dans l'air que renfermoit la poire du manometre; il

§. 114. Il s'agit à préfent de réduire au pied cube les réfultats de cette expérience. Ainfi comme le ballon contient $4\frac{1}{4}$ ou
4, 25 pieds cubes, il faut divifer le poids de 24 grains 88 centiemes par 4, 25 ; ce qui donne 5 , 8546 pour le poids de la
quantité de vapeurs qui fe feroient abforbées fi le ballon n'eût

a enfuite expofé ce mélange à différens degrés de froid & de chaud, & il a trouvé que, fur-tout dans des degrés de chaleur un peu confidérables, cet air mélangé d'eau ou de vapeur tendoit à fe dilater avec beaucoup plus de force que l'air pur. Mais il me femble que dans ce procédé, M. Roy a confondu deux chofes qu'il convenoit de féparer, favoir, la converfion de l'eau en vapeur élaftique, & la dilatation de l'air uni à cette vapeur. Les expériences qui font le fujet de ce chapitre, démontrent que l'eau en fe réduifant en vapeurs fe change en un fluide élaftique, qui, confiné avec l'air dans un vafe clos, le comprime comme le feroit un corps étranger qu'on introduiroit forcément dans le même vafe. Lors donc que cet air mêlé d'eau eft expofé à l'action du feu, la force avec laquelle il comprime le mercure dans le manometre, n'eft pas l'effet de l'expanfion thermométrique pure & fimple de cet air devenu plus expanfible par fon humidité; mais cette force eft le produit de deux différentes caufes, favoir 1°. de la preffion qu'exerce le nouveau fluide élaftique engendré dans le vafe; 2°. des dilatations thermométriques réunies de l'air & du nouveau fluide. Pour pouvoir attribuer à chacune de ces deux caufes l'effet qui lui eft propre, il falloit les féparer & c'eft ce que j'ai tâché de faire. J'ai commencé par faire naitre des vapeurs dans un vafe clos fans changer du tout fa température, & j'ai connu ainfi la quantité de preffion produite par la génération du nou

veau fluide élaftique. Enfuite j'ai réchauffé, & toujours dans des vafes clos, des airs inégalement humides, en prenant garde que dans le cours de l'expérience il n'y eût ni production d'une nouvelle vapeur, ni condenfation d'une vapeur déja exiftante, & j'ai ainfi étudié l'influence de l'humidité feule fur l'expanfion thermométrique de l'air. Mais comme je ne faifois ces expériences que dans le but de perfectionner mes recherches hygrométriques, je ne les ai fuivies que depuis le 6ᵉ degré du thermometre de Reaumur , jufqu'au 22ᵉ. de la même échelle, mes principales épreuves s'étant faites dans cet intervalle. Or je puis affurer que dans ces limites entre lefquelles j'ai fait, & avec beaucoup de foin, un très-grand nombre d'épreuves, l'air le plus exactement defféché, bien loin d'être moins expanfible par la chaleur, m'a paru plutôt plus dilatable que l'air humide, & même que l'air le plus voifin du terme de l'humidité extrême.

Au refte je ne prétends point, par ces obfervations, diminuer le mérite du mémoire de M. le Colonel Roy; ce mémoire renferme les recherches les plus profondes & les plus intéreffantes faites avec une intelligence & une exactitude dignes des plus grands éloges. Je voudrois au contraire pouvoir l'encourager à répéter dans de grands vafes, celles de fes expériences qui en feroient fufceptibles; celles fur-tout qui peuvent fervir à déterminer les loix de la dilatation de l'air dans les degrés de cha

eu qu'un pied cube de contenance. Nous voyons donc par là, que quand l'humidité de l'air est exprimée par 79, 83 degrés de l'Hygrometre, & que l'on souftrait d'un pied cube de cet air une quantité de vapeurs du poids de 5, 8546 grains, l'hygrometre va au fec de 40, 96 degrés; & l'élasticité de l'air, qui auparavant étoit exprimée par 26 pouces 10 lignes $\frac{1}{32}$ de ligne, ou en réduifant tout en lignes & en fractions décimales de lignes par 322, 03125, est réduite à 318, 33825, & diminue par conféquent de 3, 693, environ d'une 88e.

Puis donc qu'en abforbant un poids de vapeurs équivalant à à 5, 8546 grains, nous avons détruit une quantité de fluide élastique capable de foutenir 3, 693 lignes de mercure, on peut en conclure que chaque grain d'eau, quand il étoit fous la forme de vapeurs renfermé dans un pied cube d'air étoit un fluide élastique dont la force pouvoit être repréfentée par 0, 592 lignes de mercure, & dont la denfité, comme nous le verrons dans le IVe. Effai, étoit plus petite que celle de l'air, environ dans le rapport de 3 à 4.

De même, puifque l'abforption de ces 5, 8546 grains de vapeurs a fait marcher l'hygrometre de 40, 96 degrés vers la féchereffe, je vois que dans ces circonftances, un feul grain d'eau dans un pied cube d'air fait fur l'Hygrometre une impreffion équivalente à 7, 23 degrés.

§. 115. Pour pouffer plus loin le defféchement, j'introduifis de nouveau dans le ballon du fel récemment calciné. On a vu qu'à la fin de la première opération l'état moyen des hygrometres étoit, 38, 87; mais quand j'ouvris le ballon, il y rentra de l'air qui vint remplir le vuide qu'avoient laiffé les vapeurs

Seconde opération du deffécha-ment.

leur entre lefquels peuvent tomber les obfervations du barometre.

abforbées par le fel, & cet air moins fec que celui du ballo
fit venir les Hygrometres à 39 , 91.

La taffe pleine de fels laiffée pendant trois fois vingt-quat
heures dans le ballon , dont la température moyenne fut d
15 , 45 , fe trouva pefer 4 grains 98 centiemes de plus qu'avar
d'être plongée; l'Hygrometre *R* vint à 29 , 36 , & 2 à 30 , 3c
dont la moyenne eft 29 , 98. Il baiffa donc de 9 , 93 par l'eff
de 4 , 98 grains , qui divifés par 4 , 25, capacité du vafe, donner
1 , 1718. Or 9 , 93, effet total produit fur l'hygrometre, divif
par 1 , 1718 , donne 8 , 47 , nombre de degrés , dont l'ab
forption d'un grain pefant de vapeurs , fait dans ces circonftan
ces marcher l'hygrometre vers la féchereffe.

Quant au manometre, il fe trouva à la fin de l'expérienc
exactement au même point où il étoit avant l'introduction d
fel ; mais comme dans l'intervalle l'air s'étoit réchauffé d'un dem
degré , & que par cela même le manometre auroit dû monte
de $\frac{11}{16}$ de ligne , c'eft une preuve que l'abforption des vapeurs
diminué l'élafticité de l'air de cette quantité, ou de 0 , 687
lignes , & ce nombre divifé par 1 , 1718 , donne 0 , 587
portion de ligne dont un grain d'eau réduit en vapeurs dans ur
pied cube d'air, foutient le mercure à la température de 15 degré
45 centiemes.

§. 116. Par deux autres opérations femblables , je pouffai le
Fin du def-
féchement. defféchement jufques à 9 , 29 de l'Hygrometre *R*, & 9 , 05 de
l'Hygrometre *Q*. La moyenne étoit donc 9 , 17. Je ne pefai pas
les fels dans ces deux dernieres opérations , pour les laiffer moins
long-tems à l'air & parce que l'augmentation de poids eft fi
petite dans ces circonftances, que les moindres erreurs produifent
de très-grands écarts. Je n'effayai pas non plus de pouffer le

defféchement

deſſéchement plus loin , parce que cela n'eſt guere poſſible dans
de ſi grands vaſes ; je ſortis la taſſe & je lutai le ballon pour
venir à l'inverſe de cette expérience , c'eſt-à-dire, la production
des vapeurs.

§. 117. JE fais cette opération avec plus de confiance que la
précédente, parce que lorſque j'emploie des ſels pour le deſſéchement de l'air , je crains toujours que ces ſels n'abſorbent ou ne produiſent quelque fluide élaſtique , & qu'ainſi les réſultats relativement
à l'élaſticité des vapeurs ne ſoient erronés ; au lieu qu'ici , où le
ballon ne contient abſolument aucun corps ſuſpect, où je me
contente d'y introduire un petit rouleau de linge blanc du poids
de 25 à 30 grains , humecté avec de l'eau pure , je ſuis ſûr,
autant qu'on puiſſe l'être en phyſique , que les changemens ſur-
venus dans le ballon ſont uniquement les effets de l'évaporation
de cette eau. Et cependant la conformité des réſultats obtenus
par ces deux méthodes prouve que les ſels que j'ai employés
n'ont agi que ſur les vapeurs & n'ont engendré ni abſorbé aucun
autre fluide élaſtique.

J'INTRODUIS donc par une ouverture qui n'a que 6 lignes de
diametre , ce petit rouleau de linge humecté (*), je l'eſſuye
même avant de l'introduire , pour qu'il ne puiſſe point en tomber
de gouttes, & que ſon humidité ne s'attache pas aux corps qui
peuvent le toucher. Je l'accroche à un fil de laiton recourbé qui
le tient ſuſpendu à-peu-près au centre du ballon , & je ſcelle
ſur le champ l'ouverture par laquelle je l'ai introduit après avoir

Production
des vapeurs
dans un air
deſſéché.

---

[*] J'emploie un linge humide plutôt que de l'eau en nature, parce que
celle-ci s'évapore ſi lentement qu'il ſeroit bien difficile de tenir pendant tout
le tems le ballon dans une température à-peu-près uniforme, & je roule
le linge ſur lui-même, parce que s'il
étoit déployé l'évaporation iroit trop vite.

P

noté l'état du manometre , du thermometre & des Hygrométres
à l'inftant du fcellé.

Premiere immerfion d'un linge humide dans un air fec.

§. 118. Dans le moment où j'introduifis le linge, la moyenne
entre les Hygrometres étoit, comme je l'ai dit plus haut 9, 17
le thermometre étoit à 14, 75 & le nianometre à 26 pouces
10 lignes 11 feiziemes. Comme je ne voulois faturer l'air que
graduellement par fix opérations fucceffives, je defirois de faifir
le moment où le manometre feroit monté d'une ligne, parce
que l'effet total des vapeurs à ce degré de chaleur eft, comme
nous l'avons déja vu, environ de 6 lignes ; mais l'évaporation
fe fit un peu plus vite que je ne l'aurois cru ; au bout d'une
heure je trouvai le manometre hauffé de 19 feiziemes de ligne,
& le thermometre baiffé d'une 20e de degré. Je retirai & je
pefai bien promptement le linge, il avoit perdu 9 grains & 6
centiemes, qui, divifés par 4, 25 capacité du ballon, donnent
2, 1318 grains par pied cube.

Le manometre avoit monté de 1, 1875, à quoi il faut ajouter
pour la baiffe du thermometre, 0, 06875 ; ce qui fait en tout
1, 25625, qui divifés par 2, 1318 dònnent, 0, 589 pour la
portion de ligne dont un grain d'eau a fait monter le manometre
en fe changeant en vapeurs.

Lorsque les Hygrometres fe furent mis en équilibre avec
l'air, ils fe fixerent, R à 39, 97 ; & Q à 39, 45 ; moyenne 39,
71 ; d'où retranchant 9, 17 il refte 30, 54, pour la variation
qu'ils ont fubie. Or fi l'on divife ce nombre par 2, 1318 nombre
de grains évaporés dans chaque pied cube d'air, il en réfulte
que dans ces circonftances un grain d'eau en s'évaporant dans

·un pied cube d'air , fait faire aux hygrometres 14 , 37 degrés vers l'humidité.

§. 119. En opérant & calculant de même , une feconde im-merfion du linge réduifit en vapeurs 8 , 29 grains, ou 1 , 9515 par pied cube. Le manometre monta d'une ligne jufte , & comme le thermometre defcendit de 14 , 85 , à 14 , 70 ou de 0 , 15 , ce font 0 , 20625 de ligne à ajouter ; donc cette quantité de vapeurs produifit 1 , 20625 , & l'effet d'un grain d'eau réduit en vapeurs fut de 0 , 614. *Seconde immerfion du linge mouillé.*

Les Hygrometres vinrent de 39 , 71 à 58 , 71. Leur variation moyenne fut donc de 19 degrés, qui divifés par 1 , 9515 donnent 9 , 73 , pour l'effet d'un grain d'eau fur l'Hygrometre renfermé dans un pied cube d'air.

§. 120. Le linge mouillé plongé pour la troifieme fois dans le ballon y perdit 7 , 85 grains, ou 1 , 847 par pied cube. *Troifieme immerfion.*

Le manometre monta précifément d'une ligne ; mais comme le thermometre baiffa de 15 , 60 , à 15 , 55 , ou de 0 , 05 , ce font 0 , 06875 à ajouter ; fa variation fut donc de 1 , 06875 , d'où il fuit qu'un grain d'eau fe changea en un fluide élaftique qui fit monter le mercure de 0 , 578 de ligne.

Cette quantité de vapeurs fit marcher les Hygrometres , de 57 , 17 à 68 , 61 ; c'eft-à-dire , de 11 , 44 , ou de 6 , 19 pour un grain dans un pied cube.

§. 121. Dans la 4e. opération le poids de l'eau réduite en vapeurs fut de 6 , 79 grains, ou de 1 , 5976 par pied cube. *Quatrieme immerfion.*

Le manometre monta d'une ligne, mais le thermometre étant auſſi monté de 15,90 à 16, 05, ce ſont 0, 20625 de ligne à retrancher. Il reſte donc 0, 79375, ce qui donne pour chaque grain d'eau 0, 497 de ligne.

Les Hygrometres étoient à 68, 12, ils vinrent à 77, 63; différence 9, 51; & pour un grain d'eau dans un pied cube d'air 5, 95.

§. 122. L'opération que je viens de-calculer donna du fluide élaſtique en moindre quantité que les précédentes; celle-ci en revanche en fournit ou du moins parut en fournir une quantité plus grande; car le poids de l'eau réduite en vapeurs fut de 6, 25 grains, ou de 1, 47 par pied cube, & cette quantité fit hauſſer le manometre d'une ligne moins une trente deuxieme ou de 0, 96875, ce qui revient pour un grain à 0, 659; car comme le thermometre demeura fixe à 14, 90 il n'y eut aucune correction à faire pour la chaleur.

Les Hygrometres qui étoient à 83, 82 vinrent à 93, 87, dont la différence 10, 05 diviſée par 1, 47, donna 6, 83, effet d'un grain d'eau ſur un pied cube d'air.

§. 123. Ici comme les Hygrometres indiquoient que l'air étoit près du point de ſaturation, j'épiai le moment où le manometre ne monteroit plus: car comme je l'ai dit plus haut, il ne faut point attendre que les Hygrometres arrivent au terme de l'humidité extrême, ils n'atteignent ce terme que dans des brouillards ou dans un air ſuperſaturé d'humidité. Le manometre donne donc ici un indice plus ſûr, la ceſſation de ſon mouvement prouve qu'il ne s'engendre plus de vapeur élaſtique, ou que du moins la quantité de cette vapeur n'augmente plus dans le vafe, qu'elle ne fait plus qu'y circuler, ou qu'il ne s'en forme qu'autant qu'il s'en condenfe contre quelqu'une des parois du vafe (*). Comme cependant je ne voulois pas finir l'expérience fans m'étre bien affuré que le manometre ne montoit plus, j'attendis, je crois, un peu trop & il s'évapora en pure perte quelques portions d'humidité; car 2, 68 grains, ou en les réduifant au pied cube, 0, 6306 de grain ne firent monter le manometre que de 0, 25; ce qui ne donne pour un grain d'eau que 0, 396, quantité fort inférieure à la moyenne entre les précédentes.

Les Hygrometres monterent de 94, 56 à 98, 02, & par conféquent un grain d'eau dans un pied cube les eût fait varier de 5, 49.

Le thermometre ne fit' aucune variation pendant cette opération; il demeura conftamment à 15, 05.

§. 124. J'ai rédigé en forme de tables les réfultats de ces deux expériences, pour rendre leurs rapports plus frappans & plus faciles à faifir. Les neuf colonnes qui compofent ces tables portent chacune l'indication de ce qu'elles renferment, & les nombres féparés par une ligne à la fin de chaque expérience, font ou les fommes des nombres fupérieurs de la même colonne, ou les moyennes entre ces nombres.

Tables des réfultats de ces expériences.

(*) Cette expérience fembleroit prouver que l'air eft déja faturé quand l'Hygrometre a atteint le 98e degré de fon échelle & que les deux derniers degrés 99 & 100 font des degrés de furfaturation.

Premiere Expérience, §. 113, 114. Absorption des vapeurs.

I. Numéros des opérations.	II. Poids des vap abf. ou engend. dans un p. c. d'air.	III. Degré de l'Hy. avant l'opér.	IV. Variation de l'Hygr.	V. Effet d'un grain pef de vap. fur l'Hygrom.	VI. Hauteur moyen. du ther. pend. l'opération	VII. Hauteur du bar avant l'opération p. l. 32es.	VIII. Variation du manometre	IX. Effet d'u gr. pef. de vap. f. le man.
N°. 1.	5,8546	79,83	40,96	7,23	14,70	26,10,1	3,6930	0,592
,, 2.	1,1718	39,91	9,93	8,47	15,45	27, 3,5	0,6875	0,587
	7,0264		50,89	7,85	15,07	27,019	4,3805	0,589

Seconde Expérience, § 117, 123. Génération des vapeurs.

I.	II.	III.	IV.	V.	VI.	VII.	VIII.	IX.
N°. 3	2, 1318	9, 17	30, 54	14, 37	14, 72	26, 10, 22	1, 25625	0, 589
,, 4	1, 9515	39, 71	19, 00	9, 73	14, 77	26, 11,	1, 20625	0, 614
,, 5	1, 8470	57, 17	11, 44	6, 19	15, 57	27, 0, 25	1, 06875	0, 578
,, 6	1, 5976	68, 12	9, 51	5, 95	15, 97	26, 10, 27	0, 79375	0, 497
,, 7	1, 4700	83, 82	10, 05	6, 83	14, 90	26, 10, 5	0, 96875	0, 659
,, 8	0, 6306	94, 56	3, 46	5, 49	15, 05	26, 9, 29	0, 25000	0, 396
	9, 6285		84, 00	8, 90	15, 16	26, 10, 29	5, 54375	0, 555

Troifieme Expérience, §. 128.

I.	II.	III.	IV.	V.	VI.	VII.	VIII.	IX.
N°. 9	1, 8752	33, 44	35, 84	19, 12	4, 50	26, 11, 11	1, 00000	0, 533
,, 10	1, 3060	69, 28	18, 66	14, 29	5, 00	27, 0, 6		
	3, 1812		54, 50	16, 70	4, 75			

Quatrieme Expérience, §. 129.

I.	II.	III.	IV.	V.	VI.	VII.	VIII.	IX.
N°. 11	1, 1859	16, 91	26, 45	22, 30	6, 05	27, 3, 8	0, 70625	0, 595
,, 12	1, 2753	43, 36	20, 53	16, 10	6, 05	27, 4, 29	0, 93750	0, 735
,, 13	1, 2447	63, 89	18, 30	14, 70	6, 05	27, 3, 27	0, 50000	0, 402
,, 14	1, 0659	81, 83	11, 60	10, 88	6, 57	27, 1, 14	0, 65625	0, 616
	4, 7718		76, 88	15, 99	6, 18	27, 3, 12	2, 80000	0, 587

Tables calculées d'après la feconde & la quatrieme Expériences,
§. 129.

Degrés de l'Hygr.	Poids de l'eau contenue dans un p. c. d'air, à 15 d. $\frac{16}{100}$ du thermometre.	Poids de l'eau contenue dans un p. c. d'air, à 6 d. $\frac{18}{100}$ du thermometre.	Rapports entre les nombres contenus dans les 2 colonnes précédentes.
10	0, 4592	0, 2545	0, 554
20	1, 0926	0, 6349	0, 581
30	1, 7940	1, 0833	0, 604
40	2, 5634	1, 5317	0, 597
50	3, 4852	2, 0947	0, 601
60	4, 6534	2, 7159	0, 583
70	6, 3651	3, 3731	0, 530
80	8, 0450	4, 0733	0, 506
90	9, 7250	4, 9198	0, 506
98	11, 0690	5, 6549	0, 511

§. 125. Si l'on fixe d'abord fes regards fur les nombres renfermés dans la Vme. colonne, on verra que d'après la feconde expérience l'hygrometre fait, pour la même quantité de vapeurs, des variations graduellement moins grandes à mefure qu'il s'approche davantage du terme de faturation, feulement paroiffent-elles s'augmenter dans l'opération No. 7, mais il eft vraifemblable que j'ai commis quelqu'erreur dans cette opération en déterminant le poids des vapeurs, & que j'ai trouvé ce poids plus petit qu'il n'étoit réellement, car le nombre correfpondant des variations du manometre dans la IXme. colonne eft auffi manifeftement trop grand. D'ailleurs deux autres expériences, dont la même table contient les réfultats, s'accordent à prouver que le nombre de degrés dont l'hygrometre varie pour une quantité donnée de vapeurs eft très-grand auprès du terme de la féchereffe extrême, mais diminue enfuite graduellement jufques au terme de la faturation.

Pour rendre raifon de ce phénomene, il faut je crois obferver, que lorfqu'un cheveu ou toute autre fibre animale paffe

Réfultats relatifs à l'Hygrometre.

de l'état de fécherelle à celui d'humidité; l'eau qui s'infinue entre fes particules ne produit pas l'alongement ou la dilatation de cette fibre, uniquement en raifon de la quantité dont fes parties écartent celles de la fibre; mais plus encore par la diminution de l'élafticité de cette fibre ou de la cohérence de fes parties entr'elles. Or ce font les premieres portions d'humidité qui diminuent le plus cette élafticité & cette cohérence. Voyez à quel point un parchemin bien fec eft ferme, élaftique, fonore, peu extenfible, & comment il devient mou, & pour ainfi dire ductile dès que l'humidité commence à le pénétrer. Il en eft de même du cheveu; lorfqu'il eft très-fec, les premieres particules de l'eau qu'il abforbe produifent fur lui un double effet: elles l'alongent, pour ainfi dire méchaniquement, en écartant les parties entre lefquelles elles s'infinuent, & elles l'allongent encore en lui donnant une flexibilité qui le fait céder à la force du contre poids: à mefure que l'humidité lui ôte fon reffort, ce fecond effet devient moins fenfible; & enfin lorfqu'il eft tout près d'être faturé, l'eau ne produit plus fur lui que le feul alongement méchanique.

Réfultats relatifs au manometre.

§. 126. Les nombres que renferme la IXme. colonne & qui expriment les variations du manometre ne préfentent point la même progreffion; leur inégalité ne paroît foumife à aucune loi conftante, & femble n'avoir d'autre caufe que les inexactitudes des expériences mêmes, inexactitudes bien difficiles à éviter, & dont la principale caufe eft la chaleur du corps de la perfonne qui opere fur le ballon en fcellant fes ouvertures & en obfervant les inftrumens qu'il renferme. Quelle que foit la diligence avec laquelle on fait ces opérations, quelqu'attention qu'on ait à s'en tenir le plus éloigné poffible, l'air eft fi promptement affecté par la chaleur, que quand on obferve les variations

riations du manometre de ligne en ligne, la moindre augmentation ou diminution de chaleur produit une différence confidérable fur cette petite quantité.

LA 4e. expérience que j'ai faite avec tous les foins poffibles dans l'efpérance d'obtenir des réfultats plus uniformes que ceux de la 2de. a même donné de plus grands écarts, parce que l'air étant plus froid, la chaleur du corps avoit une plus grande influence (*). Cependant comme ces caufes agiffoient tantôt en plus, tantôt en moins, la moyenne entre les réfultats de la 4e. expérience eft exactement la même que celle de la 2de; car pour obtenir celle-ci il faut rejeter la fixieme opération, qui correfpond au N°. 8, parce que fur la fin de cette opération, il s'exhala, comme je l'ai dit plus haut, de l'humidité en pure perte.

LA premiere opération donna auffi un nombre très-voifin de ces deux moyennes, enforte qu'il paroit bien vraifemblable qu'un grain d'eau en s'évaporant dans un pied cube d'air produit un fluide élaftique capable de foutenir, 0, 587, ou les 587 milliemes d'une ligne de mercure.

QUANT à la fomme des vapeurs élaftiques néceffaire pour faturer un pied cube d'air; aux 5, 54375 lignes, qui réfultent de l'addition des nombres de la VIIe. colomne, il faut ajouter 0, 25036 pour les 9 degrés 17 centiemes qui manquoient au

---

[*] Ces inégalités pourroient donner des doutes fur les expériences que j'ai faites pour déterminer les variations thermométriques de l'air. [Voyez la note du § 113.] Mais il faut obferver que dans celles-ci je changeois de 5 à 6 degrés la température du ballon, ce qui me donnoit des variations de 7 à 8 lignes dans le manometre; quantité confidérable & fur laquelle de petites erreurs n'ont que peu d'influence. D'ailleurs comme dans ces expériences je n'étois obligé, ni d'obferver les hygrometres ni de fceller le ballon, les obfervations étoient inftantanées & parfaitement d'accord entr'elles.

parfait defféchement de l'air dans le commencement de l'expé‑
rience, & onaura 5, 79411, ou en nombre ronds fix lignes à
15 degrés de chaleur & le barometre étant à 27 pouces; d'où
il fuit que dans ces circonftances un air faturé de vapeurs doit
à ces vapeurs environ la 54e. partie de fon élafticité.

Réfultats relatifs au poids de l'eau évapo‑rée.

§. 127. QUANT au poids de l'eau néceffaire pour produire
cette quantité de vapeurs élaftiques, la fomme des nombres con‑
tenus dans la IIe. colomne de la 2de. expérience donne 9, 6285,
auxquels on doit ajouter d'après l'analogie des premieres opéra‑
tions o, 4072 pour les 9, 17 degrés qui manquoient à la fé‑
chereffe parfaite, lorfque je commençai l'expérience. Mais de
plus il faut confidérer, qu'entre la 4e. & la 5e. opération mar‑
quées N°s. 6 & 7, les Hygrometres, foit par le refroidiffement
du ballon qui perdit un degré de chaleur, foit par la rentrée
de l'air extérieur que produifit la condenfation opérée par le re‑
froidiffement, vinrent de 77, 63 à 83, 82; enforte qu'il faut
ajouter encore la quantité d'eau qui eût été néceffaire pour pro‑
duire ces 6, 19 degrés de variation dans les hygrometres. Il
eft vrai qu'il y a à déduire une rétrogradation d'un peu plus de
2 degrés produite par le réchauffement du ballon dans l'in‑
tervalle de deux autres opérations. En tenant ainfi compte,
auffi exactement qu'il eft poffible, de toute l'eau néceffaire pour
faire venir l'hygrometre de o à 98 degrés dans la température
moyenne de 15 centiéme 16 degrés, je trouve le poids de cette
eau équivalent à 11 grains 69 milliemes.

JE ne crois donc pas que l'on s'écarte beaucoup de la vé‑
rité en affignant onze grains d'eau par pied cube d'air faturé
à la température de 15 degrés; & fi l'on croit devoir faire quel‑
que déduction pour la quantité d'humidité qui s'attache à la fur‑

face intérieure du ballon, il reſtera en nombres ronds dix grains par pied cube à l'air libre.

§. 128. Je ne détaillerai point la IIIe. & la IVe. expériences dont j'ai rapporté les réſultats dans la même table; je dirai ſeulement que dans la ſeconde opération de la IIIme. qui correſpond au N° 10, la vapeur élaſtique s'échappa du ballon par une ouverture imperceptible que j'avois laiſſée par mégarde; en ſorte que je ne pus point appercevoir la variation du manometre.

Réſultats des expériences troiſieme & quatrieme.

Ces deux opérations montrent combien la même quantité de vapeurs produit un plus grand effet ſur l'hygrometre quand l'air eſt plus froid, & combien il en faut moins pour ſaturer l'air à meſure qu'il perd de ſa chaleur. Si l'on compléte par analogie ces deux expériences, comme je viens de compléter la ſeconde, on trouvera que dans la IIIe. le poids de toutes les vapeurs aqueuſes que contenoit un pied cube d'air ſaturé à la température de 4 dg. $\frac{3}{4}$, ne ſurpaſſoit pas 5,4605 grains, & que dans la IVe. dont la température étoit un peu plus chaude, ſavoir de 6,18, ce poids n'alloit qu'à 5,6549.

§. 129. D'après les réſultats de la ſeconde & de la quatrieme expériences, j'ai calculé de 10 en 10 degrés de l'hygrometre, les quantités d'eau correſpondantes dans un pied cube d'air. Mais je reviendrai à ce ſujet & je l'approfondirai davantage dans le dernier chapitre de cet Eſſai.

Table des quantités d'eau contenues dans l'air.

J'obſerverai ſeulement ici, que les nombres, qui d'après ces deux expériences expriment les quantités d'eau contenues dans un pied cube d'air à 15 & à 6 degrés de chaleur, conſervent

entr'eux à-très-peu-près le même rapport, favoir celui des quantités néceffaires pour la faturation compléte.

J'ai dreffé la table de leurs rapports, en divifant chaque nombre de la quatrieme expérience par fon correfpondant de la feconde, & l'on voit par cette table que l'inégalité de ces rapports qui n'eft pas bien confidérable, ne vient que des imperfections inévitables des expériences dont ils expriment les
réfultats.

Vapeur
élaftique
produite
par la glace.

§. 130. Il ne me refte plus pour terminer ce long chapitre, qu'à rapporter une expérience du genre des précédentes,
mais faite pendant le froid & avec l'eau fous la forme de
glace.

Depuis que j'ai conftruit des Hygrometres à cheveu, j'ai eu
fouvent occafion d'obferver que le gel & même les plus grands
froids ne dérangent leurs fonctions en aucune maniere.

On fait d'ailleurs que la glace eft fujete à l'évaporation. Il
étoit donc bien naturel de penfer, qu'en faifant dans un air plus
froid que la congélation & avec de la glace, les expériences
que j'ai faites avec de l'eau dans une température plus chaude,
le réfultat en feroit le même.

Je defirois cependant beaucoup de vérifier cette analogie par
une expérience directe, d'autant que M. Baron, en réduifant à
leur jufte mefure les obfervations exagérées de M. Gauteron
fur l'évaporation de la glace, avoit foutenu que la glace ne
fouffroit aucune évaporation dans des vafes fermés, & que celle
qu'elle éprouvoit en plein air n'étoit qu'une efpece d'érofion
produite par le frottement méchanique de l'air en mouvement

& non point une folution ou une évaporation proprement dite.
(*Voyez les mém. de l'Acad. des Sienc. pour l'année* 1753 , *pag.*
250 & *fuiv.*)

COMME il importoit pour le fuccès de cette expérience que
pendant fa durée la température de l'air ne fouffrît prefque
aucun changement, j'y deftinai une nuit, celle du 3 au 4 février de cette année 1782. Cette nuit fut heureufement très-belle,
trés-uniforme & fi calme que je fis toute l'opération en plein
air fans que les lumieres fouffriffent la moindre agitation. Je
plaçai à cinq heures du foir fur une terraffe découverte un ballon d'un pied cube & un quart de contenance, qui renfermoit
de l'air defféché, un thermometre, un Hygrometre & un manometre. Je pratiquai une petite ouverture dans la cire qui tenoit ce ballon fermé, afin que l'air extérieur entrât dans le ballon à mefure que celui qu'il contenoit fe condenfoit en fe refroidiffant, & que le mélange de cet air avec celui du ballon
produifît fur l'Hygrometre tout l'effet qu'il pouvoit produire.

A minuit 24 minutes je commençai mon expérience; l'Hygrometre renfermé dans le ballon étoit à 36, 70, le thermometre à 2 degrés 7 dixiemes au deffous de zéro & le manometre à 26 pouces 7 lignes 10 feiziemes. J'y introduifis alors
un petit rouleau de linge humecté & enfuite parfaitement gelé,
qui pefoit 25 grains 3 centiemes, & je fcellai fur le champ
avec de la cire molle & la petite ouverture par laquelle j'avois
introduit le linge & celle que j'avois pratiquée auparavant.

PEU de momens après l'Hygrometre commença à marcher du côté de l'humidité; au bout de 24 minutes il avoit
déja fait plus de 4 degrés; au bout d'une heure il en avoit fait
18, & enfin après trois heures il vint à 86 degrés 22 centie

mes, c'eft à dire, qu'il fit en tout vers l'humidité 49 degrés
52 centiemes.

Pendant ce tems-là le manometre ne ceffa point de monter quoique l'air fe foutînt au même degré de froid ; & enfin
il fe trouva d'une ligne & une 32e. plus haut qu'au moment
où j'avois plongé le linge glacé. Celui-ci fe trouva plus leger
d'un grain & 78 centiemes.

Cette expérience démontre donc, que la glace eft fujete à
une véritable évaporation, qu'elle fe convertit même par le froid,
en une vapeur élaftique qui augmente l'élafticité de l'air & qui
agit fur le cheveu précifément comme la vapeur qui s'éleve de
l'eau dans fon état de liquidité, & qu'ainfi les loix de l'hygrométrie s'obfervent dans tous les degrés de froid & de chaud
dont notre Athmofphere eft fufceptible.

CHAPITRE VI.

QUEL EST SUR L'HYGROMETRE L'EFFET DE LA RARÉFACTION ET DE LA CONDENSATION DE L'AIR ?

§ 131. LES Phyſiciens ont été très partagés ſur cette queſtion ; les uns, & c'eſt le plus grand nombre, croient d'après l'Abbé Nollet, que l'air en ſe raréfiant laiſſe tomber les vapeurs qu'il tenoit ſuſpendues & qu'il doit par conſéquent régner une très-grande humidité dans un récipient dont on épuiſe l'air : d'autres comme le célébre Lambert ont cru, que dans un récipient complétement purgé d'air il régneroit une ſéchereſſe parfaite... Je diſcuterai dans le IIIe. Eſſai l'opinion de l'Abbé Nollet, parce qu'il la fonde ſur des faits que je dois analyſer. Quant au ſentiment de M. Lambert, les expériences que renferme ce chapitre feront voir juſques à quel point elle peut être regardée comme vraie.

Différentes opinions des phyſiciens ſur cette queſtion.

§. 132 L'HYGROMETRE à cheveu ſemble fait pour ces expériences ; parce que le cheveu étant un corps ſolide qui ne renferme point d'air élaſtique, la diminution de la preſſion de l'air extérieur ne ſauroit le déranger en aucune maniere ; au lieu que la plupart des autres Hygrometres ne pourroient point y étre employés ; & M. Lambert dit lui-méme que quand il voulut éprouver dans le vuide un Hygrometre à corde de boyau, il ſe dérangea ſur le champ ; ſans doute par le développement de l'air élaſtique empriſonné dans le boyau même ou engagé entre ſes révolutions.

L'Hygromé-tre à cheveu pour ſervir à la réſoudre.

§. 133. Dès que j'eus conſtruit un Hygrometre à cheveu pro-

Phénomene.

pre à étre placé fous un récipient, j'en fis l'épreuve dans le vuide & je vis d'abord un fait très - remarquable.

L'Hygrometre , à mefure que je pompois l'air , marchoit avec beaucoup de célérité vers la féchereffe ; lorfque je ceffois d'agiter les piftons, il continuoit encore pendant quelques inftans à marcher du méme côté ; enfuite il demeuroit ftationnaire pendant deux ou trois minutes, après quoi il commençoit à rétrograder, faifoit ainfi des progrès lents , mais continuels vers l'humidité pendant deux ou trois heures , & fe fixoit alors fans faire d'autres variations. Si j'achevois d'évacuer le récipient, le méme phénomene reparoiffoit. Cependant aucune de ces rétrogradations ne rendoit à l'Hygrometre toute l'humidité que lui avoit enlevée la raréfaction de l'air ; il finiffoit toujours par fe trouver plus au fec qu'il n'étoit avant l'expérience.

Les circonftances de ce phénomene n'étoient jamais plus marquées , que quand en agitant promptement les piftons, je pompois l'air avec toute la diligence poffible, & que je l'amenois ainfi fans relâche au plus haut point de raréfaction que ma pompe pût produire. Je vais en donner un exemple après avoir dit un mot de l'appareil que j'emploie dans ees expériences.

§. 134. Un récipient de verre parfaitement propre & fec renferme un Hygrometre à cheveu avec fon thermometre monté fur métal ; ce récipient eft luté fur la platine qui eft auffi très-propre & très - feche avec la cire dont jai donné la recette §. 83.

L'intérieur du récipient communique avec un tube de verre qui plonge dans une taffe pleine de mercure ; la preffion de l'air extérieur fait monter ce mercure dans le tube à mefure que le récipient s'évacue, & fa hauteur, comparée avec la hauteur

actuelle

actuelle du mercure dans le barometre, indique le degré de raréfaction de l'air dans le récipient.

§. 135. L'Hygrometre renfermé dans ce récipient rempli d'air s'étoit fixé à 63, 3 & le thermometre 16, 6; alors en agitant les piftons pendant 3 minutes je raréfiai l'air au point que le barometre de la pompe n'étoit que de fix lignes plus bas que le barometre extérieur, & dans ce court efpace de tems l'Hygrometre marcha d'environ 15 degrés au fec, c'eft - à - dire, qu'il defcendit à 48, 3, quoique le thermometre fût defcendu de 16, 6, à 15, 25, comme cela arrive toujours lorfque l'on évacue promptement le récipient (*). Jeceffai alors de pomper, & pendant la minute fuivante l'Hygrometre alla encore au fec d'environ 3 dixiemes de degré. Il parut demeurer - là ftationnaire pendant une minute, après quoi il marcha vers l'humidité, tellement qu'au bout de deux autres minutes il avoit fait près d'un demi degré dans cette direction. (**) Il marcha ainfi affez uniformément à l'humide pendant trois heures, au bout des quelles il fe fixa à 56, le thermometre étant à 16, 2. Il rétrograda donc en tout de 8 degrés vers l'humidité, & demeura cependant de 7, 3 degrés plus au fec qu'iln'étoit avant la raréfaction de l'air.

§. 136. Il réfultoit de cette expérience; d'abord, que la raréfaction de l'air defféchoit le cheveu; enfuite, que quand l'air étoit raréfié à un certain point, il fe développoit dans le réci-

Détail de ce phénomene.

Conféquences qui en réfultent.

(*) Je confidérerai dans le IIIe. Effai, ce fingulier phénomene, que M. Cullen a, je crois, obfervé le premier.

(**) Qu'on me permette de demander fi de tous les Hygrometres connus, l'hgrometre à cheveu n'eft pas le feul capable d'indiquer des variations en fens contraire qui fe fuccedent avec tant de rapidité.

R

pient une certaine quantité de vapeur qui détruifoit une partie de la féchereffe produite par la raréfaction.

Car j'avois la preuve du développement de cette vapeur, en ce que, fi je laiffois rentrer l'air dans le récipient, l'Hygrometre indiquoit un degré d'humidité plus haut qu'avant l'expérience. A la vérité cette humidité fe repompoit en partie; mais il en reftoit toujours une portion équivalente à trois ou quatre degrés de l'Hygrometre.

Cette augmentation d'humidité & tous les autres phénomenes que préfente cette expérience étoient d'autant plus confidérables que l'on avoit pouffé plus loin la raréfaction de l'air ; car lorfqu'il n'étoit raréfié que de trois ou quatre pouces, c'eft-à-dire, lorfqu'il avoit encore les fept ou huit neuviemes de fa denfité, l'Hygrometre alloit bien au fec d'une quantité proportionnelle à cette raréfaction, mais il ne rétrogradoit point enfuite. La rétrogradation ne devenoit fenfible que quand l'air étoit raréfié de 9 ou 10 pouces, ou lorfque fa denfité étoit diminuée à-peu-près d'un tiers.

§. 137. Comme je n'avois employé que de l'huile d'olives pour graiffer les cuirs des piftons de ma pompe, qu'il n'étoit point entré d'eau dans les tuyaux, & qu'il me fembloit que le paffage continuel de l'air au travers de ces tuyaux devoit en enlever toute l'humidité fuperflue, je ne crus pas d'abord que ce fût d'eux que venoit la vapeur qui fe développoit dans le vuide ; j'accufai la cire, la furface intérieure du verre, celle de la platine; mais ces différens corps ayant été fucceffivement juftifiés par des épreuves décifives, je fus acheminé à conclure par voie d'exclufion, que c'étoit bien de l'intérieur de la pom-

Source de la vapeur qui fe développe dans l'air raréfié.

pe que venoit cette vapeur & je fis une expérience qui le prou-
va d'une maniere indubitable.

§. 138. J'IMAGINAI d'adapter à l'ajutage de la platine une
petite bouteille, qui contiendroit du mercure, dont la pofition
feroit telle, qu'il permettroit bien à l'air du récipient d'en fortir pour entrer dans les corps de pompe, mais qu'il ne laiffe-
roit point à celui qui feroit dans ces corps ou à tout autre fluide
élaftique contenu dans les tuyaux de communication, la liberté d'en fortir pour entrer dans le récipient.

LA fig. 2 de la planche IIe. repréfente cet inftrument. C'eft
un tube de verre recourbé dans lequel on a foufflé les deux
boules A & B. Ce tube eft ouvert d'un bout à l'autre, & il y a
par conféquent une libre communiation depuis l'ouverture inférieure C, jufques à l'ouverture fupérieure D.

JE commence par faire entrer peu-à-peu du mercure bien
pur dans la boule A, jufques à ce qu'il y en ait feulement une
ou deux lignes de hauteur dans le fond de cette boule; ce
mercure, lorfque l'inftrument eft dans une fituation verticale,
remplit la courbure du tube, & occupe l'efpace *e f g*.

LORSQUE le mercure eft logé dans cette boule, j'infinue l'extrémité inférieure C du tube dans l'ajutage de la platine par lequel l'air fort du récipient pour entrer dans les corps de pompe
& je lute là ce tube de maniere, que l'air ne puiffe point paffer
des corps de pompe dans le récipient, ni du récipient dans ces
corps, fans paffer par l'intérieur du tube.

MAINTENANT il eft aifé de comprendre, que quand par l'é-
lévation du pifton l'air eft raréfié dans les corps de pompe,

il fe raréfie auffi dans la boule A qui communique avec eux par le moyen du tube C A, & alors l'air contenu dans la boule B & celui du récipient qui communique avec lui tendent à paffer dans la boule A, le feul obftacle que cet air ait à vaincre eft de foulever le mercure qui eft en *efg*; or il furmonte aifément la réfiftance de 2 ou 3 lignes de mercure, il le fouleve donc & paffe de là dans le corps de pompe. Mais fi au contraire ou l'air, ou quelque vapeur élaftique contenue dans la boule A, ou dans le tuyau C A, ou dans les corps de pompe avec lefquels il communique, tendoient à paffer de la boule A dans boule B, il faudroit qu'ils commençaffent par chaffer dans le tube G B, tout le mercure *e f* contenu dans le fond de la boule A, & comme ce tube a trois ou quatre pouces de hauteur, une colonne de mercure de cette dimenfion forme une réfiftance que des vapeurs fugitives & peu denfes ne peuvent nullement furmonter. Cette réfiftance n'eft cependant pas telle, que l'on ne puiffe, fi on le juge convenable, laiffer rentrer l'air dans le récipient, par le robinet qui communique avec l'ajutage auquel eft fcellée l'extrémité C du tube; l'air chaffe alors tout le mercure dans la boule B, & rentre ainfi par le bec D dans le récipient. La fituation de cette boule eft telle, que l'air, avec quelque impétuofité qu'il rentre, ne court point rifque de lancer du mercure fur la platine de la pompe.

Effet de cet inftrument.

§. 139. Ce petit inftrument a parfaitement répondu à fa deftination; lorfque j'en ai fait ufage il n'eft plus forti de vapeurs des tuyaux de la pompe; la rétrogradation a été à-peu-près nulle, & la force defficcative de l'air raréfié a été beaucoup plus grande. Car dans des circonftances à peu-près pareilles à celles de l'expérience dont j'ai donné les détails §. 135, l'Hygrometre, qui dans le récipient plein d'air fe tenoit à 6, 7 eft venu par une raréfaction de l'air, égale auffi à celle de la même

expérience, il eſt venu dis - je à 2ʃ, 9 , ce qui fait un deſſéchement de 3ʃ, 8 , au lieu de 1ʃ qu'avoit produit la premiere expérience.

Er même comme cet effet de la raréfaction eſt d'autant plus
fenfible, que l'air eſt plus humide, j'ai obtenu dans d'autres expériences que nous verrons bientôt, un deſſéchement de plus
de 67 degrés.

Au reſte je dois avertir, que ces expériences, celles fur-
tout qui concernent la rétrogradation produite par les vapeurs
qui fe dégagent des tuyaux de pompe, font fujettes à de très
grandes variations; car fi l'on emploie une pompe dont les tuyaux & les corps aient été nouvellement nétoyés & foigneufement deſſéchés, elle eſt très - peu confidérable : mais s'il y a long-
tems qu'elle fert, lors même qu'il n'y feroit point entré d'eau,
le frottement des piſtons, ou peut - être la diſſolution du cuivre, décompofent l'huile & la rendent capable d'exhaler des vapeurs dans un air raréfié.

§: 140. Enfin pour écarter les doutes qui pourroient naître
de l'influence que peut avoir le jeu des piſtons fur l'Hygrometre
renfermé dans le récipient de la machine pneumatique, j'ai raréfié & condenfé de l'air par le moyen du mercure ; & j'ai
obtenu des réfultats abfolument femblables : l'Hygrometre a toujours marché au fec dans l'air que je raréfiois , & à l'humide
dans celui que je condenfois.

§. 141. Aprés avoir ainfi folidement établi ce fait, & l'avoir
dégagé des accidens qui peuvent le modifier ou le reſtreindre,
il reſte encore à trouver & fa caufe & fes loix.

La raifon du fait même confidéré fous un point de vue gé-néral eft tout à fait évidente. Lorfque l'air fe dilate, les vapeurs qu'il tient en diffolution fe dilatent avec lui, elles fe raréfient comme lui, & par conféquent leur action fur les corps qu'elles peuvent affecter doit être par cela même diminuée.

Premier ap-perçu fur les loix qu'il doit fuivre

§. 142. Il fembleroit même au premier coup d'œil que ces deux diminutions devroient marcher du même pas; que l'action des vapeurs fur l'Hygrometre, ou ce qui revient au même, les degrés d'humidité qu'il indique, devroient décroître en même raifon que la denfité de l'air.

En effet, fuppofons qu'un pied cube d'air parfaitement faturé d'humidité foit renfermé dans un vafe, dont on puiffe à volonté changer la capacité, fans y admettre aucune vapeur nouvelle & fans laiffer fortir aucune de celles qu'il contient. Que l'on double tout-à-coup la capacité de ce vafe, l'air qu'il renferme fe dilatera par fon élafticité, remplira tout cet efpace; les vapeurs qu'il contient devront auffi néceffairement fe diftribuer uniformément dans ce même efpace; & par conféquent chaque moitié de ce vafe, chacun des deux pieds cubes qu'il contient actuellement ne contiendra plus que la moitié des vapeurs qu'il contenoit avant fon expanfion. Donc un Hygrometre renfermé dans ce vafe ne devroit plus, à ce qu'il femble d'abord, indiquer que la demi-faturation, ou le degré qu'il marque lorfque l'air n'eft abreuvé que de la moitié des vapeurs qu'il peut diffoudre. De même fi l'on quadruploit la capacité du vafe, l'Hygromtere ne devroit plus indiquer que le quart des vapeurs; & enfin fi on le dilatoit infiniment, ou ce qui revient au même, fi l'on pompoit tout l'air que contient ce vafe, l'Hygrometre devroit marquer une fécherefle parfaite.

C'est sans - doute d'après un raisonnement pareil, que le grand géometre Lambert assuroit que dans un vuide parfait l'Hygrometre marqueroit une séchereffe extrême.

§. 143. Mais l'expérience n'a point confirmé ces raisonne- mens. A la vérité l'on ne peut pas dire que l'on ait fait aucune ex- périence de ce genre dans un vuide parfait ; puifqu'aucune pom- pe n'eft capable de le produire : mais on peut au moins affir- mer, que l'on s'approche beaucoup plus du vuide parfait, que l'Hygrometre renfermé dans le recipient ne s'approche de la fe- chereffe parfaite, puifqu'il eft aifé de raréfier l'air des $\frac{99}{100}$es & que l'on eft bien éloigné d'amener l'Hygrometre à la même pro- ximité du terme de la féchereffe. On a vu que malgré les plus grandes précautions, l'Hygrometre fe tenoit encore dans le vui- de à 25 degrés de la féchereffe extrême.

Cette thé-
orie n'eft pas
conforme à
l'expérience.

J'ai même pouffé ces précautions encore plus loin, car dans la crainte que le vuide en favorifant l'évaporation, ne per- mît à la cire molle d'exhaler quelques vapeurs aqueufes, j'ai pofé un récipient fur une plaque de verre parfaitement nette, je l'ai cimenté fur cette plaque avec de la cire d'Efpagne qu'on ne peut gueres foupçonner de donner des vapeurs aqueufes ; & j'ai en- fuite retiré l'air au travers d'une des foupapes à mercure que j'ai décrites plus haut. Cependant le defféchement n'eft pas allé plus loin.

§. 144. Pour expliquer ce phénomene & la loi que fuivent les defféchemens progreffifs d'un air qui fe raréfie, il faut avoir recours à un autre principe, favoir à celui des affinités hygrométri- ques ; & c'eft ce que l'expérience confirme de la maniere la plus fatisfaifante. Voici cette expérience.

Il faut re-
courir au
principe des
affinités hy-
grométriques

<table>
<tr><td>

Expériences
fur les pro-
grès du def-
féchement
dans un air
qui fe raré-
fie.

</td><td>

J'ADAPTE à une bonne pompe la foupape mercurielle qu
j'ai décrite §. 138 ; je renferme un Hygrometre à cheveu dan
un récipient bien propre & bien fec ; je conduis l'air de ce ré
cipient tout près du point de faturation en prenant bien gard
cependant qu'il ne refte en arriere aucune humidité furabon
dante , & je le lute avec de la cire bien féche. Enfuite je raré
fie par gradations l'air de ce récipient, en pompant d'abord ur
quart ou une huitieme de l'air qu'il contient, puis un autre quar
ou une autre huitieme, & ainfi fucceffivement jufques à ce qu
j'aie épuifé le récipient autant que ma pompe me permet d
le faire. Chaque fois que j'ai tiré une de ces parties aliquote
de l'air contenu dans le récipient, avant de commencer un nouve
épuifement, je laiffe à l'Hygrometre le tems de parvenir au plu
haut point de féchereffe où ce degré de raréfaction puiffe l
conduire.

</td></tr>
</table>

<table>
<tr><td>

Explica-
tion de la
table.

</td><td>

§. 145. J'AI raffemblé dans la table ci - jointe les réfultats de
quatre expériences faites fur ce plan. Dans les deux premieres
l'air à été raréfié de $\frac{1}{4}$ en $\frac{1}{4}$, dans la IIIe. & IVe. il l'a été de $\frac{1}{8}$ en $\frac{1}{8}$;
les colonnes verticales fituées au deffous des numeros de ces ex-
périences préfentent les quantités des defféchemens ou les nom-
bres de degrés dont chaque opération ou chaque épuifement par-
tiel a fait marcher l'Hygrometre vers la féchereffe. La premiere
ligne horizontale au deffous des chiffres romains, celle qui eft
intitulée *humidité initiale* indique le degré où étoit l'Hygrome-
tre quand j'ai commencé à pomper. La premiere colonne
verticale indique les hauteurs auxquelles le barometre annexé à
la pompe s'élevoit à mefure que je raréfiois l'air ; & les nom-
bres correfpondans des lignes horizontales, indiquent le nom-
bre de degrés dont chaque raréfaction partielle faifoit marcher
l'Hygrometre vers la fécherffe. Enfin la derniere ligne horizontale

</td></tr>
</table>

contient

contient les sommes de tous ces desséchemens successifs & indique la quantité totale de sécheresse qui a été produite dans chacune de ces expériences.

Table des desséchemens produits par la raréfaction graduelle de l'air.

	Hauteur du barometre. pouces: lig.	Iere. expér.	IIme. exp.	IIIme. exp.	IVme. exp.
Humidité initiale.		94, 50	94 , 74	97, 37	97 , 49
Ire. opération.	3 , 4 $\frac{1}{2}$			4, 75	3 , 68
2me. · ·	6, 9	9 , 98	9 , 00	4, 98	4, 51
3me. · ·	10, 1 $\frac{1}{2}$			5 , 70	5 : 94
4me. - ·	13, 6	11, 40	11 , 87	6, 65	6, 65
5me. - ·	16, 10 $\frac{1}{2}$			7, 37	8 , 20
6me. · ·	20, 3	16, 14	15 , 91	9, 50	9 , 85
7me. · ·	23, 7 $\frac{1}{2}$			11, 16	11 , 88
8me. · ·	26, 9 $\frac{1}{2}$	24 , 47	25 , 18	17, 69	17 , 45
Sommes des desséchemens		61 , 99	61 , 96	67, 80	68 , 16

CES nombres présentent au premier coup d'œil des suites très irrégulieres. Il semble pourtant que chaque épuisement entraînant hors de la pompe une quantité égale & d'air & de vapeur, devroit produire un effet égal ; que le premier devroit faire baisse l'Hygrometre d'une huitieme, le second d'une autre huitieme, ou du moins d'une quantité égale à la premiere , & ainsi jusques au dernier qui n'extrayant jamais toute la derniere huitieme d'air qui reste dans le récipient, sembleroit devoir produire un effet moins considérable. Et au contraire ces effets vont en croîs-

fant, les premiers font beaucoup plus petits qu'une huitieme
& les derniers beaucoup plus grands.

Explication
des loix du
defféche-
ment dans
un air raré-
fié.

§. 146. Mais ces irrégularités apparentes que préfentent
ces expériences & les nombres qui en expriment les réfultats,
s'expliquent, comme je l'ai annoncé, de la maniere la plus fimple
& la plus heureufe par la théorie générale des affinités Hygrométriques expofée dans le premier Chapitre de cet Effai.

J'ai prouvé dans ce Chapitre, que quand un efpace limité
ne contient qu'une quantité limitée d'eau ou de vapeurs, les
corps renfermés dans cet efpace, s'ils ont quelque affinité avec
cette eau ou ces vapeurs, fe les difputent en quelque maniere,
& que chacun d'eux en abforbe une quantité proportionnelle
à fon affinité ou à la force avec laquelle il les attire. J'ai fait
voir auffi que l'air & le cheveu exercent fur les vapeurs cette
méme attraction & tendent mutuellement à fe les enlever. Or
d'après les loix générales de l'attraction, l'air doit attirer les
particules des vapeurs avec moins de force lorfqu'il eft rare,
lorfque les molécules font en petit nombre, que quand il eft
denfe. Par conféquent le cheveu, auquel la raréfaction de l'air
n'ôte rien de fa force attractive, doit avoir une force d'attraction relativement plus grande dans un air rare que dans un air denfe; & par cela méme il doit alors abforber une plus grande quantité de vapeurs, & indiquer une humidité plus grande qu'il ne
feroit, toutes chofes d'ailleurs égales, dans un air plus denfe.
Ainfi lors méme que l'air en fortant du récipient a entraîné
avec lui une moitié des vapeurs, la moitié reftante, plus fortement attirée par le cheveu que par l'air raréfié qui refte, affecte
ce cheveu plus qu'elle n'auroit fait fi l'air eût confervé toute

fa denfité ; & ainfi l'Hygrometre indique plus de vapeurs qu'il n'en refte réellement dans le récipient.

Lors donc que l'on épuife un récipient par gradations, les premieres opérations defféchent le cheveu dans une raifon moins grande que celle de la raréfaction de l'air. Mais les opérations fubféquentes produifent des effets continuellement plus grands parce qu'elles entrainent des parties aliquotes continuellement plus grandes des vapeurs actives qui font reftées dans le récipient.

§. 147. Pour déterminer ces raifonnemens avec plus de précifion, & les rendre par cela même plus clairs, appliquons les à la IIIe. expérience de la table précédente. Je choifis cette expérience, parce que comme le thermometre ne fubit aucune variation dans mon laboratoire pendant que je la fis, la marche de l'Hygrometre fut beaucoup plus reguliére.

Application de ces principes à l'expérience III.

Quand je commençai cette expérience, l'Hygrometre étoit à 97, 37. Je pompai d'abord la huitieme partie de l'air contenu dans le récipient ; cet air entraîna avec lui la huitieme partie des vapeurs que contenoit ce récipient & ainfi l'Hygrometre auroit dû aller au fec d'une 8e ; (*) c'eft - à - dire, qu'il auroit dû defcendre de 12 degrés & 17 centiemes, qui font la 8e. de 97, 37. Au lieu de cela il ne defcendit que de 4, 75 ; ce qui prouve que la raréfaction diminua tellement la force attractive de l'air, qu'il laiffa prendre au cheveu la valeur de 7 degrés 42 centiemes d'humidité de plus qu'il n'auroit dû faire ;

---

[*] Je fais ces calculs, comme fi les degrés de l'Hygrometre étoient réellement proportionnels aux quantités d'eau contenues dans l'air, parce qu'il s'agit ici de l'effet produit fur le cheveu, ou de la quantité dont les vapeurs le dilatent, plutôt que de la quantité abfolue de ces mêmes vapeurs.

enforte que bien qu'il ne reftât réellement dans le récipient que la valeur réelle de 8ς , 20 de vapeurs , cette quantité agit fur l'Hygrometre , précifément comme l'auroient fait dans un air naturel 92 , 62 degrés d'humidité. Les phénomenes furent donc exactement les mémes que fi , au lieu de tirer du récipient la 8e. des vapeurs qu'il contenoit, on en eût tiré le $\frac{1}{3}$ de cette 8e. ou $\frac{1}{24}$e. Je dis pour abréger le tiers au lieu des $\frac{4}{12}$, $\frac{75}{17}$. qui font la véritable expreffion du rapport.

Dans la feconde opération , j'extrais de nouveau une huitieme de l'air qui étoit originairement dans le récipient , mais cette 8e. eft réellement une 7e. de celui qui y refte dans le moment où je commence cette opération. L'Hygrometre devroit donc defcendre d'une 7e; mais comme l'opération précédente vient de prouver , que la raréfaction diminue la force attractive de l'air , & que le defféchement du cheveu n'eft que le tiers de ce qu'il devroit étre, l'Hygrometre au lieu de baiffer d'une 7e. ne baiffe que du tiers d'une 7e. ou d'une 21e.

De même dans la troifieme opération où l'on extrait la 6e. partie de l'air qui refte dans le récipient, l'Hygrometre qui devroit baiffer d'une 6e. ne baiffe réellement que d'une 18e.

En continuant le même raifonnement , on verra que les quantités de vapeurs indiquées par le cheveu , ou plus exactement les degrés de contraction de ce même cheveu après chaque opération forment une fuite dont le premier terme eft le nombre de degrés de l'Hygrometre avant le premier épuifement , le fecond eft égal au premier moins une 24e. de ce même premier, le troifieme eft égal au 2e. moins une 21d de ce même fecond ;

& ainfi de fuite jufqu'au dernier, qui eft égal au pénultieme moins un tiers de ce même pénultieme.

J'ai calculé fur ce principe la IIIe. expérience, à cela près qu'au lieu du nombre 3 que j'avois pris pour exemple, j'ai employé celui de 2, 56 $= \frac{4}{12,} - \frac{75}{17}$, qui eft le véritable expofant du rapport que la premiere opération donne entre le deff22chement réel & le defféchement apparent.

La table fuivante préfente le tableau des réfultats de ce calcul mis en comparaifon avec les réfultats de l'expérience.

La premiere colonne contient les divifeurs par le moyen defquels ont été obtenus les nombres de la feconde & de la troifieme. Je fuis parti de 97, 37, degré d'humidité qu'indiquoit l'Hygrometre avant la premiere opération ; ce nombre divifé par 2, 56 × 8 a donné 4, 75 degrés de defféchement qui font rapportés dans la troifieme colonne ; & cette même quantité de defféchement ayant été retranchée de l'humidité initiale 97, 37, il eft demeuré le refte 92, 62, qui eft dans la feconde colonne & qui exprime le degré d'humidité qu'indiquoit l'Hygrometre après l'extraction d'une premiere huitieme de l'humidité réelle. Ce même refte 92, 62, divifé par 2, 56 × 7, a donné le defféchement 5, 16, lequel retranché de 92, 62, il eft demeuré le refte 87, 46 ; humidité que l'Hygrometre auroit dû, fuivant le calcul, exprimer après l'extraction de la feconde huitieme ; & ainfi des autres, jufqu'au dernier divifeur, qui auroit été 2, 56 × 1, fi la pompe eût été capable d'extraire en entier l'air du récipient, ou de faire monter fon barometre au niveau de celui de l'air libre qui étoit alors à 27 pouces ;

mais comme elle ne put l'élever qu'à 26 p. 9 lignes $\frac{1}{2}$ & qu'ainſi au lieu d'extraire la derniere huitieme elle n'en fit ſortir que les $\frac{76}{81}$, le diviſeur a dû être 2, 56 × $\frac{81}{76}$. Vis - à - vis de ces réſultats du calcul, j'ai placé ceux de l'expérience & la derniere colonne verticale, que j'ai intitulée *écarts des différences*, préſente les différences qui ſe ſont trouvées entre les deſſéchemens déduits du calcul, & ceux qui ont été les réſultats de l'expérience dans chaque opération.

		RÉSULTATS du calcul.		RÉSULTATS de l'expérience.		
	Diviſeurs	*Reſtes en partant de 97, 37*	*Différence ou quantités du deſſéch.*	*Reſtes en partant de 97, 37*	*Différence ou quantités du deſſéch.*	*Ecarts des deſſéch.*
1r. Op.	2, 56 × 8	92, 62	4, 75	92, 62	4, 75	0, 0
2me.	2, 56 × 7	87, 46	5, 16	87, 64	4, 98	-- 0, 18
3me.	2, 56 × 6	81, 77	5, 69	81, 94	5, 70	+0, 01
4me.	2, 56 × 5	75, 39	6, 38	75, 29	6, 65	+0, 27
5me.	2, 56 × 4	68, 02	7, 37	67, 92	7, 37	0, 0
6me.	2, 56 × 3	59, 16	8, 86	58, 42	9, 50	+0, 64
7me.	2, 56 × 2	47, 61	11, 55	47, 26	11, 16	-- 0, 39
8me.	2, 56 × $\frac{81}{76}$	30, 18	71, 43	29, 57	71, 69	+0, 26
Sommes			67, 19		67, 80	+0, 61

COMME j'avois fait cette expérience avec les plus grands ſoins, je pouvois raiſonnablement m'attendre à quelque régularité dans ſes réſultats. J'avouerai cependant, qu'après l'avoir achevée, lorſque je vins à comparer les réſultats que j'avois obtenus avec ceux que me donnoit le calcul, je fus étonné de leur accord, qui eſt en effet très - remarquable, puiſque le plus grand écart & même la ſomme des écarts n'atteint pas les $\frac{2}{3}$ d'un degré.

Cet accord femble former un préjugé favorable & à l'explication que j'ai employée pour rendre raifon de ces phénoménes, & à l'inftrument qui a fervi à les obferver.

§. 148. Il y auroit bien des confidérations à faire fur ces expériences ; mais je me bornerai aux deux fuivantes, qui ont le plus de rapport avec la météorologie.

Premierement , que les mêmes degrés de l'Hygrometre qui dans nos plaines indiquent une certaine quantité d'eau contenue dans l'air , en indiquent une quantité fenfiblement moins grande fur les hautes montagnes. On peut même déterminer la différence de ces quantités ; mais ici , comme il ne s'agit plus de rapports abftraits , nous confidérerons les degrés de l'Hygrometre fuivant la valeur que leur donnent les expériences du Chapitre précédent, & en particulier la table §. 129, qui eft le réfultat de ces expériences. Il fuit de cette table, que quand l'air contient les $\frac{3}{4}$ des vapeurs néceffaires pour le faturer, l'Hygrometre qui eft à l'uniffon avec lui fe fixe environ à 81 degrés $\frac{1}{2}$. Or je viens de faire voir, §. 147, que quand j'avois extrait d'un récipient les deux huitiémes ou le quart de l'air & des vapeurs contenues dans ce récipient, & que par conféquent il ne reftoit plus que les $\frac{3}{4}$ de ces vapeurs , l'Hygrometre, au lieu de defcendre à 81 $\frac{1}{2}$ ne defcendoit qu'à 87, 64. Mais l'Hygrometre , quand il eft à ce degré, indique d'après la table du §. 129, les cinq fixiemes, ou plus exactement les 0, 8428 de la quantité totale des vapeurs néceffaires pour faturer l'air. Donc lorfque l'air eft raréfié à ce point, une quantité de vapeurs telle que 0, 75, produit fur l'Hygrometre l'effet que produiroit dans un air non raréfié, une quantité telle que 0, 8428 ; ou en d'autres termes, fi l'Hygrometre étoit au bord de notre Lac au degré 87, 64 de son échelle ; & le thermometre à 15 cela prouveroit que l'air contient environ 9 grains $\frac{1}{3}$ d'eau par pied cube, tandis qu'à la hauteur du S. Bernard, ce même degré de l'Hygrometre au même degré de chaleur ne prouveroit que 8 grains 3 dixiemes.

Une autre considération, qui est un corollaire de la précédente, c'est qu'à mesure que l'air devient plus rare, il faut une quantité d'eau moins considérable pour le saturer. Par exemple, puisqu'à la hauteur du S. Bernard, 8 grains, 3 dixiemes produisent l'effet qu'auroient produit 9 $\frac{1}{3}$ dans la plaine, il ne faudra, toutes choses d'ailleurs égales, pour saturer l'air du S. Bernard, que les $\frac{830}{933}$ de la quantité qu'il eût fallu dans la plaine. Et en appliquant les même raisonnemens aux mêmes expériences, on verra, que si l'air étoit raréfié au point de ne soutenir que deux lignes $\frac{1}{2}$ de mercure, il ne faudroit pour le saturer que la 20e. partie de ce qu'il faut quand il soutient le barometre à 27 pouces.

Mais je reviendrai encore à ce sujet dans le IV$_e$. Essai.

§. 149. Je terminerai ce Chapitre en rendant compte d'une épreuve que j'ai faite pour savoir si l'on ne pourroit point pousser le desséchement plus loin encore que je ne fais par l'opération qui sert à fixer le terme de la sécheresse extrême.

Nouvelles épreuves sur le terme de sécheresse extrême.

J'ai renfermé sous un récipient un Hygrometre avec la plaque de tole chargée d'alkali nouvellement calciné & encore très-chaud, suivant le procédé décrit §. 21. J'ai luté ce récipient avec de la cire sur la platine de la pompe, à laquelle j'avois adapté la soupape mercurielle §. 138. J'ai fait ainsi venir l'Hygrometre au plus haut degré de sécheresse où il pût atteindre,

&

& alors j'ai pompé l'air : mais l'Hygrometre n'a point varié, n'a pas fait le moindre pas vers la fécherefſe.

CETTE expérience femble bien compléter la preuve de ce que j'ai dit dans le premier Effai ; que le terme auquel j'ai donné le nom de fécherefſe extrème, quoiqu'il ne mérite peut-être pas ce nom dans toute fa rigueur, eſt pourtant un terme fixe & que vraifemblablement nous ne pafſerons jamais ; puifqu'un moyen aufſi puifſant que celui du total épuifement de l'air, moyen qui dans certains cas a fait faire à l'Hygrometre plus de 67 degrés vers la fécherefſe, ne fait pas la moindre impreſſion fur lui quand il eſt parvenu à ce terme.

C H A P I T R E   V I I.

QUEL EFFET L'AGITATION DE L'AIR PRODUIT-ELLE SUR L'HYGROMETRE?

§. 150. Personne n'ignore, qu'un air agité eſt, toutes choſes d'ailleurs égales, plus deſſiccatif qu'un air tranquille; & on n'ignore pas non plus que cette différence vient, de ce qu'un air qui ſe renouvelle entraîne les vapeurs à meſure qu'elles ſe forment; au lieu que celui qui croûpit autour d'un corps humide ſe ſature bientôt & perd ainſi ſa force diſſolvante. Mais ce n'eſt pas là ce qui fait le ſujet de ce Chapitre.

Il ne s'agit pas non plus ici de meſurer la quantité & la rapidité du deſſéchement, entant qu'il dépend du plus ou du moins de vîteſſe & du plus ou du moins de ſéchereſſe du vent; cette meſure ſeroit bien du reſſort de l'hygrométrie, mais elle exigeroit une longue ſuite d'expériences délicates, compliquées & qui n'ont point encore été faites.

Le problème que je me ſuis propoſé de réſoudre, c'eſt de ſavoir ſi l'agitation de l'air n'augmente point ſa force diſſolvante; tellement que le même air exigeât plus de vapeurs pour ſa ſaturation lorſqu'il eſt agité, que lorſqu'il eſt tranquille.

§. 151. Voici l'obſervation qui a fait naître ce doute. Il m'eſt ſouvent arrivé de ſuſpendre un de mes Hygrometres à 4 ou 5 pieds au deſſus du ſol, au milieu d'une grande plaine uniforme, d'attendre là qu'il eût pris exactement le degré d'humidité qui régnoit alors dans l'air, & d'obſerver enſuite ſes variations momentanées; la ſenſibilité de l'Hygrometre à cheveu le rendoit propre plus qu'aucun autre, à ce genre d'obſervations.

On fait qu'il y a des jours, où l'air eft en général calme, où aucun vent violent & décidé ne l'agite, mais où pourtant, dans un lieu parfaitement découvert il s'éleve de tems en tems quelques petites brizes, qui lui donnent une agitation momentanée. Je remarquois, que conftamment ces petites brizes, de quelque côté qu'elles vinffent, faifoient aller l'Hygrometre au fec d'un degré & quelquefois même de deux; après quoi, lorfque l'air s'étoit calmé il revenoit peu-à-peu au point où il étoit auparavant. (*)

§. 152. Je me difois à moi-même en réfléchiffant fur la caufe de ce phénomene; ce petit vent qui s'eleve tout-à-coup au milieu du calme, ne vient furement pas de loin, c'eft l'air de la furface de cette même plaine, qu'une rupture d'équilibre momentanée oblige à changer de place; cet air, lorfqu'il étoit tranquille dans la place d'où il eft parti, avoit vraifemblablement le même degré d'humidité, qui régnoit ici pendant le calme & il n'a pas pu fe deffécher en route, puifqu'il a toujours fuivi la furface uniforme de cette plaine. Seroit ce donc fon agitation qui, par elle-même & indépendamment de toute autre caufe, le rend fufceptible d'abforber plus de vapeurs, ou augmente fon affinité avec elles ?

§. 153. De retour chez moi, je fufpendis le même Hygrometre au milieu de ma chambre, je fermai les portes & les fenétres,

(*) Je n'ai pas befoin d'avertir, que je me gardois bien de prendre pour une preuve du deffédement le mouvement méchanique que le vent imprime à l'aiguille de l'Hygrometre en fouiflant contre le cheveu; je le préfervois de l'impulfion du vent avec mon chapeau, ou de quelqu'autre maniere. D'ailleurs la féchereffe produite par une bouffée de vent, ne ceffoit pas immédiatement avec elle, l'Hygrome re employoit quelques momens à revenir au point d'où il étoit parti.

Conjecture fur la caufe de ce fait.

Expérience qui vient à l'appui de cette conjecture.

T 2

je m'affis à cinq ou fix pieds de diftance de l'Hygrometre après avoir placé auprés de lui un grand écran ; je demeurai là tranquille jufques à ce que je puffe croire que l'Hygrometre & l'écran avoient pris le degré d'humidité qui régnoit alors dans la chambre, & qu'ils avoient reçu du voifinage de mon corps toute l'influence qu'il pouvoit avoir fur eux : alors fans changer de place je me mis à agiter l'écran avec vivacité comme un évantail auprès de l'Hygrometre : au bout de huit ou dix minutes je ceffai ce mouvement, & je trouvai que l'Hygrometre étoit allé au fec d'environ les trois quarts d'un degré. La même expérience répétée plufieurs fois donna toujours le même réfultat.

Expérience plus exacte qui la renverfe.

§. 154. CEPENDANT cette épreuve ne me fatisfaifoit pas pleinement ; je craignois que cette agitation n'eût amené auprès de l'Hygrometre un air plus fec, ou du haut de la chambre ou du voifinage de mon corps. Pour trancher la queftion par une expérience décifive, je fis faire une efpece de moulinet, dont les 4 ailes, d'acier fort mince, chacune d'un pouce & demi de rayon fur 6 pouces de hauteur, étoient mifes en mouvement par un reffort femblable à celui d'une groffe pendule qui les faifoit tourner pendant dix minutes avec beaucoup de rapidité. Je renfermai dans un vafe de verre cylindrique ce moulinet avec un Hygrometre fitué de façon, que le cheveu étoit bien expofé au vent produit par le moulinet ; & je lutai foigneufement toutes les jointures du vafe, enforte que l'air qu'il contenoit n'eût aucune communication avec l'air extérieur. Cette petite machine étoit conftruite de maniere, que je pouvois à mon gré, remonter le reffort, faire mouvoir les ailes, ou les arréter fans déluter le vafe & même fans ouvrir aucune communication entre lui & l'air de la chambre.

APRÈS avoir tout ainfi difpofé, je laiffai l'Hygrometre pren-

dre bien fon affiette dans le vafe, j'obfervai le degré auquel il
s'étoit fixé, c'étoit le 82e; alors je láchai le reffort, & au
moment où le moulinet s'arréta j'obfervai de nouveau l'Hygrometre; je le trouvai à 81, 2; le thermometre joint à l'Hygrometre n'avoit point varié pendant l'expérience; enforte que
je ne croyois pas pouvoir attribuer cette variation à aucune autre
caufe, qu'à un accroiffement de la force diffolvante de l'air produit par l'agitation de ce fluide.

Je répétai fur le champ l'expérience en remontant le reffort
& le laiffant écouler immédiatement après; mais à ma grande
furprife l'effet ne fut plus le méme, l'Hygrometre ne continua
pas d'aller au fec & pourtant le thermometre monta d'une cinquieme ou d'un quart de degré. Je laiffai alors l'appareil tranquille pendant quelques heures & je vis de nouveau, que la premiere révolution du moulinet faifoit aller l'Hygrometre au fec,
mais que les fuivantes n'augmentoient point l'effet de la premiere.

Après avoir bien réfléchi fur la caufe de cette bizarrerie,
il me parut évident, que le frottement des roues & des pivots
du moulinet produifoit un certain degré de chaleur, qui agif-
fant immédiatement fur l'air, augmentoit fa force diffolvante
& affectoit ainfi le cheveu avant de faire mouvoir le thermometre, qui eft beaucoup moins fenfible que l'Hygrometre lorfque celui-ci approche du terme de la faturation. Or une feconde expérience n'augmentoit point la chaleur que ces rouages
étoient fufceptibles d'acquérir, parce que cette chaleur a bien-
tót atteint fon maximum: la chaleur ne s'accroiffant pas l'Hygrometre ne continuoit pas d'aller au fec, & cependant la con-
tinuité de cette méme chaleur faifoit enfin monter le mercure
dans le thermometre.

§. 155. Pourquoi donc les petits coups de vent que j'ai décrits plus haut, font ils marcher l'Hygrometre d'un ou deux degrés vers la sécherefſe? C'eſt parce que l'agitation qu'ils produifent mêle à l'air que le voifinage de la terre tient toujours un peu humide, un air plus élevé & plus fec.

En effet j'ai reconnu par diverfes expériences, que l'Hygrometre par un tems calme fe tient d'autant plus à l'humide qu'il eſt plus près de la furface de la terre, & qu'il marche vers la sécherefſe à mefure qu'on l'éleve, à moins que la différence de chaleur produite par la réverbération des rayons du foleil ne foit très-confidérable, ou que le fol ne foit un roc ou un fable abfolument aride.

Voici une de ces obfervations. Le 25 mars 1781, à midi, par un beau foleil & un air de bize à peine fenfible, je fufpendis mon Hygrometre le plus près de terre poffible fur un pré ſtérile & pierreux dont l'herbe n'avoit point encore pouffé. Il fe fixa là à 55^d. le thermometre étant à 14 $\frac{1}{2}$. J'élevai enfuite l'Hygrometre à trois pieds 8 pouces de hauteur au deffus de cette même place, & il marcha de 2 degrés $\frac{1}{2}$ vers la sécherefſe, quoique le thermometre defcendît à 12, 7. De-là je le portai fur le bord d'une petite colline qui dominoit de 50 à 60 pieds le lieu où j'avois fait cette obfervation, je le fufpendis à 3 pieds 8 pouces au deffus de terre, & il fe fixa à 50, c'eſt-à-dire qu'il fit encore 2 degrés $\frac{1}{2}$ vers la sécherefſe, quoique le thermometre defcendit à 12. Les réfultats euffent été bien plus fenfibles, fi le terrein avoit été humide, mais le fol étoit fec, pierreux, & il faifoit depuis plufieurs jours un tems très-beau & très-fec,

§. 156. L'AGITATION de l'air est donc une cause de sécheresse, lorsqu'elle mêle aux couches inférieures de l'air abreuvées de l'humidité de la terre, les couches supérieures qui en
contiennent une moins grande quantité. Mais cette agitation seule
n'augmente pas par elle - même la force dissolvante de l'air,
comme on auroit pu être tenté de le croire.

Conclusion.

CHAPITRE VIII.

COMMENT L'HYGROMETRE EST-IL AFFECTÉ PAR L'ELECTRICITE?

Introduction.

§. 157. LA Nature fait souvent aux questions que lui proposent les physiciens, des réponses fort différentes de celles qu'ils attendoient. Combien de fois le philosophe n'est-il pas séduit par de fausses apparences d'analogie, par des théories défectueuses, ou trompé par les méprises & les fausses observations de ceux qui l'ont précédé !

APRÈS les expériences par lesquelles on a prouvé que l'électricité augmente l'évaporation, n'auroit-on pas cru qu'un Hygrometre exposé à son action marcheroit au sec avec la plus grande rapidité? J'étois si prevenu en faveur de cette opinion, que lorsque je vis l'Hygrometre demeurer immobile malgré l'électricité la plus animée, je crus que mes yeux me trompoient, ou que l'instrument étoit dérangé: ce ne fut qu'après avoir répété & varié l'expérience de mille manieres & avec différens instrumens, que je reconnus enfin qu'on n'avoit pas circonscrit cette opinion dans ses justes limites.

Hygrometre soumis à l'action de l'électricité.

§. 158. POUR procéder avec exactitude, je plaçai dans mon laboratoire & dans des situations aussi semblables qu'il étoit possible deux Hygrometres à cheveu, qui pouvoient à volonté être ou n'être pas électrisés en établissant ou en supprimant des communications avec le conducteur d'une machine électrique de la plus grande force. Lorsqu'ils se furent mis en équilibre avec l'air du laboratoire, j'électrisai l'un des deux sans électrifer l'autre.

Sur

Sur le champ la répulsion produite par le côté KK du cadre, Pl. I. f. 2. écarta & agita si vivement le cheveu qui l'avoisine qu'il me fut impossible de connoître si l'éleétricité le desséchoit ou non. Pour parer à cet inconvénient , j'assujetis symmétriquement des trois autres côtés du cheveu, des fils de métal semblables à celui qui forme le cadre, & à la même distance du cheveu, de maniere qu'également repoussé de toutes parts le cheveu ne pouvoit plus se jeter d'un côté plûtot que de l'autre.

Je l'éleétrifai de nouveau muni de cet appareil ; mais alors l'éleétricité ne produisit plus sur lui aucun effet, quoique ces fils ne gênassent point son mouvement, & qu'ils fussent eux-mêmes, ainsi que toutes les parties de l'Hygrometre très-fortement éleétrifés. J'éleétrifai l'autre Hygrometre avec les mêmes précautions , & le résultat fut le même.

L'éleétricité ne fait point varier l'Hygrometre.

Je répétai encore ces épreuves avec un grand Hygrometre à arbre extrêmement sensible Pl. I. f. 1. Comme dans celui-ci le cheveu est situé entre trois montans, leur répulsion le jetoit en avant, mais lorsque j'en eus placé sur le devant un quatrieme à la même distance que les trois autres, cette répulsion cessa & l'Hygrometre demeura fixe au même point, si ce n'est que l'aiguille avoit une espece de frémissement occasioné par quelques mouvemens que le fluide éleétrique imprimoit au cheveu ; mais ces oscillations n'alloient qu'à un ou deux degrés & aussi souvent du côté de l'humidité que de celui de la séchereffe.

Je pensai alors que l'effet de l'éleétricité seroit peut-être plus sensible dans un air humide , j'attendis un tems très-humide, je tins toutes les fenétres ouvertes, l'Hygrometre vint à 89 ,

V

mais l'électricité n'eut pas pour cela plus d'effet fur l'Hygrometre.

ENFIN j'imaginai de produire un courant de fluide électrique & de le forcer à traverfer continuellement un Hygrometre placé dans un lieu très-humide ; je penfois que peut-être ce courant entraîneroit avec lui une partie de l'humidité du cheveu. Je fufpendis un Hygrometre dans un cylindre de verre percé de part en part ; je couvris fes deux extrémités avec des plaques de métal, mais je ne les lutai point avec le verre, afin que l'air extérieur pût avoir quelque communication avec celui qui étoit renfermé dans le cylindre. Avant de l'électrifer, je l'ifolai & j'infinuai dans fon intérieur une carte mouillée : cette carte fit marcher l'Hygrometre à l'humide & je la retirai lorfqu'il fut parvenu près du 94e. degré. La carte n'y étant plus, & le cylindre n'étant point luté, l'air humide qu'il renfermoit commença à fe deffécher & l'Hygrometre à marcher doucement & uniformément vers la féchereffe. J'obfervai attentivement avec une montre à fecondes le tems qu'il falloit à l'aiguille pour faire un certain nombre de degrés ; alors j'établis fubitement une communication entre la plaque fupérieure du cylindre & le conducteur ; & tandis que le cylindre étoit ainfi électrifé, je tirois des étincelles de la plaque inférieure, enforte que l'Hygrometre lié par des communications métalliques avec les deux plaques, fe trouvoit expofé à l'action d'un courant de fluide électrique, qui traverfoit tout l'intérieur du cylindre. Cependant je ne pus point obferver que ce courant accélérât le defféchement du cheveu ; & cette expérience variée & répétée de différentes manieres faciles à imaginer donna toujours le même réfultat.

§. 159. FAUT-il donc accufer d'erreur ces Phyficiens célébres, qui ont cru démontrer par leurs expériences que l'électricité augmentoit beaucoup l'évaporation ? Je ne saurois le présumer, mais je crois qu'il faut soigneusement distinguer l'eau en nature ou les corps chargés d'une humidité surabondante d'avec ceux qui ne font point superfaturés & qui ne contiennent que de l'eau combinée jusques à un certain point avec leurs élémens & unie avec eux par ce genre d'affinité que j'ai nommée *affinité hygrométrique.*

entraine l'eau furabondante & non pas l'eau combinée.

VRAISEMBLABLEMENT c'est cette eau libre & surabondante que le fluide électrique entraîne, soit en se combinant avec elle, soit plutôt en produifant un courant d'air à la furface des corps qui la contiennent ; & c'est effectivement fur de l'eau libre ou fur des corps superfaturés d'eau qu'ont été faites toutes les expériences par lesquelles on a prouvé l'influence de l'électricité fur l'évaporation.

§. 160. VOICI une expérience - très fimple que j'ai faite pour éprouver la vérité de cette conjecture.

Expérience qui le prouve.

J'AI pris deux cartes parfaitement égales entr'elles & pour le poids & pour la grandeur : leurs dimenfions étoient doubles de celles d'une carte à jouer ordinaire, elles avoient 3 pouces de largeur fur 4 $\frac{3}{4}$ de hauteur ; leur poids étoit de 45 grains. Le laboratoire dans lequel j'ai fait cette expérience ne contenoit point de feu, les portes & les fenêtres étoient fermées, enforte qu'il ne pouvoit furvenir dans l'air aucun changement fenfible. Là j'ai fufpendu ces deux cartes dans des fituations femblables, à cela près que l'une étoit électrifée tandis que l'autre ne l'étoit pas. Après quinze minutes d'électrifation je les ai repefées, elles étoient encore parfaitement égales. Peut-être foupçonnera - t - on que ces cartes qui paroiſſoient ſéches au toucher ne contenoient pas aſſez d'humidité pour qu'une déperdition partielle de cette humidité fût ſenſible à la balance. Pour lever ce doute, je voulus voir l'effet que produiroit ſur elles un ſéjour de quelques minutes dans un air plus ſec. L'Hygrometre dans le laboratoire où j'avois fait cette épeuve & dans lequel je les avois laiſſées pendant deux heures pour qu'elles ſe miſſent en équilibre avec l'air qu'il contenoit; cet Hygrométre, dis - je, étoit à 83, & le thermometre à 4 ¾. Mais dans la chambre où je les tranſportai, l'Hygrometre étoit à 68 & le thermometre à 9 ½. Au bout d'un quart d'heure les cartes ſe trouverent plus légeres, chacune d'un quart de grain, & lorſque je les eus expoſées pendant quelques momens devant le feu à un degré de chaleur ſuffiſant pour les réchauffer, mais non point pour changer le moins du monde leur couleur, elles ſe trouverent avoir perdu trois grains & demi chacune.

Le fluide électrique n'a donc point comme le feu, le pouvoir de convertir en vapeurs l'eau que les corps retiennent dans leurs pores & qui eſt unie avec leurs élémens par ſon affinité avec eux.

Mais il peut leur enlever l'eau ſurabondante ; car lorſque j'eus également humecté ces deux cartes, en faiſant boire préciſément 10 grains d'eau à chacune d'elles; celle qui fut électriſée enſuite pendant un quart d'heure perdit deux grains de ſon poids, & celle qui ne le fut pas n'en perdit qu'un & demi, quoi qu'elle fût d'ailleurs ſituée préciſément de même ; d'où il ſuit que le fluide électrique enleva en 15 minutes un demi-grain d'eau à la carte qui étoit ſoumiſe à ſon action.

§. 161. Ces expériences prouvent donc qu'il faut mettre Conclusion.
une reftriction à la théorie qui affirme trop généralement que
l'électricité favorife l'évaporation. Elle augmente celle des corps
fuperfaturés, mais elle n'en produit aucune dans ceux qui ne
contiennent point d'eau furabondante.

Il n'y a donc aucune correction à faire aux obfervations
hygrométriques relativement à la quantité plus ou moins grande
d'électricité qui peut fe trouver dans l'air.

CHAPITRE IX.

L'AIR INFLAMMABLE ET L'AIR FIXE ONT-ILS AVEC LES VAPEURS LES MEMES RAPPORTS QUE L'AIR COMMUN ?

Introduction.

§. 162. Cette queftion curieufe & furement bien nouvelle, m'a paru intéreffer l'hygrométrie, depuis que l'on a prouvé que ces deux fluides aériformes pouvoient fe rencontrer en très grande quantité, l'un dans les régions les plus élevées & l'autre dans les couches les plus baffes de l'atmofphere. J'ai donc fouhaité de connoître leurs rapports avec les vapeurs, foit lorfqu'ils font purs ou à-peu-près tels, foit lorfqu'ils font mélangés en diverfes dofes avec l'air commun.

Difficultés à furmonter.

§. 163. Ces expériences n'étoient pas fans difficulté. Il s'agiffoit d'abord de fe procurer ces fluides élaftiques fécs, & de s'affurer même par des épreuves très-exactes du degré de leur féchereffe. Or tous les moyens que l'on peut employer pour obtenir ces fluides, le feu même lorfqu'il les dégage des corps qui les contiennent, dégage auffi en même-tems une certaine quantité d'eau qui les accompagne; enforte que, & ces fluides & les vafes qui les reçoivent font toujours humides au moment de leur production; il falloit cependant pour ces expériences, finon deffécher complétement ces fluides, du moins les ramener à un état pareil à celui de l'air atmofphérique avec lequel je voulois les comparer.

J'y parvins par un moyen fort fimple. On fait dejà que l'air inflammable peut fe conferver pendant long-tems dans des veffies fans y fouffrir d'altération fenfible. On fait auffi qu'une veffie

bien remplie d'un fluide aériforme quelconque, lorfqu'elle eft
expofée à l'air s'y defféche, tant intérieurement qu'extérieure-
ment ; & que par conféquent d'après les principes établis dans
le premier chapitre de cet effai, la veffie elle-même & l'air
qu'elle renferme fe mettent hygrométriquement en équilibre
avec l'air extérieur.

JE pouvois donc en renfermant dans une veffie mon air inflammable, le deffécher au même point que l'air atmofphérique ;
mais il falloit enfuite le faire paffer de cette veffie dans un vafe
de verre qui contînt un Hygrometre. Ici la machine pneumatique vint à mon fecours, & me fervit à opérer cette tranf-
fufion.

§. 164. POUR mettre entre mes expériences de comparaifon la plus grande parité poffible, je préparai deux veffies
femblables ; j'adaptai à chacune d'elles un robinet, qui entroit à
vis dans une ouverture qui eft au-deffous de la platine de ma
pompe ; enforte que, par cette ouverture, je pouvois en ouvrant le robinet, faire entrer dans le récipient l'air renfermé dans
la veffie.

Détails de l'expé-
rience.

JE remplis l'une de ces veffies d'air inflammable tiré du fer,
par le fecours de l'acide vitriolique, & l'autre d'air commun ;
je les fufpendis l'une auprès de l'autre au milieu de mon laboratoire, & je les laiffai-là pendant plufieurs jours, jufques à ce
qu'elles ne paruffent plus imbues d'aucune humidité furabondante.

ALORS je pris un petit récipient ; j'y logeai un Hygrometre,
& je lutai le récipient fur la platine de la pompe. Avant de

faire le vuide, j'adaptai fous la platine la veſſie qui contenoit l'air commun ; afin d'éprouver premierement cet air & de lui comparer enfuite l'air inflammable. Je notai alors le degré de l'Hygrometre renfermé dans le récipient ; il étoit à 61 ; puis je pompai l'air du récipient, tandis que le robinet de la veſſie étoit fermé, & qu'ainſi l'air qu'elle contenoit ne pouvoit point entrer dans le récipient. L'Hygrometre marcha au fec pendant que l'air fe raréfioit, comme cela arrive toujours, & au bout d'une demi-heure il fe fixa à 40 degrés. (*) Alors j'ouvris le robinet de la veſſie, la preſſion de l'air extérieur chaſſa dans le récipient l'air commun que contenoit cette veſſie ; & le récipient étant ainſi rempli d'air, l'Hygrometre retourna, non pas précifément à 61 degrés où il étoit avant l'expérience, mais à 59 degrés $\frac{1}{2}$ (**).

Connoiſſant ainſi les affections hygrométriques de l'air commun renfermé, dans une veſſie, je paſſai à l'air inflammable. Pour cela je détachai de la pompe la veſſie qui contenoit l'air commun, & j'adaptai à fa place celle qui renfermoit l'air inflammable. Alors, tenant le robinet fermé, je fis fortir du récipient l'air commun dont il étoit rempli, ce qui fit revenir l'Hygrometre à 40 degrés ; après quoi en ouvrant le robinet de la veſſie, le récipient fe remplit d'air inflammable. L'introduction de

(*) Ce deſſéchement qui n'eſt que de 21 degrés, eſt beaucoup moins conſidérable que celui que j'avois obtenu dans les expériences du chap. VI ; premierement, parce que je fuis parti dans celles-ci d'un terme beaucoup plus fec ; enfuite, parce que la pompe dont je me fuis fervi étoit moins bonne, & qu'enfin les foins que j'ai employés dans celles-ci tendoient à mettre la plus grande parité entre les épreuves, & non à obtenir le plus haut point de deſſéchement.

(**) Cette différence prouve que l'air dans la veſſie étoit fenſiblement plus fec que celui que contenoit le récipient avant fon évacuation ; car s'il eût été au même point, l'Hygrometre, lorſqu'on rendit l'air, au lieu de revenir à $1\frac{1}{2}$ degré de plus au fec, feroit revenu à 2 ou 3 degrés de plus à l'humide. *Voyez* §. 136.

cet

cet air fit, comme celle de l'air commun, marcher l'Hygrometre à l'humide, & même de quelques degrés de plus, car
il vint à 62, 3. Il y eut donc cette différence entre l'air inflammable & l'air commun, c'eft que l'introduction de celui-ci
fit marcher l'Hygrometre de 2 degrés $\frac{8}{10}$ de plus à l'humide,
qu'il n'étoit avant que l'on eût fait le vuide ; au lieu que l'air
commun, en rentrant, avoit ramené l'Hygrometre à 1 degré $\frac{1}{2}$
de plus au fec. La différence totale entre leurs effets fut donc
de 4, 3.

Aprés cette épreuve, le récipient fe trouvoit rempli d'air
inflammable, mêlé feulement d'une 54e. partie d'air commun
que l'imperfection de ma pompe laiffe en arriere dans le récipient ; mais cette quantité étant bien peu confidérable, j'étois
très-curieux de voir fi lorfque je raréfierois cet air inflammable,
l'Hygrometre marcheroit au fec comme il le fait dans l'air commun. Je pompai donc cet air, & l'Hygrometre alla au fec de
19 degrés $\frac{1}{2}$, précifément comme il avoit fait dans la précédente
épreuve où il étoit defcendu de 59 $\frac{1}{2}$ à 40 degrés.

§. 165. Pour obtenir, dans mon récipient, de l'air inflammable encore plus pur, j'ouvris pendant qu'il étoit vuide, le
robinet de la veffie, & il fe remplit de nouveau d'un air inflammable, dans lequel la portion reftante d'air commun, favoir, la 54e. d'une 54e. ou une 2916e., eft une quantité que
l'on peut regarder comme nulle dans des épreuves de ce genre.
La rentrée de cet air fit monter l'Hygrometre à 59, 7 ; c'eft-
à-dire, à 2, 6 plus au fec qu'il n'étoit avant qu'on épuifât
l'air ; car on a vu plus haut que l'air inflammable en entrant,
pour la premiere fois, dans le récipient, l'avoit fait venir
à 62, 3.

La même
expérience
répétée &
variée.

Cette épreuve répétée une troifieme fois, me donna exactement les mêmes réfultats ; l'évacuation du récipient fit faire à
l'Hygrometre 19 degrés $\frac{1}{2}$ vers la féchereffe, & la rentrée de
l'air inflammable le fit revenir à l'humide, mais de 2 degrés $\frac{1}{2}$
de moins qu'il n'étoit avant que l'on fît le vuide. c'eft-à-dire,
à 57, 2.

Réflexions
fur ces ex-
périences.

§. 166. Comme ces phénomenes font à très-peu près les
mêmes que ceux que préfentoit l'air commun renfermé dans
une veffie femblable, il femble que l'on eft bien en droit de
conclure que, dans ces circonftances, l'air inflammable agit
fur l'Hygrometre, comme le fait l'air athmofphérique.

La feule différence un peu notable a paru la premiere fois
que l'air inflammable eft forti de la veffie, pour paffer dans le
récipient ; il a fait faire alors à l'Hygrometre, environ 4 degrés
de plus vers l'humidité que n'avoit fait l'air commun. Mais en
comparant cette épreuve avec les fuivantes, on eft bien porté
à croire que cette différence vient de quelque portion d'humidité qui fe fera nichée dans le trou du robinet ; car il eft
clair que s'il en refte dans ce trou lorfqu'on ferme le robinet,
elle ne peut point en fortir jufqu'à ce que le robinet étant ouvert, l'air en entrant dans le récipient la chaffe & l'entraîne
avec lui. Or, ce qui paroît prouver que c'eft bien là la caufe
de ce phénomene, c'eft que dans les deux répétitions fuivantes
de la même épreuve, l'air inflammable, en rentrant dans le
récipient, n'a point, comme dans la premiere, ramené l'Hygrometre plus à l'humide qu'il n'étoit avant la raréfaction de
l'air ; fans doute, parce que l'air, en traverfant avec force ce
paffage étroit, l'avoit entiérement defféché dès la premiere
opération.

§. 167. Cependant il me reftoit encore un doute, je penfois que cette humidité pourroit être venue du mélange de l'air inflammable avec cette 54ᵉ. partie d'air commun qui étoit reftée dans le récipient ; & je fouhaitois d'autant plus d'éclaircir ce doute , que dernierement un Phyficien Italien (*Pignotti , Congetture Meteorologiche*) a fuppofé que des vapeurs phlogiftiques , & fpécialement l'air inflammable , pourroient avoir la propriété de précipiter l'eau que l'air tient en diffolution , & il a prétendu expliquer ainfi , comme je le dirai dans la fuite , les variations du barometre. J'ai donc cru devoir obferver les effets du mélange de l'air inflammable avec l'air athmofphérique.

Pour opérer ce mélange , tandis que mon récipient étoit encore plein d'air inflammable , dans lequel l'Hygrometre fe tenoit à 57 , 6 , j'ai pompé la moitié de cet air , & j'ai remplacé cette moitié par de l'air commun. L'Hygrometre que l'extraction de cette moitié avoit fait venir environ à 50 degrés , eft remonté par la rentrée de l'air commun à 56 , 9 ; ce qui eft à très-peu-près proportionnel à l'effet que l'air inflammable avoit produit dans les expériences précédentes.

Le mélange de l'air inflammable avec l'air commun ne précipite donc , en aucune maniere , les vapeurs que celui-ci tient en diffolution ; ces deux airs fe mélent paifiblement & agiffent l'un fur l'autre , du moins relativement à l'hygrométrie , précifément comme le feroient deux portions de la même efpece d'air.

§. 168. Enfin , pour faire encore un pas de plus dans la comparaifon de ces deux efpeces d'air , j'ai voulu voir , fi un corps fuperfaturé d'humidité & renfermé dans un vafe rempli de cet air, y fouffriroit une évaporation femblable à celle qu'il fouffre dans l'air atmofphérique, & feroit femblablement marcher l'Hygrometre vers l'humidité. Pour cela, j'ai rempli le récipient d'air inflammable pur, j'y ai infinué, par le trou de la platine, une carte humectée, mais effuyée enfuite & roulée fur elle-même ; fur le champ l'Hygrometre a commencé à marcher du côté de l'humidité, & il eft venu tout près de l'humidité extrême par les mêmes gradations, & à-peu-près dans le même tems qu'il auroit employé s'il eût été plein d'air commun. (*)

Au refte, je dois avertir que, pour favoir fi cet air ne s'étoit point dénaturé pendant ces expériences, avant de lever le récipient, j'en remplis une petite feringue, & je l'injectai dans la flamme d'une bougie, où il s'enflamma avec beaucoup de vivacité.

§. 169. Je ne dois pas non plus oublier de faire obferver un effet affez remarquable que produifit cet air fur les corps métalliques renfermés dans le récipient. Il agit d'abord fur la lame d'argent fur laquelle eft monté le thermometre annexé à l'Hygrometre ; la furface de cette lame devint d'un beau rouge, brillant & changeant en pourpre. Le laiton de l'Hygrometre, de même que le mercure logé dans la boule du tube, qui interdit aux vapeurs de la pompe l'entrée du récipient, demeurerent intacts, jufqu'à ce que j'euffe introduit la carte mouillée pour faturer d'humidité l'air inflammable renfermé dans le réci-

Effet de l'air inflammable fur divers métaux.

(*) Il eût peut-être fallu, pour compléter le parallele, rechercher encore, fi l'air inflammable exige, pour fa faturation, la même quantité d'eau que l'air atmofphérique ; mais cette queftion ne m'a pas paru mériter la peine que donneroient les expériences néceffaires pour la réfoudre, & j'ai cru avoir, au moins pour ma part ; affez approfondi ce fujet.

pient. Mais dès que cet air fut faturé , fon activité en devint plus grande , le cuivre fe noircit, & toute la furface du mercure devint d'un beau bleu tirant fur le pourpre.

Pendant toutes ces expériences , le thermometre fe foute-noit, dans mon laboratoire, entre 20 & 21 degrés.

§. 170. J'employai pour l'air fixe les mêmes procédés que pour l'air inflammable , avec cette feule différence , qu'avant d'introduire l'air fixe dans la veffie , j'eus foin de la faire fé-cher & de l'imbiber bien complétement d'huile d'olives ; fans cette précaution , l'air fixe paffe par la veffie comme au travers d'un crible , mais l'huile le retient fans l'altérer en aucune ma-niere , & n'empêche cependant pas que l'humidité furabon-dante ne s'échappe peu à peu , & qu'ainfi l'air renfermé dans cette veffie ne fe mette hygrométriquement en équilibre avec l'air ambient (*)

Mêmes ex-
périences &
mêmes ré-
fultats avec
l'air fixe.

Les réfultats de mes expériences avec l'air fixe furent les mêmes qu'avec l'air inflammable ; ou s'il y eût quelque diffé-rence , ce furent des différences minimes & purement acci-dentelles.

Je crois donc pouvoir affurer que , malgré l'énorme differ-

(*) Il eft très-commode de renfer-mer ainfi l'air fixe dans des veffies huilées , lorfque l'on veut l'injecter dans des plaies cancéreufes. Il feroit bien à fouhaiter que les Chirurgiens étudiaffent avec foin les effets de ce nouveau remede. Je l'ai effayé deux fois , & toujours il a diminué confidé- rablement les douleurs & détruit pref-qu'entiérement la fétidité de la plaie; il a même donné les plus grandes ef-pérances ; mais malheureufement , dans l'un & l'autre cas , le mal avoit fait de trop grand progrès pour qu'aucun re-mede pût opérer fa guérifon.

blance de ces fluides aëriformes , foit relativement à la ma-tiere qui les compofe , foit par rapport à leur denfité , ils fe comportent & dans le vuide & dans le plein , & purs & mêlés avec l'air commun , de là même maniere que l'air que nous refpirons ; enforte que leur mélange avec l'air de l'atmofphere , ne peut certainement apporter aucun changement fenfible à fes modifications hygrométriques.

CHAPITRE X.

PROJET ET EXEMPLE DE TABLES GÉNÉRALES DÉSTINÉES A EVALUER LES INDICATIONS DE L'HYGROMETRE DANS TOUTES LES MODIFICATIONS DE L'AIR QUI PEUVENT INFLUER SUR LUI.

§. 171. LA plupart de ceux qui confultent un Hygrometre, ne fe propofent d'autre but que de connoître, par fon moyen, le degré de faturation de l'air ; ils veulent favoir fi l'air eft difpofé à abandonner les vapeurs dont il eft chargé, ou bien s'il feroit au contraire avide d'en abforber de nouvelles. Et il faut avouer que c'eft bien-là le point qui intéreffe le plus la généralité des hommes par rapport à la fanté, à l'agriculture ou à l'économie. Or, l'Hygrometre fatisfait, à cet égard, notre curiofité, fans le fecours d'aucune table ; la fimple connoiffance du degré qu'il indique, fi fes termes d'humidité & de féchereffe extrêmes font bien connus & bien déterminés, nous apprend combien l'air eft éloigné du terme de faturation, & par cela même, combien il eft difpofé à dépofer ou à abforber des vapeurs.

Mais cette connoiffance ne fuffit pas au Phyficien ; ce n'eft pas affez pour lui que de favoir quelles font les difpofitions actuelles de l'air ; il veut, outre cela, connoître les caufes de ces difpofitions ; fouvent même fes fpéculations exigeroient qu'il connût la quantité abfolue de l'eau qui eft contenue dans l'air. C'eft à cet ufage que font deftinées les tables dont je donne, dans ce chapitre, la conftruction & un premier effai.

Principes généraux.

§. 172. J'AI prouvé, dans les chapitres précédens, que le degré de faturation d'un volume donné d'air ne peut dépendre que de la quantité de vapeurs aqueufes contenues dans cet air, de fa chaleur & de fa denfité. Il fuit de-là, que ces trois conditions déterminent le degré de faturation, & que réciproquement le degré de faturation & deux quelconques de ces trois conditions, déterminent néceffairement la troifieme. Or, comme nous connoiffons, par l'Hygrometre, le degré de faturation de l'air; par le thermometre, fa chaleur; & par le barometre, fa denfité; il n'y a que la quantité d'eau qu'il contient que nous ne connoiffions pas immédiatement, & pour laquelle nous ayons befoin du fecours de l'expérience. Il faut donc faire ces expériences, & les employer à conftruire des tables qui préfentent toutes les combinaifons poffibles de ces quatre conditions réunies.

Idée générale de ces tables.

§. 173. LE but que l'on doit fe propofer, eft donc d'obtenir pour chaque degré de denfité de l'air; par exemple, pour chaque pouce du barometre, une table à double entrée, dont la premiere colonne horifontale contienne les degrés du thermometre, & la premiere colonne verticale, les degrés de l'Hygrometre, tandis que les cafes correfpondantes contiendront des nombres, qui exprimeront en grains & en fraĉtions de grains, le poids des vapeurs diffoutes dans un pied cube d'air. Lorfqu'on auroit cette fuite de tables, je fuppofe que, dans un moment donné, le barometre fût à 27 pouces, le thermometre à 10 degrés & l'Hygrometre à 85, je prendrois la table conftruite pour 27 pouces, & je chercherois, dans cette table, la cafe qui correfpond à 10d. du thermometre & à 85 de l'Hygrometre; le nombre 7, 2 que je trouverois dans cette cafe,

m'apprendroit

m'apprendroit que dans ces circouſtances chaque pied cube d'air contient 7 grains 2 dixiemes d'eau reduite en vapeurs. Et réciproquement ſi je ſavois que dans une certaine occurrence l'air contenoit 7 grains 2 dixiemes d'eau par pied cube, le thermometre étant à 10 degrés & le barometre à 27 pouces, la table m'apprendroit que dans ce moment là, l'Hygrometre a dû être à 85 degrés. Je pourrois de la même maniere trouver le degré du thermometre, & même la hauteur du barometre, ſi les trois autres conditions m'étoient connues.

§. 174. La méthode la plus réguliere de conſtruire ces tables par la voie de l'expérience, feroit de commencer par faire ſon ſquelette, c'eſt-à-dire, de marquer ſeulement les degrés du thermometre & ceux de l'Hygrometre dans leurs colonnes reſpectives & de laiſſer en blanc toutes les caſes qui doivent contenir l'expreſſion des quantités d'eau, pour les remplir enſuite peu-à-peu à meſure que l'expérience les feroit connoître.

Maniere de les conſ-truire.

Voici le plan de cette expérience. Prendre un grand bal-lon, y renfermer un Hygrometre & un thermometre, deſſécher parfaitement l'air qu'il contient, y introduire enſuite une petite quantité d'eau, par exemple, un demi-grain pour chaque pied cube de ſa contenance; expoſer enſuite ce ballon au plus grand degré de froid juſques auquel on veuille étendre ces tables, par exemple au 15e. degré au deſſous de la congélation. Alors quand l'Hygrometre ſe feroit fixé à un certain degré a, on chercheroit la caſe qui correſpond à — 15 du thermometre & à a de l'Hygrometre; on écriroit $\frac{1}{2}$ ou o, 5 dans cette caſe, ce qui indiqueroit, que dans ces circonſtances un pied cube d'air contient $\frac{1}{2}$ grain d'eau. Enſuite on diminueroit le roid & on feroit venir le ballon à un degré de chaleur égal

Y

à — 14 ; ce qui feroit venir l'Hygrometre à un autre degré, tel que b ; alors dans la cafe correfpondante à — 14 du thermometre & à b de l'Hygrometre on écriroit encore $\frac{1}{2}$, puifque cette diminution de froid n'auroit point changé la quantité de l'eau contenue dans le ballon. On conduiroit ainfi graduellement ce même ballon jufques au plus haut degré de chaleur que l'on voulût faire entre dans la table, par exemple, jufques au 35e. & on écriroit fucceffivement ce même nombre $\frac{1}{2}$ dans chacune des cafes correfpondantes aux degrés du thermometre & à ceux que ces différens degrés de chaleur feroient marquer à l'Hygrometre.

CELA fait, on introduiroit dans le ballon un fecond demi-grain d'eau pour chaque pied cube de fa contenance, & on refroidiroit de nouveau tout l'appareil jufques au 15e. degré au deflous de la congélation, pour le réchauffer enfuite graduellement jufques au 35e. au deffus, en plaçant une unité dans toutes les cafes correfpondantes aux degrés de chaleur & d'humidité qui fe préfenteroient fucceffivement.

ON procéderoit ainfi de demi - grain en demi - grain, jufques à ce que l'on eût introduit la quantité d'eau néceffaire pour faturer l'air au 35e. degré de chaleur; & l'expreffion de cette quantité ne fe trouveroit que dans la derniere cafe de la table.

AINSI à mefure qu'on avanceroit, les opérations deviendroient moins longues, parce que dès que l'air contiendroit une certaine quantité d'eau, un degré de refroidiffement un peu confidérable le feroit venir au terme de la faturation & l'on feroit ainfi difpenfé de faire les obfervations pour les degrés de froid inférieurs à celui qui rameneroit ainfi l'air à la faturation.

CETTE table pour être faite avec exactitude & dans un auſſi grand détail, exigeroit un travail très-long & très-pénible ; & lors même qu'au lieu d'introduire l'eau par demi-grains on en feroit entrer à chaque fois un poids d'un grain par pied cube, & qu'au lieu d'obferver de degré en degré du thermometre on n'obferveroit que de 5 en 5 degrés, la peine feroit encore très-grande. Et que feroit-ce fi on vouloit une table pareille pour chaque pouce où l'on peut voir le barometre depuis le bord de la mer jufques aux plus hautes fommités acceffibles des montagnes ?

§. 175. POUR moi, comme je ne pouvois point confacrer à ces tables tout le tems qu'il eût fallu pour les conftruire avec cette régularité, j'ai profité des expériences & des tables contenues dans les Chapitres IVe. & Ve. de cet effai, & je les ai fait fervir à la conftuction de la table annexée à la fin de ce Chapitre. J'ai cru devoir la publier quelqu'imparfaite qu'elle fût, pour en donner au moins un modele & pour fixer fur cet objet les regards & l'attention des phyficiens.

§. 176. VOICI la route que j'ai fuivie: j'ai commencé par conftruire avec le plus grand foin, d'après la IIe. expérience du Chapitre Ve. §. 117 — 124, une table, qui indique pour chaque degré de l'Hygrometre, la quantité d'eau contenue dans un pied cube d'air à 15 degrés 16 centiemes du thermometre. Je n'avois pour cela que fix obfervations directes dans une échelle de 98 degrés, mais j'ai tâché d'interpoler dans leurs intervalles des nombres qui fuiviffent, autant qu'il étoit poffible, la loi que ces mêmes obfervations paroiffoient indiquer. J'ai joint ici cette table, qui fera peut-être utile à quelques phyficiens occupés des mêmes recherches.

Y 2

Table du poids des vapeurs aqueuſes contenues dans un pied cube d'air à 15 degrés 16 centiemes du thermometre & à chaque degré de l'Hygrometre.

Deg. de l'Hy.	Poids des vap.	Deg. de l'Hy.	Poid des vap.	Deg. de l'Hy.	Poid des vap.	Deg. de l'Hy.	Poid des vap.
1	0 , 0304	26	1 , 5053	51	3 , 5902	76	7 , 3730
2	0 , 0643	27	1 , 5764	52	3 , 6976	77	7 , 5410
3	0 , 1017	28	1 , 6483	53	3 , 8072	78	7 , 7090
4	0 , 1426	29	1 , 7208	54	3 , 9192	79	7 , 8770
5	0 , 1870	30	1 , 7940	55	4 , 0335	80	8 , 0450
6	0 , 2349	31	1 , 8679	56	4 , 1502	81	8 , 2130
7	0 , 2863	32	1 , 9424	57	4 , 2692	82	8 , 3810
8	0 , 3412	33	2 , 0177	58	4 , 3905	83	8 , 5490
9	0 , 3996	34	2 , 0936	59	4 , 5141	84	8 , 7170
10	0 , 4592	35	2 , 1702	60	4 , 6534	85	8 , 8850
11	0 , 5195	36	2 , 2475	61	4 , 8021	86	9 , 0530
12	0 , 5804	37	2 , 3254	62	4 , 9597	87	9 , 2210
13	0 , 6421	38	2 , 4041	63	5 , 1271	88	9 , 3890
14	0 , 7044	39	2 , 4834	64	5 , 3031	89	9 , 5570
15	0 , 7674	40	2 , 5634	65	5 , 4873	90	9 , 7250
16	0 , 8311	41	2 , 6451	66	5 , 6775	91	9 , 8930
17	0 , 8954	42	2 , 7291	67	5 , 8595	92	10 , 0610
18	0 , 9605	43	2 , 8155	68	6 , 0329	93	10 , 2290
19	1 , 0262	44	2 , 9042	69	6 , 1971	94	10 , 3970
20	1 , 0926	45	2 , 9952	70	6 , 3651	95	10 , 5650
21	1 , 1597	46	3 , 0885	71	6 , 5331	96	10 , 7330
22	1 , 2274	47	3 , 1842	72	6 , 7011	97	10 , 9010
23	1 , 2959	48	3 , 2822	73	6 , 8691	98	11 , 0690
24	1 , 3650	49	3 , 3826	74	7 , 0370		
25	1 , 4348	50	3 , 4852	75	7 , 2050		

§. **177.** Ensuite en combinant cette table avec la table de correction du §. 92, j'ai cherché le rapport qu'il y a entre la quantité d'eau que contient un pied cube d'air à 15 degrés de chaleur & celle qu'il contient à 20. J'ai dit, un pied cube d'air réchauffé à 15 degrés (car j'ai négligé les 16 centiemes, qui auroient trop compliqué ces calculs) lorfqu'il eft faturé ou lorfque l'Hygrometre eft à 98ᵈ. contient 11 grains 69 milliemes de vapeurs, 11, 069. Or d'après la table de correction du §. 92, lorfque l'Hygrometre eft à 98 & que l'air fe réchauffe de 5 degrés, fans qu'il fe produife ni s'abforbe aucune vapeur nouvelle, l'Hygrometre vient à 84 degrés 43 centiemes; (*) donc de l'air réchauffé à 20ᵈ. contient 11 grains 69 milliemes de vapeurs lorfque l'Hygrometre eft à 84, 43. Mais je vois d'après la table précédente, que quand l'air n'eft réchauffé qu'à 15 degrés, & que l'Hygrometre eft à 84, 43, il ne contient qu'un poids de vapeurs équivalent à 8, 78924 grains. Donc fi l'Hygrometre fe tient à 84, 43 dans deux volumes d'air égaux, mais dont l'un foit réchauffé à 15ᵈ. & l'autre à 20, le poids des vapeurs contenues dans l'air réchauffé à 15

Principes du calcul de la table générale.

(*) Voici les détails de ce calcul. L'Hygrometre eft à 98 ; je veux favoir précifément à quel degré il viendroit, fi fans fubir d'autre changement, l'air fe réchauffoit de 5 degrés. Je prends la table de correction §. 92 : dans la IIIᵉ. colonne de cette table, vis-à-vis de 98ᵈ. fe trouve le nombre 1, 399 ; ce nombre fignifie que quand l'Hygrometre eft à 98, il faudroit que l'air fe refroidit de 1, 399ᵈ. pour conduire l'Hygrometre au terme de faturation : mais fi l'air au lieu de fe refroidir fe réchauffe de 5 degrés, il faudra néceffairement 5 degrés de plus pour le ramener à ce même terme de faturation ; d'où il fuit que ces 5 degrés de chaleur doivent faire venir l'Hygrometre à un terme qui correfponde à 1, 399 + 5 ou à 6, 399. Je cherche donc le degré de l'Hygrometre qui répond à 6, 399 ; je vois que ce degré eft entre le 84 & le 85ᵉ. & que la différence des nombres qui correfpondent à ces deux degrés eft, 0, 379, tandis que la différence entre 6, 561 & 6, 399 eft 0, 162. Donc le degré correfpondant à 6, 399 eft $84 + \frac{162}{379}$ ou 84, 43.

fera au poids des vapeurs contenues dans l'air réchauffé à 20, comme 8, 78924 : 11, 069, ou comme 1 : 1, 25938.

Maintenant s'il nous étoit permis de regarder comme certain le réfultat de la comparaifon des expériences II & IV. du Chapitre V. §. 129 ; ou s'il étoit prouvé que les quantités de vapeurs contenues dans deux volumes d'air inégalement réchauffés, confervent à peu près le même rapport lorfque l'Hygrometre fe tient au même degré dans l'un & dans l'autre ; ce rapport de 1 à 1, 25938 que nous venons de troûver pour le 84e. degré pourroit être fuppofé le même dans toute l'étendue de l'échelle hygrométrique; d'où il fuit, qu'en multipliant par 1, 25938 les nombres qui dans la table précédente expriment pour chaque degré de l'Hygrometre le poids des vapeurs contenues dans l'air à 15d. de chaleur, nous obtiendrions des nom_bres qui exprimeroient les quantités d'eau contenues dans l'air aux mêmes degrés de l'Hygrometre, mais à une température de 20 degrés.

Un moyen fort fimple de vérifier cette fuppofition, c'eft d'effayer, fi en partant de quelqu'autre degré on obtiendroit le même expofant que nous venons d'obtenir en partant du 98e. Cette recherche donne des réfultats curieux & inattendus. Ces expofans, fans différer confidérablement les uns des autres, fuivent dans leurs différences des loix très - remarquables. Le degré le plus bas que l'on puiffe calculer au moyen de la table de correction du §. 92, favoir le 28e. donne le plus petit expofant qui eft 1, 1185 : les nombres fuivans donnent des ex_pofans qui croiffent graduellement jufques au 70e. degré où eft le maximum 1, 3213 : de là ils décroiffent de nouveau jufques au 98e. qui donne, comme je l'ai déja dit, 1, 2594.

Sı au lieu de chercher ces expofans pour une augmentation de 5 degrés dans la chaleur, on les cherche pour une augmentation de 10, on voit de même croître ces expofans, mais ici le maximum eft environ au 80ᵉ. degré.

J'aurois pouffé plus loin ces recherches, & j'aurois effayé d'approfondir les loix & les raifons de ces rapports qui recélent fûrement des vérités phyfiques très - intéreffantes; mais les expériences du Chapitre V qui ont fervi de fondement à la table auxiliaire fur laquelle repofent tous ces calculs, font trop peu nombreufes pour que l'on ofe conftruire un grand édifice de raifonnemens & de calculs fur une bafe auffi peu folide. Je me propofe de reprendre ce travail dès que j'aurai rempli les engagemens que j'ai contractés relativement à mes voyages dans les Alpes, engagemens dont ces recherches n'ont déja que trop différé l'exécution.

Pour donner en attendant, non point un modele, mais fimplement un exemple des tables qui font le fujet de ce Chapitre, je me fuis fervi de l'expofant 1, 2337 qui m'a paru à peu près moyen entre ceux que j'ai calculés.

Je confidere donc ce nombre, comme l'expreffion du rapport qui régne entre les quantités d'eau contenues dans deux volumes d'air égaux, dans lefquels l'Hygrometre fe tient au même degré, mais dont l'un eft réchauffé à 15 degrés tandis que l'autre l'eft à 20. Or comme l'effet de la chaleur fur l'Hygrometre eft le même dans tous les degrés de température que l'on peut éprouver en plein air; puifque j'ai éprouvé cette identité par des expériences directes depuis le 7ᵉ. au deffous de la congélation, jufques au 20ᵉ. au deffus, cette même moyenne qui exprime le rapport éntre les quantités d'eau contenues au 15 & au 20ᵉ. degré, doit exprimer le rapport entre le 20 & le 25ᵉ. & entre le 25 & le 30ᵉ. Et par la même raifon, ces quantités doivent décroître fuivant le même rapport du 15ᵉ. au 10ᵉ. du 10ᵉ. au 5ᵉ. & ainfi de fuite.

C'EST d'après ces principes que j'ai calculé de 5 en 5 degrés, tant du thermometre que de l'Hygrometre, la table qui termine ce Chapitre. J'ai pris pour bafe les nombres que l'expérience IIᵉ. du Chapitre précédent m'avoit donnés à la température de 15 degrés, §. 176, pour avoir les nombres correfpondans aux mêmes degrés de l'Hygrometre, mais à 20 degrés de chaleur, j'ai multiplié ces nombres par 1, 2337. Après avoir ainfi obtenu les quantités de vapeurs contenues dans l'air à la température de 20 degrés, j'ai multiplié ces mêmes quantités par 1, 2337, ce qui m'a donné les nombres correfpondans à une température de 25 degrés, & ceux ci multipliés par le même expofant ont produit ceux qui correfpondent à 30.

DE même pour avoir les quantités de vapeurs contenues dans l'air à des températures inférieures a 15 degrés, j'ai multiplié par 0, 8106 les nombres que l'expérience m'avoit donnés à 15 degrés, parce que ce nombre 0, 8106 eft à 1, comme 1 eft à 1, 2337; & j'ai ainfi obtenu les nombres correfpondans à 10 degrés de chaleur; ceux-ci multipliés par le même expofant m'ont donné ceux qui correfpondent à 5, & ainfi de fuite jufques à 10 au deffous de 0. D'où il fuit, que dans cette table les quantités de vapeurs qui correfpondent à un même degré de l'Hygrometre, mais à des degrés de chaleur qui croif-

fent

fent de 5 en 5 font exprimés par les termes d'une progreſſion
géométrique croiſſante dont l'expoſant eſt 1, 2337.

§. 178. On peut voir à préſent, combien une table de ce
genre, ſi elle étoit conſtruite avec une extrême exactitude &
de degré en degré tant du thermometre que de l'Hygrometre
feroit utile & commode. Car non feulement elle indiqueroit
les quantités abfolues d'eau coutenues dans l'air à tous les degrés de chaleur & d'humidité, mais elle donneroit encore la
plus grande facilité pour comparer entr'elles les obfervations
faites à différens degrés de température; on n'auroit befoin
d'aucun calcul; la feule infpection de la table feroit connoître
dans quel cas l'air contenoit la plus grande quantité d'eau.
Ainfi je fuppofe que dans une matinée d'été, le thermometre
eût été au lever du foleil à 15 degrés & l'Hygrometre à 98;
& qu'à deux heures de l'après-midi le thermometre montât
à 30 & l'Hygrometre à 70; la feule infpection de la table
m'apprendroit que l'air tenoit à deux heures plus de vapeurs
en diſſolution qu'au lever du foleil; puifque dans la table, le
nombre correfpondant à 30 degrés du thermometre & à 70
de l'Hygrometre eſt 11,9158; tandis que celui qui correfpond à 15 du thermometre & 98 de l'Hygrometre n'eſt que
11,0690.

§. 179. Malheureusement la petite table que je donne
ici par forme d'exemple, & qui eſt fondée fur les réfultats
de la IIe. Expérience du Chap. V. n'eſt pas bien d'accord avec
les réfultats des autres expériences rapportées dans le même
chapitre : la table indique pour les degrés de chaleur qui font
au-deſſous du 15e. des quantités de vapeurs plus grandes que
l'expérience ne les donne.

Ufages de
cette table.

Défaut de
celle qui eſt
annexée à
ce Chap.

Z

Il faudra donc perfectionner & compléter cette table en suivant la route longue, mais fûre que j'ai tracée au commencement de ce Chapitre ; ou fi l'on préfere la route abrégée que je viens de fuivre, il faudra du moins répéter avec beaucoup de foin les expériences du Chapitre V. & à des degrés de chaleur fort différens les uns des autres, & calculer enfuite la table, non point comme je l'ai fait par un expofant moyen, mais par chacun de ceux que le calcul fondé fur l'expérience indiquera pour chaque degré de l'Hygrometre. Si l'on veut en attendant fe fervir de la petite table que j'ai conftruite, il faudra fe rappeller que les nombres qu'elle contient font un peu trop grands pour les degrés de température au-deffous de 15, & pour les degrés de l'humidité au-deffus de 70.

<table>
<tr><td>Il faudroit d'autres tables pour d'autres degrés de denfité de l'air.</td><td>§. 180. Mais ce n'eft pas tout : nous avons vu dans le Chap. VI. que les quantités de vapeurs indiquées par les témoignages réunis de l'Hygrometre & du thermometre varioient dans les différens degrés de denfité de l'air. Donc lors même que la table que nous venons de conftruire & d'examiner auroit toute la perfection dont elle eft fufceptible, elle ne feroit jufte que pour le degré de denfité de l'air dans lequel ont été faites les expériences qui lui ont fervi de bafe, & il faudroit tout autant de tables pareilles pour les degrés de denfité fenfible-ment différens.</td></tr>
</table>

On pourra fe difpenfer du travail immenfe qu'exigeroit la conftruction de toutes ces tables par des expériences directes, fi l'on dreffe une table des diminutions que fouffre la force diffolvante de l'air à mefure qu'il fe raréfie. J'en ai donné l'idée dans le §. 148, & j'ai suivi la route tracée dans ce même paragraphe pour dresser la petite table suivante.

CETTE table contient les exposans des diminutions de la force dissolvante de l'air de trois en trois pouces (ou plus exactement de $3\frac{1}{8}$ en $3\frac{1}{8}$) depuis 27 pouces, jusques à 2 lignes $\frac{1}{2}$, c'est-à-dire, que si la quantité de vapeurs contenues dans l'air à un degré quelconque du thermometre & du barometre est représentée par l'unité lorsque le barometre est à 27 pouces, il faudra diminuer cette quantité dans le rapport de 0,9528 à 1 lorsque le barometre sera à 23 pouces $\frac{7}{8}$ ou ce qui est la même chose, il faudra multiplier par 0,9528 le nombre quelconque qui exprimera cette quantité. De même quand le barometre sera à 20 pouces 9 lignes, la quantité de vapeurs que l'air tiendra en dissolution ne sera plus, toutes choses d'ailleurs égales, que les 0,8899 de ce qu'elle étoit quand le barometre se soutenoit à 27 pouces, & ainsi des autres.

| *Hauteurs du Barometre.* | | *Exposans des* |
Pouces ,	*lignes.*	*Diminutions.*
27.	. . .	1 , 0000
23,,	$7\frac{1}{2}$	0 , 9528
20,,	3	0 , 8899
16,,	$10\frac{1}{2}$	0 , 8264
13,,	6	0 , 7629
10,,	$1\frac{1}{2}$	0 , 6887
6,,	9	0 , 6230
3,,	$4\frac{1}{2}$	0 , 4311
0,,	$2\frac{1}{2}$	0 , 0485

POUR rendre plus utile une table de ce genre, il faudroit répéter de pouce en pouce les expériences du Chap. VI.

qui ont fervi de bafe à celle-ci ; & donner de pouce en pouce ces mêmes diminutions.

CETTE table , jointe à celle qui fuit , lorfqu'elles feroient l'une & l'autre complétées & perfectionnées , donneroit, comme je l'ai déja dit , & les quantités abfolues des vapeurs & la facilité de réduire à une commune mefure les obfervations qui auroient été faites dans des airs d'une température & d'une denfité différentes, & l'hygrométrie feroit alors portée au plus haut point de perfection qu'elle puiffe atteindre.

TABLE du poids des vapeurs aqueuses contenues dans un pied cube d'air à différens degrés de l'Hygrometre & du thermometre. § 173 & suivans.

Deg. de l'Hyg. / Deg. du therm.	— 10	— 5	0	+ 5	+ 10	+ 15	+ 20	+ 25	+ 30
40	0,8971	1,1067	1,3653	1,6843	2,0779	2,5634	3,1625	3,9016	4,8134
45	1,0676	1,3171	1,6248	2,0045	2,4729	2,9952	3,6952	4,5588	5,6242
50	1,2197	1,5047	1,8563	2,2900	2,8251	3,4852	4,2997	5,3045	6,5442
55	1,4116	1,7414	2,1483	2,6503	3,2696	4,0335	4,9761	6,1390	7,5737
60	1,6411	2,0246	2,4976	3,0590	3,7737	4,6554	5,7434	7,0856	8,7415
65	1,9204	2,3691	2,9226	3,6055	4,4480	5,4873	6,7697	8,3518	10,3036
70	2,2277	2,7482	3,3903	4,1824	5,1596	6,3651	7,8526	9,6878	11,9518
75	2,5215	3,1107	3,8375	4,7342	5,8404	7,2050	8,8888	10,9661	13,5289
80	2,8155	3,4734	4,2850	5,2862	6,5213	8,0450	9,9251	12,2446	15,1062
85	3,1095	3,8361	4,7324	5,8381	7,2022	8,8850	10,9614	13,5231	16,6834
90	3,4035	4,1987	5,1797	6,3900	7,8831	9,7250	11,9977	14,8016	18,2607
95	3,6946	4,5578	5,6227	6,9420	8,5640	10,5650	13,0340	16,0800	19,8379
98	3,8739	4,7790	5,8956	7,2731	8,9725	11,0690	13,6558	16,8472	20,7844

TROISIEME ESSAI.
THÉORIE
DE
L'ÉVAPORATION.

INTRODUCTION.

§. 181. ON donne en général le nom de *vapeurs* ou d'*ex-halaifons* à ces émanations des corps, qui, par leur extrême fubtilité ou par quelqu'autre raifon, s'élevent ou fe foutiennent dans l'air : elles demeurent ainfi unies avec lui, jufqu'à ce que des caufes contraires les obligent à fe réunir entr'elles & à fe féparer de l'air fous des formes plus denfes & plus groffieres.

Définition des vapeurs.

LE nom d'*exhalaifon* défigne plutôt les émanations des corps folides, & celui de *vapeur* celles des fluides. Ces deux termes font cependant quelquefois pris indifféremment l'un pour l'autre, & celui de vapeur, dans une acception générale, comprend auffi les exhalaifons.

NOUS ne connoiffons aucun corps que la nature ou l'art ne puiffe réduire en vapeurs, & on diftingue ces différentes vapeurs par les noms des corps dont elles émanent, ou plutôt de ceux qui doivent réfulter de leur condenfation. C'eft ainfi que l'on dit des *vapeurs acides, alkalines, fpiritueufes*, &c. Je ne m'occuperai dans cet Effai que des vapeurs aqueufes; mais les principes que j'établirai pourront aifément s'appliquer à tous les autres genres.

Différens fyftémes fur leur formation.

§. 182. L'ÉVAPORATION ou la réduction d'un corps en vapeurs eft depuis long-tems l'objet de l'étude des Phyficiens, & ils ont imaginé différens fyftêmes pour en rendre raifon. Mais, comme aucun de ces fyftêmes n'explique tous les phénomenes, le problême ne paroît pas encore complétement réfolu.

CE n'eft pas que toutes les caufes de l'évaporation ne foient bien connues, mais c'eft que l'on n'a pas encore fu diftinguer les différens phénomenes, pour appliquer à chacun d'eux la caufe qui lui appartient. Chaque Phyficien trop attaché à fon hypothefe n'a vu dans la nature que ce qui étoit relatif à cette hypothefe, & a voulu contraindre tous les faits à venir fe ranger fous fes étendards. Ariftote n'a vu dans la formation des vapeurs que l'action du feu (*a*); Defcartes, l'agitation des particules de l'eau (*b*); Halley, des véficules (*c*); Défaguiliers, l'électricité (*d*); Le Roy, des diffolutions chymiques (*e*).

JE ne m'arrêterai point à donner l'hiftoire & la critique de ces différentes hypothefes, mais je ferai voir que la Nature nous préfente les vapeurs aqueufes fous des formes très-différentes, & je tâcherai d'établir les caracteres de ces différentes efpeces & d'expliquer leur origine.

(*a*) Ariftotelis meteorologicorum L, 1. C. IX.
(*b*) Les météores II. Difcours.
(*c*) Philofophical Tranfactions. Nro. 192.
(*d*) Experimental Philofophy. T. II. Lect. X.
(*e*) Acad. des Sciences. 1751. p. 481.

CHAPITRE

CHAPITRE I.

DES VAPEURS ELASTIQUES ET DE LEUR DISSOLUTION DANS L'AIR.

§. 183. Tout le monde connoît les phénomenes de l'éolipyle; on fait que l'eau renfermée dans un vafe à col étroit & réchauffée jufques à une forte ébullition, fe change en un fluide femblable à l'air, qui fort avec beaucoup de force par l'orifice ou par le bec de ce vafe.

Si ce fluide en fortant de l'éolipyle fe méle avec l'air froid de l'atmofphere, il fe condenfe, foit en gouttes d'eau qui tombent par leur pefanteur, foit en une matiere nébuleufe qui environne l'extrémité du jet & qui difparoît en fe mélant avec l'air.

Mais, fi ce même fluide eft reçu dans un vafe, dont la chaleur égale ou furpaffe la chaleur de l'eau bouillante, il y demeure tranfparent, élaftique & doué de tou tes les propiétés méchaniques (a) de l'air.

§. 184. Les détails de cette opération de la Nature, par laquelle un corps auffi denfe que l'eau & auffi peu compref-

Vapeur élaftique produite par l'Eolipyle.

Origine de cette Vapeur.

____

[a] Il eft fouvent commode de diftinguer les propriétés d'un corps en *méchaniques* & *chymiques :* celles-là qui font du reffort des Mathématiques & de la Méchanique proprement dite, comme l'elafticité, la denfité, la dureté, femblent dépendre principale- ment de la texture ou de l'arrangement des parties du corps ; au lieu que les propriétés chymiques dépendent de la nature propre de ces mêmes parties, de celle des élémens qui les compofent, de leurs affinités, &c.

A a

fible eft changé en un fluide fi léger & doué d'une fi grande élafticité , font abfolument inconnus aux Phyficiens; ils favent feulement que le feu eft l'agent immédiat & même un des in- grédients de cette métamorphofe; & ils regardent la vapeur élaftique de l'eau comme un mixte particulier, produit par la combinaifon d'une certaine quantité de feu élémentaire & de particules d'eau.

Les belles expériences de M. Lavoifier (*Acad. des Sciences.* 1777. *p.* 420 *& fuiv.*) femblent même prouver , que cette théorie eft beaucoup plus générale qu'on ne l'avoit cru avant lui ; & que tous les fluides aëriformes ne doivent leur force expanfive qu'à une certaine quantité de feu élémentaire com- biné avec leurs autres élémens. Il a prouvé du moins, que la formation de ces fluides, de même que celle des vapeurs , confomme toujours une quantité confidérable de feu *principe,* & que ce même feu reparoît & fe manifefte par des effets très- marqués lorfque ces fluides perdent leur élafticité.

Mais la vapeur élaftique differe effentiellement de tous les autres fluides aëriformes connus, en ce que le feul refroidif- fement fuffit pour en féparer le feu, & pour faire reparoître , fous une forme denfe & non élaftique, le corps , l'eau , par exemple, qui s'étoit métamorphofée en vapeur. Il fuit de-là que le feu contracte une union plus intime avec les corps qu'il change en fluides aëriformes qu'avec ceux qu'il convertit en vapeurs. Peut-être même l'intimité de cette union eft-elle l'uni- que différence générale qu'il y ait entre ces fluides & les va- peurs élaftiques.

§. 185.

§. 185. Il y a encore ceci de remarquable dans la formation de la vapeur élaſtique, c'eſt que ſa production exige le concours d'un certain degré de liberté avec un certain degré de chaleur; & que l'une de ces conditions doit exiſter dans un degré d'autant plus éminent, que l'autre ſe trouve être plus en défaut; c'eſt-à-dire, que moins une certaine maſſe d'eau eſt libre, & plus il faut de chaleur pour la convertir en vapeurs élaſtiques; & réciproquement moins il y a de chaleur & plus la liberté eſt néceſſaire. Ainſi nous voyons que l'ébullition, celle que les Phyſiciens nomment la vraie ébullition qui eſt produite par la converſion de l'eau en vapeur élaſtique, exige un degré de chaleur d'autant plus grand que cette eau eſt comprimée par une colonne d'air plus peſante; & d'un autre côté, on voit cette même eau ſe réduire en vapeurs élaſtiques & bouillir par la ſeule chaleur de la main, lorſque n'étant comprimée ni par l'air ni par une colonne d'eau conſidérable, elle a, pour ſe former, la plus grande liberté poſſible.

Degré de liberté néceſſaire pour ſa production.

§ 186. Ces phénomenes s'obſervent de la maniere la plus commode & la plus élégante dans ces tubes qui portent à leurs deux extrémités de petites ampoules de verre vuidées d'air, & à moitié pleines d'eau ou d'eſprit de vin. Voyez la figure premiere de la Planche IIe.

Phénomenes des tubes où la chaleur de la main fait bouillir de l'eau.

Le célebre Francklin eſt le premier qui ait donné la deſcription de cet inſtrument dans la LXe. de ſes Lettres philoſophiques.

Si l'on ſaiſit des deux mains les deux ampoules à la fois, on ne verra aucun mouvement, ni aucune ébullition dans l'une

ni dans l'autre : mais fi l'on n'en tient qu'une feule qui foit ainfi réchauffée par la main tandis que l'autre demeure froide, on verra fur
le champ l'eau s'enfuir de celle qui fe réchauffe & jaillir dans celle
dont la température demeure la même. Lorfqu'enfin toute l'eau aura
été chaffée dans celle-ci, cette eau commencera à bouillir avec
force & perfiftera dans cette ébullition pendant long-tems, pourvu que l'on continue de tenir dans fa main l'ampoule qui eft vuide.

Ces phénomenes s'expliquent très-facilement en fuppofant
que la chaleur de la main convertit en vapeur élaftique la lame
d'eau qui mouille l'intérieur de l'ampoule que l'on tient em-
poignée. Si les deux bouteilles font également réchauffées, la
preffion étant égale de part & d'autre, la vapeur élaftique ne
peut point fe former, ou ne peut du moins pas agir & fe développer.

Mais fi l'une des bouteilles eft chaude & l'autre froide, la
vapeur fe forme en plus grande abondance dans celle qui eft
chaude, pouffe l'eau qui eft au deffous d'elle & la chaffe dans
l'autre ampoule ; cependant la vapeur continue de fe former,
elle paffe au travers de l'eau, la fait bouillonner, & va fe
condenfer contre les parois de la bouteille froide. Cette ébullition eft donc produite par la chaleur de la main, qui change
en vapeur élaftique la couche d'eau qui mouille l'intérieur de
l'ampoule. Il eft aifé de le démontrer. Que l'on tienne conftamment cette boule ferrée dans la main & dans une fituation
telle, qu'il ne puiffe point y rentrer de nouvelle eau, fes parois intérieures fe deffécheront, & alors l'ébullition ceffera entiérement : mais on fera fur-le-champ recommencer l'ébullition ;
fi l'on fait rentrer une goutte d'eau dans la boule.

§. 187. Un autre phénomene bien remarquable que préfente ce petit inftrument, c'eft que tant que l'ampoule contient
de l'humidité qui fe convertit en vapeurs, elle demeure très-
fraiche malgré la continuelle application de la main qui la tient
étroitement ferrée ; parce que tout le feu qui fort de la main
fe combine avec l'eau pour la changer en vapeur élaftique :
mais au moment où l'évaporation & l'ébullition ceffent, on fent
la boule fe réchauffer d'une maniere tout-à-fait fenfible.

On peut encore d'une autre maniere démontrer avec cet
inftrument le froid produit par l'évaporation. Qu'on le faififfe
par le milieu du tube, en le tenant dans une fituation horizontale, de maniere que les deux boules confervent la même température & contiennent à-peu-près la même quantité de liqueur ;
qu'alors on mouille à deux ou trois reprifes l'une des deux
boules avec un pinceau trempé dans de l'eau, ou, ce qui feroit
mieux encore, dans de l'efprit de vin, on verra bientôt toute
la liqueur paffer dans la boule mouillée & y bouillir enfuite
avec force. La raifon de ce phénomene eft très-fimple ; l'eau
dont on a mouillé la furface extérieure de cette boule s'évapore ; cette évaporation refroidit cette même boule en entraînant une partie du feu qu'elle renferme ; par ce refroidiffement la vapeur invifible qu'elle contient fe condenfe, & devient incapable de faire équilibre à celle de l'autre boule qui
a confervé toute fon élafticité ; celle-ci donc chaffe l'eau devant elle & paffe enfin au travers de l'eau même en la faifant
bouillonner.

Je ne m'étendrai pas davantage fur le froid produit par l'é-
vaporation. Ce phénomene intéreffant que Mr. Cullen a ob-

fervé le premier (*a*) (*Effais de la foc. d'Edimbourg.* **T. II**, Art. VII.) & que Mr. Baumé a confirmé par les plus belles expériences, (*Savans Etrangers* T. V. p. 405 & 425.) eft à préfent connu de tous les Phyficiens.

§. 188. On peut donc regarder comme un principe démontré par l'expérience, que la vapeur élaftique eft un mixte qui réfulte de l'union des élémens du feu avec ceux du corps qui s'évapore.

Vapeur élaf-tique pure.

Si l'action du feu eft affez forte, pour furmonter la réfif-tance que peuvent oppofer à la formation de cette vapeur, ou l'air extérieur, ou toute autre force comprimante, l'eau fe change en une vapeur élaftique pure, qui expulfe l'air des vafes dans lefquels elle fe forme, & ne fe mêle que peu ou point avec lui. Si l'action du feu fur cette vapeur continue & s'augmente, elle fe dilate toujours davantage & devient capable de produire les exploſions les plus terribles.

Vapeur élaf-tique mêlée d'air.

§. 189. Si au contraire la chaleur n'eft pas affez grande pour vaincre la compreffion de l'air & pour donner à la va-peur la force de l'expulfer; le feu change bien également une petite partie de l'eau en vapeur élaftique, mais cette vapeur eft moins abondante, moins dilatée, & comme elle ne peut pas

---

(*a*) Je dis que Mr. Cullen eft le pre-mier qui ait diftinctement reconnu la force réfrigérante de l'évaporation. Car Richman qui avoit obfervé le refroidiffe-ment qu'éprouve la boule du thermo-metre lorfqu'on la retire de l'eau, n'a-voit point attribué ce phénomene à l'é-vaporation; mais il avoit fuppofé, que des particules frigorifiques voltigeantes dans l'air étoient attirées par la lame d'eau dont le thermometre demeure enveloppé. *Novi Comment. Petrop.* T. I. p. 290. Et De Mairan qui s'eft auffi oc-cupé de ce même refroidiffement ne l'a point non plus attribué à l'évapo-ration; mais à l'agitation que le mou-vement de l'air excite dans la pelli-cule d'eau qui demeure attachée au thermometre. *Differt. fur la glace.* P. II. Sect. II. Ch. VIII & IX.

déloger entiérement l'air qui la comprime , elle s'efforce de s'infinuer entre les parties de cet air & de fe méler peu - à - peu avec lui.

§. 190. CETTE vérité eft démontrée par les expériences décrites dans le précédent Effai. Le manometre renfermé avec de l'eau & de l'air fait voir que l'eau en s'évaporant augmente le volume de l'air & que cette augmentation vient de la produc- tion d'un fluide élaftique plus rare que l'air même & qui n'eft autre chofe que l'eau réduite en vapeurs. Il fuit de-là, que le fluide aëriforme qui fort avec impétuofité par le bec d'une Éolipyle remplie d'eau bouillante & la vapeur invifible qui s'éleve de l'eau par la fimple chaleur de l'athmofphere font des fluides élaftiques de la même nature. La feule diffé- rence qu'il y ait entr'eux , c'eft que celui qui fort de l'éolipyle eft très-rare & à-peu-près pur, au lieu que celui qui eft pro- duit par une évaporation infenfible, · eft plus denfe & mélangé d'une plus grande quantité d'air.

L'eau ne s'évapore qu'en fe changeant en vapeur élaftique.

§. 191. MAIS cette vapeur élaftique produite par une chaleur douce , & qui s'infinue dans l'air , comment fe méle - t - elle avec lui, eft-ce d'une maniere groffiere & purement méchanique , ou par une vraie diffolution chymique ?

Cette va- peur élafti- que fe dif- fout chymi- quement dans l'air.

LA parfaite tranfparence d'un air faturé de vapeurs , tel qu'on le voit après une pluie , la difparition des vapeurs par la chaleur, leur apparition fubite par le froid, leur union in- time avec l'air malgré la différence de leur denfité, font des indices certains d'une combinaifon intime des élémens de la vapeur avec les élémens de l'air, ou d'une vraie diffolution chy- mique. Et Mr. LE ROY de Montpellier eft , je crois , le premier qui ait prouvé cette vérité intéreſſante. *Voyez les Mém. de l'Acad. des Sciences de Paris pour l'année* 1751.

MAIS je ne penſe pas comme Mr. le ROY, que l'air diſſolve l'eau immédiatement; je crois qu'il ne la diſſout que lorſque l'action du feu l'a convertie en vapeur élaſtique.

Cette diſſolution doit être favoriſée par l'agitation de l'air.

§. 192. CETTE diſſolution ne peut même pas s'exécuter complétement ſans le ſecours de quelque mouvement ou de quelqu'agitation qui favoriſe le mélange de l'air & de la vapeur. Et c'eſt par cette conſidération jointe aux principes établis dans les paragraphes précédens, que je crois pouvoir rendre raiſon des ſingulieres expériences de Mr. l'Abbé FONTANA.

Belle expérience de M. l'Abbé Fontana.

CET ingénieux Phyſicien a fait voir (*Journal de Phyſique* 1779, *Tom. I. pag.* 22.) par des expériences nombreuſes & pouſſées auſſi loin qu'il étoit poſſible, que dans les circonſtances les plus favorables à la diſtillation, c'eſt-à-dire, lorſque la cornue eſt le plus fortement réchauffée & le récipient le plus fortement refroidi, il ne ſe fait cependant aucune diſtillation, il ne paſſe pas une goutte de liqueur, ſi la cornue n'eſt jointe au récipient que par un col long, étroit & ſcellé hermétiquement.

Explication de cette expérience.

§. 193. IL me paroît évident, que l'air renfermé dans cet appareil, preſſe la couche ſupérieure du liquide contenu dans la cornue & qu'il la preſſe d'autant plus fortement que la chaleur augmente ſon élaſticité. Cette compreſſion s'oppoſe donc à la formation ou au développement de la vapeur élaſtique; au lieu que ſi l'appareil n'eût pas été ſcellé hermétiquement
ment

ment, la vapeur auroit pu ſe former en expulſant au-dehors une partie de l'air, cette même vapeur, ſe feroit dilatée & auroit paſſé dans le récipient dont le froid l'auroit ſucceſſivement condenſée.

§. 194. Je puis prouver par une expérience directe que c'eſt bien l'air qui par ſa compreſſion s'oppoſe à l'élévation des vapeurs & ainſi à la diſtillation; car je puis faire voir une vraie diſtillation qui s'opere dans des vaiſſeaux ſcellés hermétiquement, comme ceux de M. Fontana, & qui ne different des ſiens qu'en ce qu'ils ſont purgés d'air.

J'emploie à cette expérience les tubes que j'ai décrits. §. 186. Si l'on fait paſſer toute la liqueur dans l'une des deux boules, par exemple, dans la boule A. Pl. II. f. 1. & que l'on tienne la main appliquée ſur celle qui reſte vuide, juſques à ce qu'elle ſoit tout-à-fait ſéche; qu'alors on renverſe l'inſtrument de maniere que les deux boules A & B ſoient ſituées plus bas que le tube C D, la liqueur occupant la partie la plus baſſe de la boule A ſe trouvera toute renfermée dans l'hémiſphere A G F. Qu'on abandonne alors la boule B, & qu'en tenant toujours la machine renverſée, on ſerre dans ſa main la boule A dans laquelle eſt la liqueur, la boule B perdra la chaleur que la main lui avoit communiquée; la boule A, au contraire ſe réchauffera, & la liqueur qu'elle contient ſe réſoudra peu-à-peu en une vapeur élaſtique, qui paſſant ſans obſtacle par le tuyau C D dans la boule B, ſe condenſera ſucceſſivement contre les parois de cette boule refroidie. Or cet appareil eſt exactement celui de l'Abbé Fontana; A eſt la cornue, B le récipient, & le tube C D repréſente les deux cols ſoudés hermétiquement l'un à l'autre.

Exp. nouvelle qui conſirme cette explication.

B b

Cette opération eſt même ſi bien une diſtillation, que ſi les boules ſont remplies d'eſprit de vin coloré avec de l'orſeille, & que l'on faſſe l'épreuve avec les attentions qu'elle exige, l'eſprit de vin qui ſe condenſe dans la boule B s'y trouve totalement décoloré, parce que la couleur qui n'eſt pas volatile, ne ſe réduit point en vapeurs. Ainſi lorſque la diſtillation eſt à moitié faite, la liqueur paroît parfaitement claire & ſans couleur dans l'une des boules, & d'un rouge foncé dans l'autre. (*b*)

La diſtillation ſe fait donc ici, parce que dans ce vaſe vuide la vapeur élaſtique ſe forme avec une parfaite liberté, & paſſe avec la même liberté, de la cornue dans le récipient.

Au contraire, lorſque l'air eſt renfermé & que ſon reſſort eſt augmenté par la chaleur, comme dans l'appareil de Mr. l'Abbé FONTANA, cet air réprime la vapeur & l'empêche de s'élever & de paſſer immédiatement dans le récipient. Or d'après nos obſervations ſur la viſcoſité de l'air, cette vapeur ne peut pas non plus paſſer par ſon intermede. Car l'air renfermé dans le paſſage étroit du tube qui joint la cornue au récipient, ou des cols mêmes de ces deux vaſes ne peut pas y circuler & s'y mouvoir avec la liberté qui lui ſeroit néceſſaire, pour ſe mêler avec les vapeurs, pour les diſſoudre & pour les tranſporter de l'un des vaſes dans l'autre. Puis donc que dans cet

---

(*b*) COMME il ſeroit trop ennuyeux de tenir la boule A dans la main, pendant tout le tems neceſſaire à l'expérience, on peut la placer ou dans l'eau tiede ou au ſoleil, tandis que la boule B ſera au frais; & ſi l'on veut que la liqueur diſtillée ſe trouve parfaitement décolorée, il faut laver à deux ou trois repriſes la boule qui ſert de récipient, avec les premieres gouttes d'eſprit de vin qui diſtillent.

appareil les vapeurs ne peuvent passer ni immédiatement, ni par l'intermede de l'air, il faut bien qu'elles ne passent point du tout, & qu'ainsi il n'y ait aucune distillation. On peut prouver d'ailleurs que ce n'est pas la cloture de l'eau dans le vase, mais la géne ou la stagnation forcée de l'air dans le col de la cornue qui s'oppose à la formation & à la transmission des vapeurs, En effet tous les Physiciens savent, & Mr. FONTANA a lui-méme confirmé par de nouvelles expériences, que les vapeurs se forment & circulent dans l'intérieur des vases, méme les plus exactement lutés, lorsque l'air renfermé dans ces vases peut s'y mouvoir avec assez de liberté pour se méler intimement avec elles. (*c*)

§. 195. Il est aisé de concevoir d'après ces principes, pourquoi les vents favorisent si fort le desséchement, car il est clair que si l'air demeuroit dans un état de stagnation parfaite autour d'un corps imprégné d'eau, dès que les couches d'air contigues à ce corps se feroient saturées de son humidité, elles cesseroient de dessécher le corps, à moins que sa chaleur ne fût assez grande pour faire bouillir l'eau qu'il contient. Mais si l'air se renouvelle continuellement autour du corps humide,

Pourquoi les vents augmentent l'évaporation.

(*c*) La nécessité de ce mouvement de l'air pour la dissolution des vapeurs, ne doit point empécher de la regarder comme une vraie dissolution chymique; elle prouve seulement un certain degré de viscosité dans l'air ou dans la vapeur; ou que l'affinité qui est entre les parties de l'air & celles de la vapeur, ne surpasse pas de beaucoup l'affinité d'adhérence qui unit les parties de l'air avec les parties de l'air & les parties de la vapeur avec celle de sla vapeur. Combien ne voyons-nous pas de dissolutions chymiques proprement dites, qui ne peuvent s'opérer qu'avec des secours que l'on peut appeller méchaniques, tels que l'agitation, la division, la trituration, l'évaporation; moyens qui tendent tous à diminuer l'adhérence mutuelle des parties des corps que l'on veut dissoudre.

de nouvelles couches d'air viennent fucceſſivement pomper & entraîner avec elles l'eau dont il eſt imprégné.

§. 196. La chaleur favoriſe donc à bien des égards la formation des vapeurs; car premierement c'eſt le principe de la chaleur ou le feu élémentaire, qui par ſa combinaiſon avec l'eau produit la vapeur élaſtique §. 184; enfuite ce même feu en augmentant la chaleur de l'air augmente ſa force diſſolvante, comme il augmente celle de preſque tous les menſtrues; (*d*) & enfin la chaleur produit dans l'air une agitation qui favoriſe le mélange néceſſaire à la diſſolution des vapeurs.

§. 197. Si donc la chaleur de l'air & celle de l'eau ou des corps ſuperſaturés d'humidité qui font en contact avec lui augmente continuellement, cet air ſe chargera d'une quantité de vapeurs toujours plus grande; & comme ces vapeurs font un fluide élaſtique, le volume réſultant du mélange de l'air & des vapeurs croîtra dans la même proportion; il ſuit de là, que ſi ce fluide mélé d'air & de vapeurs a la liberté de s'étendre, une meſure donnée, un pied cube, par exemple, de ce mélange contiendra d'autant plus de vapeurs & d'autant moins d'air, qu'il aura été expoſé à une plus grande chaleur, & que s'il parvient enfin à la chaleur de l'eau bouillante, il ſera preſ-qu'entiérement compoſé de vapeurs, & formera ce que j'ai appellé *Vapeur élaſtique pure.*

Divers égards auxquels la chaleur favoriſe l'évaporation.

Nuances entre la vapeur mélée d'air & la vapeur élaſtique pure.

(*d*) Je dirois *de tous les menſtrues*, ſi Mr. Butini n'avoit pas trouvé une exception à cette regle générale, en démontrant par des expériences nouvelles & très-exactes, que la magnéſie ſe diſſout en plus grande quantité dans l'eau froide que dans l'eau chaude. *Nouvelles obſervations & recherches analytiques ſur la magnéſie du ſel d'Epſom, par P. Butini.* Geneve 1781.

Il n'y a donc pas de limites tranchées & précifes entre la vapeur élaftique pure, qui fort du bec de l'éolipyle, & celle qui s'élevant par une chaleur moins forte, fe mêle paifiblement avec l'air & eft diffoute par lui; il y a au contraire une infinité de nuances entre ces deux genres, enforte que malgré la grande différence qui fe trouve entre les extrémes, on peut dire que ces deux genres de vapeurs font un feul & même fluide élaftique produit par la combinaifon du feu élémentaire & de l'eau.

CHAPITRE II.

DES VAPEURS VÉSICULAIRES ET DES VAPEURS CONCRETES.

Condenfa-
tion de la
vapeur élaf-
tique contre
des corps fo-
lides.

§. 198. EXAMINONS à préfent les phénomenes qui fe préfentent, lorfqu'un air déja faturé de vapeurs, en reçoit encore de nouvelles ou lorfque cet air faturé vient à perdre par le refroidiffement ou par toute autre caufe une partie de la force par laquelle il tenoit ces vapeurs en diffolution.

SI cet air, qni ne peut pas diffoudre toutes les vapeurs qu'il renferme eft contigu à un corps dont la chaleur foit ou plus petite, ou égale, ou peu fupérieure à la fienne, ces vapeurs fe condenfent à la furface de ce corps. Elles prennent la forme de gouttes ou de rofée, lorfque la chaleur eft affez grande pour tenir l'eau dans un état de fluidité ; mais lorfque la chaleur defcend au deffous du terme de la congélation, les vapeurs en fe dépofant fe cryftallifent en aiguilles ou en écailles d'une forme réguliere. Elles ne fe dépofent pas en égale quantité fur tous les corps ; cette quantité paroît dépendre, foit de l'affinité de la furface de ces corps avec l'eau, foit de leur état relativement à l'éleétricité. (*a*)

(*a*) JE dis que l'état des corps relativement à l'électricité influe fur leur affinité avec la rofée ; parce que j'ai éprouvé qu'un carreau de verre qui fe charge de rofée lorfqu'il eft nud, n'en prend point du tout fi l'une de fes furfaces eft armée d'une feuille métallique. Or il eft évident que cette feuille de métal ne peut agir ainfi au travers de l'epaiffeur du verre, que par fon influence fur fon électricité. Ce fait déja obfervé par Mr. DU FAY, mais pourtant peu connu pourroit être le fujet de recherches bien intéreffantes.

§. 199. S'il n'y a aucun corps contigu à l'air fuperfaturé de vapeurs, & auquel elles puiffent s'attacher, alors les élémens de l'eau fe réuniffent les uns aux autres & forment, ou des goutteletes fphériques & pleines, ou de petites aiguilles congelées, ou enfin des fpheres creufes.

Condenfation de la vapeur élaftique au milieu de l'air.

§. 200. Ces petites gouttes folides dont la réunion forme la pluie, & ces aiguilles glacées qui font les premiers rudimens de la neige, pourroient bien n'être pas confidérées comme des vapeurs; cependant, comme leur ténuité eft fouvent telle qu'elles demeurent pendant long-tems fufpendues dans l'air & qu'elles produifent alors différens météores, je crois devoir les laiffer dans la claffe des vapeurs, & je leur donne le nom de *vapeur concrete.* Je dirai un mot dans le §.207, de ces météores & je ne m'arrête pas ici à prouver l'exiftence de ce genre de vapeurs, qui n'eft certainement révoqué en doute par aucun Phyficien.

Vapeur concrete.

§. 201. Quant aux Spheres creufes qne je nomme *vapeur véficulaire*, il paroît qu'à leur égard la conjecture a dévancé l'obfervation, & que l'on a fuppofé leur exiftence pour expliquer la formation des vapeurs, avant de favoir qu'on pouvoit les faire tomber réellement fous les fens. Car Desaguiliers dans fon Cours de Phyfique Expérimentale T. II. Leçon X. combat par des raifonnemens abftraits les Phyficiens de fon tems qui admettoient ces véficules & s'efforce de réfuter cette opinion comme une hypothefe purement gratuite, ou qui du moins ne repofe point fur une obfervation immédiate. On peut cependant rendre ces véficules vifibles aux yeux même les moins exercés.

Vapeurs véficulaires.

Voici la maniere la plus fimple & à mon gré la plus inftructive de les obferver. Expofés aux rayons du foleil ou du moins à un très-grand jour, & dans un lieu dont l'air ne foit point agité, une taffe remplie d'un liquide aqueux très-chaud, & d'une couleur noire ou très-obfcure, du café par exemple, ou de l'eau mêlée d'un peu d'encre. IL fortira de ce liquide une fumée plus ou moins épaiffe qui s'élevera jufques à une certaine hauteur & qui y difparoîtra enfuite. Un œil attentif reconnoîtra facilément que cette fumée eft compofée de petits grains arrondis, blanchâtres & détachés les uns des autres. Mais fi l'on veut acquérir des lumieres plus certaines fur la nature de ces petits grains, il faut s'armer d'une loupe d'un pouce ou d'un pouce & demi de foyer & obferver avec cette loupe la furface de la liqueur, mais en ayant foin de tenir la loupe hors du courant des vapeurs qui s'élevent de la taffe, pour que ces vapeurs ne s'attachent pas à elle & ne lui ôtent pas fa tranfparence.

En obfervant ainfi attentivement ce qui fe paffe à la fur-face de la liqueur, on verra des bulles fphériques de différen-tes groffeurs fortir de cette furface avec un mouvement plus ou moins rapide. Les plus déliéés s'élevent avec rapidité, tra-verfent bien vite le champ de la loupe & fe dérobent ainfi aux regards de l'obfervateur, mais les plus groffieres retom-bent dans la taffe, & fans fe mêler avec le liquide dont elles fortent, elles roulent fur fa furface comme une pouffiere lé-gere, qui obéit à l'impulfion de l'air & que l'on peut avec le fouffle chaffer à fon gré d'un bord à l'autre. Même dans les momens où rien ne paroît agiter l'air, on voit ces globules fe mettre tout à coup en mouvement, on voit même les plus petits d'entre ceux qui repofoient tranquillement fur la furface

du

du liquide foulevés par une agitation de l'air que nos fens ne fauroient appercevoir, s'envoler & difparoître, tandis que les plus gros demeurent à leur place ou roulent fur la furface fans l'abandonner, d'autres fois on en voit qui étoient fufpendus en l'air, defcendre à la furface du liquide, s'y pofer pour ainfi dire, comme un vol de pigeons fur un champ nouvellement femé, & s'envoler de nouveau quand un fouffle vient les foulever. On les voit auffi quelquefois difparoître en fe mêlant avec la liqueur.

La légereté de ces petites fpheres, leur blancheur, leur apparence abfolument différente de celle de globules folides, leur parfaite reffemblance avec les bulles plus volumineufes que l'on voit nager à la furface du liquide, ne laiffent aucun doute fur leur nature; il fuffit de les voir pour être convaincu que ce font des fpheres creufes, femblables, à la groffeur près, à celles que l'on forme avec l'eau de favon.

§. 202. Mr. KRATZENSTEIN, qui s'eft beaucoup occupé de ces véficules & qui a même prétendu réduire à elles feules tous les genres de vapeurs, (b) a tenté de les mefurer, il les a comparées avec un cheveu, & il a cru pouvoir affurer que leur diametre étoit douze fois plus petit. Ce cheveu, fuivant Mr. KRATZENSTEIN avoit pour diametre une 300ᵉ. de pouce, & par conféquent les véficules de vapeur une 3600ᵉ. de la même mefure.

Grandeur de ces Véficules.

(b) *THEORIE de l'élévation des vapeurs & des exhalaifons démontrée mathématiquement, qui a remporté le prix au jugement de l'Acad. Royale* *des Belles-Lettres, Sciences & Arts, par Mr. Gottlieb KRATZENSTEIN. Bordeaux 1743.*

Comme cette évaluation faite à l'eſtime, ne me paroiſſoit pas aſſez exacte, j'ai eſſayé d'obſerver ces véſicules, avec un microſcope armé d'un micrometre ; mais je n'ai jamais pu apporter à cette meſure toute l'exactitude que j'aurois ſouhaitée, à cauſe de l'agitation continuelle de ces petites ſpheres, agitation qui paroît d'autant plus grande que le microſcope groſſit davantage. J'ai pourtant cru pouvoir évaluer les plus petites de ces véſicules aqueuſes à une 380e. de ligne, ou une 4560e. de pouce, & les plus groſſes de celles qui pouvoient ſe ſoutenir en l'air, au double de ce diametre, c. à d. à une 190e. de ligne, ou une 2780e. de pouce. La moyenne entre ces deux dimenſions revient à peu près à celle de Mr. Kratzenstein.

Maniere de les obſerver.

§. 203. Voici comment je m'y ſuis pris pour les obſerver j'ai fait ſouffler une eſpece d'éolipile à deux boules Pl. 2. f. 3. C'eſt un tube de verre ſcellé en A & ouvert en D, les deux boules B & C communiquent entr'elles & avec l'ouverture ou le bec D. Je fais entrer quelques gouttes d'eau dans la boule B & je la place ſur la flamme d'une lampe à eſprit‑de‑vin ; j'emploie l'eſprit-de-vin pour qu'il ne ſe forme point de ſuie qui ſaliſſe les boules de l'éolipyle. Dès que l'eau eſt ſenſiblement réchauffée dans la boule B, tandis que la boule C eſt encore froide, on voit les vapeurs qui ſortent de la boule B, entrer dans la boule C & s'y condenſer ſous la forme d'un nuage qui eſt entiérement compoſé des véſicules dont nous nous occupons. Mais quand l'eau en continuant de ſe réchauffer vient à bouillir dans la boule B, le torrent de vapeurs élaſtiques qui entre dans C réchauffe cette boule, les vapeurs ne s'y condenſent plus, on n'y voit plus ni nuages, ni véſicules, elle eſt parfaitement tranſparente, comme je l'ai dit

§. 183. & le jet fort par le bec D comme d'une éolipyle fimple. Mais fi l'on éloigne l'éolipyle de la flamme, & qu'avec un
peu d'eau fraiche on refroidiffe la boule C, on verra fur le
champ reparoître la vapeur véficulaire. En plaçant alors cette
même boule fur le porte-objet d'un microfcope, on pourra
obferver ces vapeurs avec la plus grande commodité; la rapidité de leur mouvement empêchera pourtant comme je l'ai dit,
qu'on ne puiffe les fuivre & les mefurer avec de fortes lentilles.

§. 204. Mr. KRATZENSTEIN ne s'eft pas contenté d'avoir
mefuré le diametre de ces petites fpheres creufes, il a voulu
encore déterminer l'épaiffeur de la lame d'eau dont elles font
formées. La méthode qu'il a employée pour la folution de ce
problême eft très-ingénieufe. Il a cru voir que ces vapeurs ex-
pofées à un rayon du foleil dans une chambre obfcure tranf-
mettent ou réfléchiffent une couleur uniforme tant que l'air dans
lequel elles nagent conferve le même degré de chaleur ou d'é-
lafticité & qu'ainfi la lame d'eau qui les forme conferve la même
épaiffeur; mais que leur couleur varie, lorfque cet air par fa
compreffion ou par fa dilatation change l'épaiffeur de cette lame,
ou lorfque le fluide élaftique renfermé dans ces véficules augmente ou diminue leur volume par l'accroiffement ou la diminution de fon élafticité. Or l'immortel NEWTON ayant déterminé, dans les grandes bulles que l'on fait avec l'eau de favon,
l'épaiffeur d'eau néceffaire pour tranfmettre telle ou telle couleur, Mr. KRATZENSTEIN a cru que par cela même, lorfqu'il
obtenoit telle ou telle fuite de couleurs par les rayons tranfmis
au travers des véficules vaporeufes, il falloit que la lame d'eau
qui les forme eût telle ou telle épaiffeur déterminée. Il conclut de là que l'épaiffeur de cette lame dans l'état naturel de

Epaiffeur
de la lame
qui les for-
me, fuivant
Mr. K.

C c 2

l'air eft environ la cinquante-millieme partie d'un pouce anglois. (c)

Confé-
quence que
Mr. K. tire
de cette
épaiffeur.

§. 205. La conféquence importante qu'il déduit de la détermination de cette épaiffeur, c'eft que ces véficules, lors même qu'on les fuppoferoit abfolument vuides, ne fauroient être plus légeres qu'un pareil volume d'air, & ne fauroient par conféquent fe foutenir, ni à plus forte raifon s'élever dans l'air par leur légereté fpécifique. Il démontre que fi elles font réellement compofées d'une lame auffi épaiffe qu'il la fuppofe, il faudroit que leur diametre fût trois fois auffi grand que celui d'un cheveu pour s'élever dans l'air par leur légereté. Or leur diametre étant beaucoup plus petit, il s'enfuit fuivant Mr. Kratzenstein que chacune de ces véficules eft plus denfe qu'un pareil volume d'air. Alors pour expliquer leur fufpenfion dans l'air, il emploie la vifcofité de ce fluide ; & pour leur afcenfion, il a recours, tantôt à l'afcenfion de l'air lui-même, qui dans certains cas les entraîne avec lui ; tantôt à une efpece de diffolution, qui n'a rien de commun avec la diffolution chymique, & qui m'a paru, je le dis avec franchife, auffi obfcure, que le refte de l'ouvrage eft clair & ingénieux.

Les brouil-
lards & les
nuages font
compofés
de ces véfi-
cules.

§. 206. Pour moi, je crois, que fans s'arrêter à l'épaiffeur de la lame qui forme ces véficules, on eft forcé de reconnoître qu'elles font auffi légeres, & quelquefois même plus légeres que l'air. C'eft ce qui paroîtra évident fi l'on eft une fois bien perfuadé, que les brouillards & les nuages, même les plus

---

(c) Leibnitz s'eft auffi occupé des vapeurs véficulaires, & il a donné l'expreffion générale de l'épaiffeur que doit avoir leur pellicule, pour qu'elles foient auffi légeres que l'air dans lequel elles nagent, en les fuppofant remplies d'un fluide d'une denfité donnée, mais plus petite que celle de ce même air. *Leibnitz op. omn. T. II. Part. 11. p. 82.*

élevés, ne font autre chofe qu'un affemblage de ces véficules. Or il fuffit pour s'en convaincre, d'obferver les particules dont eft compofé un brouillard dans la plaine, ou un nuage fur une haute montagne. On y reconnoîtra, comme je l'ai fait tant de fois, des véficules parfaitement femblables à celles que nous avons vues s'élever de l'eau chaude ou fe former dans la feconde boule de l'éolipyle; même grandeur, même couleur, même forme, mêmes mouvemens, en un mot la plus parfaite reffemblance.

Voici comment je les obferve. Debout au milieu du nuage, je tiens d'une main tout près de mon œil une loupe d'un pouce & demi à deux pouces de foyer, & de l'autre une furface noire, plate & polie, telle que le fond d'une boîte d'écaille; j'approche cette furface de la lentille, jufques à ce qu'elle foit tout près du foyer, mais qu'elle ne l'atteigne pourtant pas entiérement; & là comme un chaffeur à l'affut, j'attends que l'agitation de l'air chaffe quelque particule du nuage dans le foyer de la lentille. Si le nuage eft épais, je n'ai pas longtems à attendre; je vois ces particules rondes & blanches paffer, les unes avec la rapidité de l'éclair, d'autres plus lentement, quelques-unes rouler fur la furface de l'écaille, d'autres la frapper obliquement & réjaillir comme un ballon lancé contre une muraille; d'autres enfin s'y affeoir & s'y fixer en prenant la forme d'un hémifphere. On voit auffi de très-petites gouttes d'eau venir fe pofer fur l'écaille, mais la pefanteur de leur marche & leur tranfparence les font aifément reconnoître.

Meme fans le fecours d'une lentille, fi l'on fe trouve dans un brouillard ou dans un nuage, qu'il foit fuffifamment éclairé,

& qu'on obferve fous un jour favorable, on verra à l'œil nud, les particules dont il eft compofé, flotter dans l'air & voltiger avec une légereté qui prouve bien qu'elles font vuides; car des parties d'eau affez groffieres pour être diftinguées par les yeux fans le fecours du microfcope, ne fauroient, fi elles étoient pleines, être foutenues dans l'air par fa feule vifcofité.

La lumiere n'eft pas divifée par les nuages comme par de gouttes pleines.

§. 207. D'AILLEURS les nuages ne forment point d'arc-en-ciel, comme le font des gouttes folides; & lorfqu'ils ne font pas dans un état de réfolution actuelle, ils ne changent point la forme apparente des aftres que leur tranfparence permet d'appercevoir, parce que les rayons de lumiere en traverfant des ménifques infiniment minces ne fouffrent pas de déviation fenfible. Mais dès que les nuages commencent à fe réfoudre en gouttes folides; ou même, fi, fans nuages, de telle gouttes commencent à fe former dans l'air, les aftres vus au travers paroiffent mal terminés; on les voit entourés d'une lumiere diffufe, de cercles, de halos. C'eft pour cela que ces météores font, les précurfeurs de la pluie; car la pluie n'eft autre chofe que ces petites gouttes augmentées ou réunies.

Ces véficules font donc auffi légeres que l'air.

§. 208. DES qu'une fois il eft prouvé que les nuages font compofés de véficules aqueufes, il eft par cela même démontré que ces véficules font d'une légereté fpécifique, égale à celle de l'air & même quelquefois plus grande.

CAR fi elles étoient plus denfes que l'air, elles feroient entraînées par leur poids, & les nuages dans les tems calmes defcendroient peu à peu jufques à la furface de la terre. Dans les pays de plaine on ignore la hauteur à laquelle fe trouvent les nuages, on peut croire que cette hauteur varie fans ceffe.

& que c'eft la violente agitation de l'air qui foutient leurs petites parties. Mais dans les vallées, on voit quelquefois par des tems parfaitement calmes les montagnes coupées parallélement à l'horizon par des nuages dont le bord inférieur eft terminé avec tant de précifion, qu'ils ne peuvent pas changer de hauteur fans que l'on s'en apperçoive; & on les voit quelquefois pendant plufieurs jours confécutifs fe foutenir exactement à la même élévation.

On les voit même s'élever quand le barometre monte; parce que l'air étant devenu plus denfe, ils font forcés à chercher dans une région plus élevée une couche d'air qui foit en équilibre avec eux. Tous les voyageurs qui ont fait quelque féjour à Naples ou à Catane favent, que la fumée & les vapeurs qui entourent la cime du Véfuve & de l'Etna montent & defcendent en même tems que le mercure dans le barometre: les mouvemens de ces vapeurs fervent même de pronoftic dans ces pays où le barometre eft encore peu en ufage. Il faut donc que ces véficules foient à peu près en équilibre avec l'air, & qu'elles foient même quelquefois plus légeres que lui dans les couches inférieures de l'atmofphere.

§. 209. Mais comment répondre aux calculs de Mr. KRATZEN-STEIN, qui démontrent, fuivant lui, que ces véficules font beaucoup plus denfes que l'air?

Réfutation
des calculs
de Mr. K.

Je dirai d'abord, que je n'ai point apperçu les mêmes phénomenes, quoique j'aie fuivi exactement le procédé qu'il indique. Voici fon obfervation, comme il la rapporte dans le §. XIV. de fa Differtation.

" J'ai pris, dit-il, un globe de verre qui avoit 5 pouces
„ de diametre : à son orifice étoit adapté un robinet. En souf-
„ flant dans le globe, j'ai comprimé l'air qui y étoit, puis
„ ayant fermé le robinet, j'ai exposé le globe aux rayons du
„ soleil dans la chambre obscure ; mais je n'ai pu appercevoir
„ aucune des vapeurs que j'avois fait entrer en soufflant. Ayant
„ ouvert le robinet pour faire sortir l'air comprimé, j'ai vu
„ d'abord une grande quantité de vapeurs qui tomboient; mais
„ elles ont encore disparu lorsque j'ai comprimé de nouveau
„ l'air qui étoit dans le globe. Regardant ces vapeurs de ma-
„ niere que mon œil fît avec le rayon du soleil un angle en-
„ tre 5 & 10 degrés ; j'ai apperçu avec grand plaisir une
„ suite de très-belles couleurs qui se changeoient peu à peu
„ en d'autres, à mesure que l'air comprimé sortoit de la boule.
„ Voici la suite des couleurs telle que je l'air remarquée,
„ rouge, verd, bleuâtre, rouge, verd. Ayant mis l'œil en-
„ tre le soleil & les vapeurs, & les ayant regardées sous les
„ mêmes angles que je viens de dire, j'ai apperçu les mêmes
„ couleurs que donnoit la réflexion, mais elles étoient dans un
„ ordre renversé. „

Dans les paragraphes suivans, l'Auteur rapporte diverses
expériences du même genre, & dans les §. §. 47 & 48, il
assimile ces expériences à celles de Newton sur les boules de
savon, & comme Newton a déterminé l'épaisseur de la lame
d'eau, qui dans telle ou telle suite de couleurs donne telle
ou telle nuance, Mr. Ktratzenstein a cherché dans les suites de couleurs observées par ce grand physicien, celles qui
correspondoient aux suites des couleurs des vésicules renfermées dans le ballon ; & il en a conclu l'épaisseur des lames de
ces vésicules.

. Ce

Ce qu'il y a donc ici d'effentiel c'eft de déterminer la fuite ou la fucceffion des couleurs que donnent les véficules ; or c'eft ce que je crois abfolument impoffible, foit à caufe de la briéveté de la durée de ces couleurs, foit plutôt parce qu'elles font fimultanées & non pas fucceffives.

En prenant pour exemple l'expérience que j'ai rapportée plus haut d'après Mr. Kratzenstein , expérience très-facile à répéter & en même tems très-curieufe, j'ai vu comme lui, que tant que le robinet fermé tient l'air dans un état de condenfation, on n'apperçoit aucune véficule dans le ballon; & qu'il faut même qu'il fe foit échappé une quantité d'air affez confidérable pour qu'elles commencent à paroître. Alors on voit des véficules, d'abord en petit nombre , & qui dans ces premiers momens donnent des couleurs peu diftinctes; mais l'air continuant à fortir, leur nombre augmente rapidement, & leurs rayons réunis donnent des couleurs très-vives. Dans cette période tout le rayon de lumiere qui traverfe le globe , paroît teint à la fois de toutes les couleurs de l'arc en ciel, difpofées par tranches diftinctes & paralleles comme dans l'image du prifme , & qui varient fuivant l'angle fous lequel on les voit. Ces couleurs ne demeurent ainfi vives & diftinctes que pendant deux ou trois fecondes ; bientôt tout fe brouille , les couleurs fe mêlent fans aucune régularité , les véficules deviennent fi peu nombreufes qu'on ne peut plus diftinguer leurs couleurs & enfin elles difparoiffent entiérement.

J'ai cherché à prolonger la durée de ce beau phénomene en fermant le robinet à l'inftant où je voyois les couleurs les plus vives, ou même un peu auparavant , mais ces tentatives ont été infructueufes, il ne dure jamais qu'un inftant ; & fi

D d

on retarde la fortie de l'air en n'ouvrant le robinet qu'en partie, les vapeurs véficulaires ne fe forment qu'en petite quantité à la fois & les couleurs ne font ni brillantes ni diftinctes.

CEPENDANT quelque paffager que foit ce phénomene, il dure affez pour renverfer le fyftéme de Mr. KRATZENSTEIN. Car dès qu'il préfente à la fois un grand nombre de couleurs, on ne peut pas dire que ce foit la dilatation des véficules & l'aminciffement de leur écorce qui leur fait prendre fucceffivement des teintes différentes : toutes les couleurs exiftantes à la fois, il faut qu'il y ait tout à la fois des lames de toute épaiffeur. Et en effet, puifque chacune de ces véficules eft une bulle femblable à une bulle d'eau de favon, elle doit auffi être plus épaiffe par en bas, plus mince par en haut, & avoir fur fes flancs des épaiffeurs intermédiaires. Peut-être même ne font-ce que les parties les plus épaiffes, celles qui font au bas de chaque goutte, qui donnent des couleurs. Je ne crois donc pas que l'on puiffe déduire de ces couleurs une connoiffance certaine de l'épaiffeur des parois des véficules vaporeufes.

§. 210. MAIS lors même qu'on leur attribueroit une écorce auffi épaiffe que le veut Mr. KRATZENSTEIN ; il faut confidérer que la légéreté de ces véficules ne dépend pas uniquement du peu d'épaiffeur de leur enveloppe.

Atmofph.
de ces véfic.

LA plupart des Phyficiens croient que prefque tous les corps font environnés d'un fluide beaucoup plus rare que l'air, que ce fluide leur eft adhérent & forme autour d'eux une efpece d'atmofphere. Un nombre de phénomenes de l'optique & de l'électricité femblent venir à l'appui de cette opinion. Nos véficules mêmes donnent un indice très-frappant de l'exiftence de leur atmofphere, & cela par la liberté avec laquelle elles roulent fur la furface de l'eau fans fe méler & fans contracter aucune adhérence avec elle: car il eft évident que fi elles étoient en contact immédiat avec la furface de l'eau elles y feroient retenues par une attraction très-forte. En effet fi l'on répand fur l'eau une pouffiere légere, & qu'enfuite on fouffle fur cette pouffiere, on verra que les particules qui ont été en contact réel avec l'eau lui adhérent & ne font point entraînées par le fouffle; celles-là feules, qui foutenues par les autres ou par quelqu'autre caufe n'ont point touché à l'eau, cédent à l'impulfion de l'air. Mais on voit, comme je l'ai dit plus haut, les véficules aqueufes flotter à la furface de la taffe de liqueur chaude, que l'on obferve au grand jour; on voit ces particules non feulement rouler fur cette furface, mais l'abandonner même & s'envoler dès que le plus foible vent les fouleve.

Il paroît donc bien certain qu'elles ne font point en contact immédiat avec l'eau, & qu'une enveloppe légere & invifible les empêche de la toucher.

§. 211. Mais quelle eft la nature de cette atmofphere qui les environne? Si c'eft du feu, il faut qu'il foit là dans un état de combinaifon qui mafque plufieurs de fes propriétés connues; car le froid feul ne fuffit point pour dérober à ces véficules l'enveloppe légere qui les foutient en l'air, on voit flotter des nuages dans les hivers même les plus rigoureux, & les nuages ne font autre chofe que des amas de ces véficules. Cependant la chaleur, ou du moins la diminution du froid, qui en hiver accompagne toujours la pluie, fembleroit indiquer, que ces véficules en fe réfolvant en eau ont rendu

Quelle eft la nature de cette atmofphere.

la liberté à une certaine quantité de feu, qui étoit auparavant employé à les foutenir. Et fi la pluie rafraîchit le tems en été, c'eft que d'un côté elle apporte avec elle la température froide des hautes régions dans lefquelles elle s'eft formée, & de l'autre elle produit une grande évaporation & par cela même du froid en tombant fur la terre échauffée. Ces deux caufes de refroidiffement peuvent donc compenfer & au-delà l'augmentation de chaleur que produiroit fans elles le feu devenu libre par la réfolution des nuages.

Seroit-ce le fluide électrique ? Sans doute au premier coup-d'œil rien ne paroît l'indiquer ; il femble même que fon affinité avec l'eau devroit le dérober bien vîte à ces véficules quand elles nagent à fa furface. Mais ce fluide eft fi varié dans fes modifications & dans feseffets, on auroit fi peu foupçonné qu'il pût s'accumuler au milieu des eaux dans les organes intérieurs d'un poiffon & lui fournir une arme meurtriere contre fes enne-mis, qu'il ne doit point paroître impoffible qu'il ne joue ici quelque rôle ; je donnerai même plus bas un indice affez frappant de fon influence fur ce genre de vapeurs.

Seroient-ce enfin les élémens de cet air fubtil que divers phyficiens ont diftingué de l'air groffier ; les parties les plus ténues, les plus légeres de l'air que nous refpirons, ou quelqu'autre fluide aëriforme qui ne nous eft pas encore bien connu ? Mr. Priestley a découvert des airs de tant d'efpeces différentes, qu'il femble que les phyficiens foient en droit d'en fuppofer de telle nature & de telle denfité, que les phénomenes de la nature paroiffent l'exiger.

§. 212. La même queſtion ſe préſente lorſque l'on vient à examiner l'intérieur de ces véſicules. Seroient-elles parfaitement vuides? Je ne ſaurois le croire; elles paroiſſent manifeſtement plus groſſes lorſqu'elles ſont fortement réchauffées; il faut donc qu'elles contiennent un fluide expanſible par la chaleur. Leur légéreté écarte l'idée de l'air groſſier. Quel eſt donc ce fluide? C'eſt le même, ſans doute, qui forme leur atmoſphere, & ſur la nature duquel je n'ai point aſſez de lumieres pour oſer faire un choix entre les opinions, que j'ai propoſées.

Qu'y a-t-il dans leur concavité.

§. 213. Quant à la raiſon de leur formation; quant à la cauſe qui peut obliger les particules d'eau à s'arranger entr'elles de maniere à former ainſi des ſpheres creuſes; ſans doute je n'entreprendrai pas d'en expliquer les détails : nous ſommes encore bien éloignés d'avoir des notions diſtinctes ſur ce qui tient d'auſſi près à la ſtructure intime & élémentaire des corps; je dirai ſeulement que la plupart des liquides ont une diſpoſition marquée à prendre cette forme & qu'elle paroît être le réſultat de leur viſcoſité ou de l'attraction mutuelle de leurs parties élémentaires & de la figure propre à ces mêmes parties: c'eſt une eſpece de cryſtalliſation, la ſeule dont l'eau ſoit ſuſceptible, tant qu'une chaleur ſuffiſante la maintient dans un état de liquidité. Il paroît même que l'eau ſous cette forme a la force de réſiſter à la congélation; car on voit, comme je l'ai dit, des nuages ou des brouillards compoſés de ces véſicules ſe ſoutenir dans l'air même dans les tems où le thermometre eſt de pluſieurs degrés au-deſſous du terme de la glace. Et je ne crois pas que l'eau qui forme ces véſicules ſoit là dans un état de congélation, parce que le givre qui réſulte de leur condenſation ne préſente point au microſcope un amas

Comment ſe forment-elles?

de particules fphériques ; mais de cryftaux en aiguilles très-dé-
liées ; ce qui prouve qu'avant de fe geler & de former le givre
elles ont perdu leur forme véficulaire & fe font changées en
goutelettes d'eau qui fe font cryftallifées au moment de leur
congélation.

Condenfat.
de ces véfic.

§. 214. Lors donc que les vapeurs véficulaires fe condenfent par un tems froid, l'eau qui formoit leur enveloppe fe
cryftallife, tantôt en givre, quand elle s'attache à des corps
folides ; tantôt en neige quand cette condenfation fe fait au
milieu des airs & qu'il ne fe trouve aucun corps folide dont
l'attraction détermine les particules d'eau à fe réunir à fa furface.
Mais s'il ne gele pas, les petites gouttes qui réfultent de la condenfation des véficules fe réuniffent en rofée ou en une pluie
que fon poids entraîne vers la terre. Quelquefois auffi leur
extrême ténuité, leur rareté qui les empêche de fe réunir,
l'agitation de l'air, ou quelqu'autre caufe leur permet de fe
foutenir & de flotter pendant quelque tems dans l'air. Alors
quoi qu'elles ne méritaffent peut-être pas le nom de vapeurs,
puifque ce n'eft que de l'eau réduite, pour ainfi dire, en pouffiere ; cependant, comme on comprend fous le nom général
de vapeurs, tous les corps légers qui fe foutiennent dans l'air,
je donne à ces petites gouttes le nom de *vapeur concrete*.

Modificat.
fucceffives
des vapeurs.

§. 215. Nous avons donc vu la combinaifon de l'eau & du
feu former la *vapeur élaftique* ; celle-ci fe diffoudre dans l'air ;
& lorfque l'air en eft fuperfaturé, nous avons vu cette même
vapeur fe condenfer en *véficules* ; & celles-ci enfin, dans certaines circonftances fe condenfer encore plus & fe changer en
gouttes folides, ou en *vapeur concrete*.

Mais ces gradations ne s'obfervent pas toujours : la vapeur élaftique furabondante dans l'air paroît quelquefois fe condenfer immédiatement en gouttes fans paffer par l'état de véficules. Nous en avons la preuve dans le ferein & la rofée de l'été, qui pour l'ordinaire, n'occafionnent aucun brouillard , & par conféquent aucune vapeur véficulaire , & qui réfultent donc d'une condenfation immédiate de la vapeur élaftique qui avoit été formée & diffoute dans l'air par la chaleur du foleil.

§. 216. Il paroît donc qu'il y a ici quelque condition à nous inconnue ; qui eft requife, tant pour la formation que pour la deftruction de ces véficules.

Confidérat. ultérienres fur les vapeurs véfic.

Nous voyons bien qu'elles n'exiftent jamais , que dans un air faturé de vapeurs ; je m'en fuis très-fouvent affuré par des expériences directes , tant fur les brouillards de la plaine que fur les nuages les plus élevés qui s'attachent aux montagnes ; l'Hygrometre que l'on y plonge indique toujours l'humidité extrême. Et nous voyons tout auffi clairement , qu'auffi-tôt que l'air reprend une force diffolvante , qui le met au-deffus de cette humidité extrême , ces véficules difparoiffent & fe changent en une vapeur élaftique qui fe diffout dans l'air.

Mais pourquoi dans certains cas ces véficules fe condenfent-elles en vapeurs concrétes , tandis que dans d'autres elles confervent leur forme véficulaire ? Le froid ne fuffit pas pour les condenfer , puifqu'on les voit réfifter à la congélation. Leur approche mutuelle ou leur rencontre ne fuffit pas non plus ; car elles peuvent rouler fur l'eau même fans fe confondre avec elle , & fans changer de forme.

Il faut donc chercher la raifon de leur exiftence dans ce fluide à nous inconnu qui remplit leur concavité & qui forme leur atmofphere.

Seroit-ce, je le demande encore, le fluide électrique, qui raffemblé dans l'intérieur & autour de ces véficules les fouleve & leur donne le pouvoir de nager dans les airs? Nous trouverions dans cette hypothefe la raifon de ces à-verfes qui fuivent fi fouvent les explofions électriques des nuées. Il feroit évident, que le fluide électrique, toutes les fois qu'il abandonne une nuée permet la condenfation des véficules qu'il tenoit dilatées & dont il formoit la légere enveloppe. On diroit alors que ces véficules privées toutes à la fois, par une explofion fubite, des ailes qui les foutenoient, fe changent en gouttes maffives, tombent par leur poids, fe réuniffent en groffes gouttes & forment ces pluies terribles que le vulgaire attribue à des tonnerres tombés en eau, ou à des nuages qui fe crevent.

§. 217. Ici on demandera peut-être, fi, comme les vapeurs concretes peuvent fe former immédiatement de la vapeur élaftique, fans paffer par l'état de vapeur véficulaire, de même auffi la vapeur véficulaire ne pourroit point être le produit immédiat de quelqu'opération de la nature, & fortir toute formée des corps qui s'évaporent.

Doute fur leur formation.

Pour répondre à cette queftion, il faut d'abord obferver, que ces véficules ne peuvent exifter que dans un air déja faturé de vapeurs, puifque s'il ne l'eft pas, il les diffout à l'inftant même & les change en vapeurs élaftiques. Si donc de l'eau, ou un corps qui en eft pénétré fe réfout en vapeurs, on ne

pourra

pourra voir flotter autour de ce corps aucune véficule aqueufe,
que l'air qui l'entoure n'en foit premiérement faturé. Enfuite,
fi l'évaporation continue, les vapeurs furabondantes fe change-
ront en véficules. Or les phénomenes de l'éolipyle me perfua-
dent que les vapeurs aqueufes fortent toujours des corps fous
la forme élaftique & ne prennent que dans l'air la forme véficulaire. En effet nous voyons dans l'éolipyle à deux boules
§. 203. cette vapeur élaftique parfaitement tranfparente, remplir la boule extérieure, fortir par le bec fous cette même
forme, & ne fe changer en véficules que dans l'air & même
à une certaine diftance du bec.

Il femble bien quelquefois, que ces véficules fortent toutes
formées des corps qui s'évaporent, lorfqu'on les voit ramper
fous la forme d'un léger brouillard à la furface des eaux, des
prairies, & même fur une taffe de liqueur échauffée ; mais je
crois qu'elles fe forment alors tout près de la furface & non
pas dans l'intérieur, ni même dans la premiere lame du liquide
qui s'évapore.

§. 218. J'ai fouvent obfervé un phénomene bien remarquable, & qui paroît propre à répandre quelque jour fur cette
queftion. Arrêté par un tems pluvieux fur la cime ou fur le
penchant de quelque haute montagne, je cherchois à épier la
formation des nuages que je voyois naître prefqu'à chaque inftant
fur les forêts ou fur les prairies fituées au-deffous de moi. Nul
brouillard ne couvroit leur furface, l'air qui l'environnoit étoit
parfaitement net & tranfparent ; mais tout-à-coup, tantôt ici tantôt là, il paroiffoit quelqu'un de ces nuages fans que jamais je
puffe faifir le premier inftant de fa formation. Dans une place que

Nuages dont la pro-
duction eft
inftantanée.

E e

mon œil ne faifoit que de quitter , où deux fecondes auparavant
il n'en exiftoit point, j'en voyois tout-à-coup un, déja grand,
du diametre de deux ou trois toifes pour le moins. N'eft-il pas
naturel de croire, que dans l'air faturé de la vapeur élaftique
& tranfparente qui couvroit la furface où naiffoient ces nuages,
il ne manquoit qu'une certaine condition, pour changer cette
vapeur en véficules, & que du moment où cette condition
exiftoit, ces véficules fe formoient & produifoient un nuage.

Lorsque le tems alloit au beau, ces nuages s'élevoient,
diminuoient en montant, & fe diffolvoient entiérement dans
l'air; fi au contraire le tems fe difpofoit à la pluie, ils augmentoient de volume, tantôt dans la même place, tantôt en montant & quelquefois même en defcendant le long de la montagne.

CHAPITRE III.

DE L'ÉVAPORATION DANS UN AIR RARE'FIE' OU CONDENSE'.

§. 219. LES raisonnemens & les faits exposés dans le Chap. VI du précédent Essai & dans le premier Chapitre de celui-ci, prouvent que l'évaporation, entant qu'elle dépend de la conversion de l'eau en un fluide élastique, s'opere beaucoup plus aisément & à un moindre degré de chaleur dans le vuide ou dans un air rare que dans un air dense; parce que toute pression résiste au développement & à l'expansion de ce fluide élastique.

La vapeur élastique se forme plus aisément dans un air rare.

L'INTENSITÉ du froid produit dans le vuide par l'évaporation de l'éther, prouve aussi la promptitude avec laquelle cette liqueur se convertit en vapeur élastique lorsqu'elle est délivrée du poids de l'atmosphere.

LA vapeur élastique se forme donc plus aisément dans un air rare, & à cet égard la rarefaction de l'air facilite & augmente l'évaporation.

§. 220. MAIS d'un autre côté, l'air, quand il est rare, dissout une moins grande quantité de vapeurs que quand il est dense; & nous avons même tâché d'évaluer le rapport dans lequel cette quantité diminue à mesure que l'air se raréfie, §. 148.

Mais un air rare dissout moins de vapeurs.

L'ÉVAPORATION produite par la fimple diffolution de l'eau dans le fluide qui l'entoure eft donc moins grande dans le vuide que dans l'air, & c'eft ainfi que l'on peut rendre raifon de quelques expériences dans lefquelles de l'eau renfermée fous un récipient purgé d'air a fouffert dans un. tems. donné une moins grande évaporation qu'un pareil volume d'eau expofé pendant le même tems à l'air libre. *Philofoph. Tranfact. Vol. LIX. pag. 256.*

IL y a cependant un cas dans lequel l'évaporation feroit beaucoup plus grande dans le vuide qu'à l'air libre ; c'eft celui où l'eau dont on confidere l'évaporation feroit fenfiblement plus chaude que les parois du récipient dans lequel elle feroit renfermée ; car alors les vapeurs élaftiques produites par la chaleur fe condenfant continuellement contre les parois intérieures de ce récipient, feroient continuellement remplacées par d'autres, & il fe feroit ainfi une vraie diftillation qui pourroit être très-abondante (*a*). Il y a même des fluides tels que l'Ether dont la volatilité ou la tendance à fe convertir en fluides élaftiques ne peut être réprimée que par une compreffion très-forte & qui fouffrent une évaporation beaucoup plus grande dans le vuide que dans l'air, lors même qu'ils font beaucoup plus froids que le récipient qui les renferme.

(*a*) ON trouve dans les *Actes littéraires de Suede p. l'année* 1738 *Art. 1.* un mémoire de N. Wallérius, qui prouve par des expériences directes & nombreufes, que l'evaporation peut être confidérable dans un récipient parfaitement purgé d'air. On peut auffi voir des expériences très-curieufes fur l'élafticité des vapeurs dans le vuide ; les unes du célèbre Daniel Bernoulli ; les autres de Mr. *Nairne* , *Philof. Tranfact.* 1777 pag. 614.

§. 221. QUANT à l'Hygrometre, nous avons examiné fort
en détail dans le Chap. VI du précédent Effai les phénomenes
qu'il préfente dans un air raréfié ou condenfé. Nous avons vu,
que fi un Hygrometre à cheveu eft renfermé fous le récipient
d'une machine pneumatique qui ne contienne aucun corps
aqueux, chaque coup de piston fait marcher cet Hygrometre
vers la féchereffe, parce que l'eau renfermée dans le cheveu &
qui étoit auparavant retenue par la preffion de l'air, fe réfout
en vapeurs & abandonne le cheveu à mefure que cette preffion diminue.

MAIS fi un récipient purgé d'air contient de l'eau ou un
corps qui en foit impregné, l'Hygrometre marche très-promptement à l'humide, parce que cette eau fe réfout en une vapeur élaftique abondante, qui remplit bientôt toute la capacité du récipient & humecte les corps qu'il renferme.

CEPENDANT fi l'on extrait avec beaucoup de diligence l'air
renfermé dans ce récipient qui contient un corps impregné
d'eau, l'Hygrometre commencera par aller au fec; parce qu'il
fera defféché par la raréfaction de l'air, avant que l'eau ait eu
le tems de fe réduire en vapeurs & que ces vapeurs foient
venues rendre au cheveu l'humidité qu'il ne ceffe de perdre.
Mais fi l'on arrête le jeu des piftons pendant quelques inftans,
on verra bientôt l'Hygrometre rétrograder vers l'humidité, &
il atteindra même le terme de l'humidité extrême beaucoup
plutôt qu'il ne l'auroit fait dans ce même récipient rempli
d'air.

§. 222. Si au contraire on condenfe l'air dans un récipient qui contient un Hyrometre, cet Hygrometre ira à l'humide, parce que l'air que l'on fait entrer de force dans le récipient apporte avec lui les vapeurs qu'il contient ; & comme fa force diffolvante ne croît pas en raifon de fa denfité, les vapeurs fe trouvent moins fortement retenues & le cheveu en abforbe une partie ; ou pour employer une image plus palpable, la condenfation exprime en quelque maniere la vapeur élaftique renfermée dans l'air, la condenfe, & la force à s'infinuer dans les pores des corps qui ont quelqu'affinité avec elle.

§. 223. La vapeur véficulaire fe forme auffi dans un air raréfié ; mais les circonftances dans lefquelles elle s'y manifefte & les phénomenes qu'elle préfente méritent d'être développés avec quelque détail.

Tous ceux qui ont fait ufage de la machine pneumatique ont obfervé, que fouvent après les premiers coups de pifton on voit paroître dans l'intérieur du récipient une efpece de vapeur ou de nuage, qui tombe ou fe condenfe au bout de quelques inftans, foit que l'on ceffe, foit que l'on continue de faire agir la pompe. Mais fi on laiffe rentrer l'air & qu'on le raréfie enfuite de nouveau, on la voit de nouveau reparoître.

Dès que je me fuis occupé de l'évaporation, j'ai cherché à connoître la nature de cette vapeur, & je me fuis bientôt convaincu que ce n'étoit autre chofe qu'une vapeur véficulaire. Pour s'en affurer, il fuffit de placer fa pompe dans une chambre obfcure, & de faire paffer au travers du récipient un rayon du soleil d'un pouce ou d'un demi-pouce de diametre ; alors au moment où cette vapeur se manifeste on voit clairement soit à l'œil nud soit à l'aide d'une loupe, des véficules arrondies, parfaitement femblables à celles qui s'élevent de l'eau bouillante, & les brillantes couleurs dont elles se parent ne laiffent aucun doute fur leur nature.

§. 224. Lorsque j'eus reconnu que ces vapeurs étoient des véficules aqueufes, je voulus voir quelle avoit été fur leur nature l'opinion des phyficiens. Je confultai l'Abbé Nollet, & je vis qu'il foutient dans fes Leçons, Tome III, pag. 364, & dans un Mémoire qu'il a écrit expreffément fur ce fujet, (*Mémoires de l'Acad. des Sciences* 1740, pag. 243.) que ces vapeurs fe féparent de l'air, même le plus foigneufement deffché, & dans un récipient parfaitement fec. Je fus très-étonné de cette affertion ; car la vapeur véficulaire ne pouvant fe former que dans un air parfaitement faturé, il feroit bien étrange de la voir naître dans un air fec, & ce qui eft plus encore, dans ce même air devenu plus fec par fa raréfaction.

§. 225. Je foupçonnai donc que l'Abbé Nollet avoit commis dans fon expérience quelqu'inexactitude, & je réfolus de la répéter avec le plus grand foin. J'employai une pompe dont tout l'intérieur avoit été récemment nettoyé, dont les cuirs & les piftons avoient été graiffés avec de l'huile fans aucun mélange d'eau ; je pofai fur la platine de cette pompe qui étoit parfaitement féche, un récipient auffi très fec & je le lutai avec de la cire propre & féche. Lorfqu'après avoir pris ces précautions, je raréfiai l'air contenu dans le récipient, il ne s'y forma pas le moindre atome de vapeur. Je délutai le récipient, je

J'expofai à l'air libre, qui étoit alors environ au 70e degré de mon Hygrometre, j'en pompai l'air de nouveau après avoir bien pris garde de n'y introduire aucune humidité, & je n'y vis encore paroître aucune vapeur : je changeai de récipient, même réfultat. Enfin j'introduifis fous ce récipient une carte humectée, & alors, alors feulement je vis les vapeurs obfervées l'Abbé Nollet. Je retirai bien vîte la carte de peur que l'humidité qu'elle exhaloit ne faturât l'air & ne mouillât l'intérieur de ma pompe, & je répétai de nouveau à deux reprifes les mêmes expériences : le fuccès fut conftamment le même, je n'apperçus des vapeurs que lorfque je plaçai fous le récipient la carte humectée.

Comment donc ce Phyficien célebre a-t-il pu voir cette vapeur fe former dans des vafes fecs ? C'eft qu'il y avoit dans les tuyaux de fa pompe une humidité cachée, qui fe changeant en vapeur élaftique lorfque l'air fe raréfioit; s'élançoit avec force dans l'intérieur du récipient & même de plufieurs récipients, lorfqu'il en employoit plufieurs & qu'il les faifoit communiquer entr'eux. En effet nous avons déja vu §§. 136, 137, des expériences qui démontrent l'exiftence de ces vapeurs qui fe dégagent des tuyaux & des piftons de la pompe. Et ce qui acheva de me perfuader que c'étoit bien de là que venoient les vapeurs qui ont caufé l'erreur de l'Abbé Nollet c'eft que quand j'eus fait un grand nombre d'expériences avec la carte humectée, & que l'intérieur de ma pompe fe fut ainfi impregné d'humidité, toutes les expériences de ce Phyficien (*b*)

(*b*) Ces expériences mal faites ont fervi de fondement à une fauffe théorie fur la formation des nuages, fur les caufes de la pluie, & fur un nombre d'autres phénomenes météorologiques. La plupart des phyficiens, fe fiant aux

me réuffirent comme à lui; j'avois beau employer les récipiens les plus fecs, les premiers   coups de pifton y faifoient toujours paroître des vapeurs.

§. 226. Mais comment ce te vapeur véficulaire fe forme-t-elle dans un récipient lorfque l'on raréfie l'air qu'il contient? Nous avons déja vu que cette vapeur ne fe forme point dans le récipient à moins qu'il ne contienne de l'eau en nature ou un corps qui en foit impregné. Or au moment où l'air fe raréfie, la furface de cette eau délivrée d'une partie de la preffion de l'air, fe réfout en vapeur élaftique; cette vapeur fature d'abord les couches d'air les plus voifines de la furface dont elle fort, & le furplus, que ces couches ne peuvent pas diffoudre, fe change en vapeur véficulaire: ces véficules, entraînées par le mouvement que la fuccion de la pompe imprime à l'air du récipient, s'y agitent & y tourbillonnent jufqu'à ce qu'elles aient été diffoutes par l'air s'il n'eft pas faturé, ou condenfées contre les parois du récipient, fi l'air ne peut plus en diffoudre. Plus l'air contenu dans le récipient eft humide, plus cette vapeur eft facile à produire, abondante & durable; lorfqu'il eft faturé d'humidité un feul coup de pifton en remplit le récipient. Si au contraire l'air eft fec, & que le corps qui doit fournir cette vapeur foit peu volumineux; il faut plus

Explication de la formation de cette vapeur dans le récipient.

---

expériences de l'Abbé Nollet & adoptant les conféquences qu'il en tire ont cru que la fimple raréfaction de l'air peut lui faire abandonner les vapeurs qu'il tient en diffolution; enforte qu'indépendamment de tout changement de température, le même air qui eft fec dans la plaine deviendroit humide s'il s'élevoit au fommet d'une montagne, ce qui eft abfolument contraire à toute bonne théorie, & aux expériences directes que nous avons faites dans un air raréfié.

d'effort pour la faire paroître, les véficules qui la compofent font rares, & elles difparoiffent au moment même.

Solution
d'une diffi-
culté.

§. 227. Mais il paroîtra peut-être difficile de concilier cette explication avec le phénomene que préfente l'Hygrometre. Cet inftrument marche à la féchereffe dès que l'air fe raréfie, dans le moment même où il fe forme de la vapeur véficulaire. Si donc cette vapeur ne pouvoit fe former que dans un aïr faturé, comment la verroit-on paroître au moment où il fe defféche ? Je réponds, que ces vapeurs fe forment dans les couches faturées qui entourent les corps aqueux contenus dans le récipient ; & que lorfqu'elles font une fois formées, il leur faut pour fe diffoudre plus de tems qu'il n'en faut à l'air pour deffécher le cheveu par fa raréfaction : cependant leur durée n'eft que d'un petit nombre de fecondes, parce que bientôt elles fe réfolvent de nouveau en vapeurs élaftiques & fe mêlent avec l'air. C'eft ainfi qu'un vafe plein d'eau chaude exhale, même dans l'air le plus fec, des vapeurs véficulaires qui fe forment dans les couches d'air faturées qui repofent fur la furface de cette eau, & ces véficules flottent dans l'air jufqu'à ce qu'elles aient été diffoutes.

C'est par la même raifon, c'eft-à-dire, par un effet de la lenteur avec laquelle l'air diffout les vapeurs, que fi l'on a un récipient purgé d'air & faturé d'humidité & qu'on laiffe rentrer brufquement un air fec dans ce récipient, on verra fes parois fe ternir & fe couvrir d'une abondante rofée, dans le moment même où un Hygrometre qui y aura été renfermé, marchera au fec de 10 ou 12 degrés. Cette rofée n'eft autre chofe que la vapeur élaftique qui rempliffoit le récipient lorfqu'il étoit

vuide, mais qui a été forcée à se condenser subitement contre
ses parois lorsqu'elle a été exposée à la compression de l'air.
Or avant que l'air contenu dans le récipient ait repompé ces
vapeurs & qu'il s'en soit saturé, l'Hygrometre qui indique toujours la modification actuelle de l'air, témoigne qu'il n'est pas
encore arrivé au terme de la saturation; mais ce même Hygrometre retourne à l'humide à mesure que cet air se charge des
vapeurs condensées dont il est entouré.

§. 228. Il m'a paru intéressant de savoir jusqu'à quel point
l'air pouvoit être raréfié sans que la vapeur vésiculaire cessât de
s'y former. L'Abbé NOLLET dit que la vapeur paroît dès que
l'air commence à se dilater, & qu'ensuite elle disparoît pour
toujours, lors même que l'on continue de pomper, à moins
qu'on ne fasse rentrer de nouvel air dans le récipient. Il sembleroit donc qu'elle ne peut exister que dans un air médiocrement rare, & cela m'avoit paru d'abord naturel & très-
facile à expliquer; mais à force de répéter & de varier mes
expériences, j'ai vu qu'en cela encore l'Abbé NOLLET s'étoit
trompé, & que l'on peut faire paroître cette vapeur lors même
que l'air est tellement raréfié qu'il ne supporte plus que 15 lignes
de mercure. Il suffit pour cela d'interrompre pendant quelques
minutes l'action de la pompe, pour donner à l'air le tems de
s'humecter; parce que si l'on pompe l'air sans interruption,
la grande raréfaction le dessèche tellement, que les vapeurs vési-
culaires ou ne s'y forment point du tout ou se dissolvent à
mesure qu'elles se forment.

Rareté de l'air dans lequel cette vapeur peut se former.

§. 229. Mais je crois devoir donner les détails de cette
expérience, qui est très-belle & très-curieuse. J'ai un récipient bien transparent étroit par en-bas, il n'a là, que deux

Détails de l'expérience.

pouces & demi de diametre ; mais il s'élargit par le haut où il a environ dix pouces, & fa hauteur eft d'un pied. Je le lute fur la platine avec de la cire molle, après y avoit logé un petit Hygrometre à cheveu & une carte à jouer imbibée d'eau. Je ferme les volets de mon cabinet & je n'y laiffe entrer d'autre lumiere que celle d'un rayon du foleil, qui vient, ou directement ou réfléchi par un miroir, traverfer mon récipient dans fa partie la plus large. Dès que, par l'action de la pompe, l'air fe raréfie, l'Hygrometre marche au fec, & cependant après quelques coups de pifton, plus ou moins comme je l'ai dit, fuivant que l'air du récipient eft plus ou moins humide, le rayon de lumiere qui traverfe le récipient fe remplit d'une vapeur femblable à une fine poufliere, dont les grains arrondis fe colorent des plus brillantes couleurs. Mais peu-à-peu, foit que je continue, foit que je ceffe de pomper, ces véficules brillantes deviennent plus rares & difparoiffent entiérement. J'interromps alors l'action de la pompe, l'Hygrometre marche à l'humide, j'attends qu'il foit venu tout près du terme de l'humidité extréme ; je recommence alors à raréfier l'air, fur le champ l'Hygrometre rétrograde vers la féchereffe, & bientôt les vapeurs reparoiffent avec le même éclat & la même abondance, pour s'évanouir au bout d'un petit nombre de fecondes. En procédant ainfi par alternatives de mouvement & de repos, j'ai produit des vapeurs véficulaires bien vifibles & colorées, lorfque l'air étoit raréfié au point de ne pouvoir plus foutenir que 15 lignes de mercure. Paffé ce terme je n'ai pas pú parvenir à les rendre vifibles ; & je dois même avertir que depuis que l'air n'a plus foutenu que 4 ou 5 pouces de mercure, elles font devenues graduellement plus rares, & par cela même elles ont donné des couleurs moins brillantes, fans doute parce qu'elles fe décompofoient avec une très-grande promptitude. Cependant je les ai vues encore très-brillantes lorfque l'air ne foutenoit que 8 pouces de mercure.

Sɪ pour completer l'expérience on acheve de raréfier l'air autant que la pompe permet de le faire & qu'alors elle demeure exactement fermée, on voit l'Hygrometre marcher à l'humide & arriver enfin au terme de l'humidité parfaite ; on voit enfuite une rofée s'attacher aux parois intérieures du récipient & former ainfi une efpece de diftillation, comme cela arriveroit fi le récipient étoit plein d'air. Alors fi on permet à l'air extérieur ds rentrer brufquement dans le récipient, cet air fec fait, comme je l'ai dit dans l'avant-dernier paragraphe, marcher l'Hygrometre vers la féchereffe, d'environ 10 ou 12 degrés, & dans le même moment les parois du récipient fe couvrent d'une rofée fi abondante qu'elles en font prefqu'entiérement ternies ; mais bientôt l'air repompe une partie de cette rofée, & l'Hygrometre retourne au terme de l'humidité. Lorfque l'air eft ainfi complétement faturé, fi l'on pompe de nouveau, le premier, exactement le premier coup de pifton remplit le récipient de vapeurs véficulaires, qui brillent des couleurs les plus éclatantes, & l'on peut ainfi répéter cette belle expérience & obtenir les mêmes réfultats que la premiere fois.

§. 230. Qᴜᴀɴᴅ on emploie ce procédé pour obferver les vapeurs véficulaires, on voit bien clairement que les différentes couleurs qui brillent fur ces véficules ne fe fuccedent pas à mefure que l'air fe raréfie, comme le prétend Mr. Kʀᴀᴛᴢᴇɴsᴛᴇɪɴ, §. 209, mais qu'elles exiftent toutes en même tems dans le même rayon. On ne voit pas non plus l'ordre que

Les différentes couleurs paroiffent en même tems.

ces couleurs obfervent entr'elles dans ce rayon, varier fuivant le degré de rareté de l'air. Tous les calculs que ce phyficien fonde fur ces deux principes, pour déterminer l'épaiffeur de la lame d'eau qui forme ces véficules, font donc abfolument incertains & arbitraires.

§. 231. J'AI fouvent effayé de mefurer le diametre de ces véficules dans des airs inégalement denfes, pour favoir fi le fluide élaftique dont on les fuppofe remplies les dilate en raifon de la diminution de la preffion de l'air qui les entoure; mais leur apparition & leur difparition font fi brufques & fi promptes dans un air raréfié, & il eft fi difficile de les faifir avec une loupe un peu forte, dans un récipient où elles font agitées & entraînées par le mouvement de l'air qui en fort, qu'il m'a été impoffible de les mefurer exactement; j'ai pourtant cru voir qu'elles étoient plus groffes lorfque l'air étoit plus rare.

§. 232. LES mêmes principes qui expliquent la formation de ces vapeurs dans un air que l'on raréfie, rendent auffi raifon de leur apparence dans un air condenfé qui retourne à fon état naturel.

J'AI rapporté §. 209. l'expérience de Mr. KRATZENSTEIN; il condenfe l'air dans un ballon rempli d'humidité, & on ne voit aucune vapeur dans ce ballon ni pendant que l'air fe condenfe ni pendant qu'il demeure continuellement condenfé; mais fi l'on ouvre une iffue par laquelle l'air puiffe s'échapper, dès qu'il eft forti une certaine quantité d'air, on voit tout-à-coup le ballon fe remplir de vapeurs véficulaires.

Ici donc, comme dans le récipient de la pompe ; l'air se raréfie ; cette raréfaction favorise la formation d'une vapeur élastique & cette vapeur se change en vapeur véficulaire. Les détails & les preuves de cette explication font les mêmes que pour l'expérience que nous venons de voir dans la machine pneumatique. Plus le ballon est rempli d'humidité, plus les vapeurs font abondantes & promptes à paroître : on peut les reproduire en suspendant pour quelque momens la raréfaction de l'air, &c. &c.

§. 233. Je terminerai ce Chapitre par quelques considérations fur une expérience que l'on a tenté d'expliquer par l'évaporation dans le vuide. J'ai dit, §. 135, qu'un thermometre renfermé dans un récipient rempli d'air defcendit de 16 degrés 6 dixiemes à 15 degrés $\frac{1}{4}$, pendant que je pompois l'air de ce récipient, & que Mr. CULLEN avoit le premier fait cette obfervation.

    Explication de la baiffe du thermometre dans le vuide.

« Un thermometre fufpendu, dit ce favant phyficien, dans
„ le récipient d'une pompe pneumatique, defcend toujours de
„ deux ou trois degrés, (de Farenheit) lorfque l'on épuife
„ l'air. Quelque tems après le thermometre dans le vuide re-
„ vient à la température de l'air de la chambre ; & lorfqu'on
„ laiffe rentrer l'air dans le récipient, le thermometre monte
„ toujours de deux ou trois degrés au-deffus de l'air extérieur.„
Effais de la Société d'Edimbourg. Tome II, p. 153.

L'Auteur de cette expérience la rapporte conjointement avec plufieurs autres qui font deftinées à prouver que l'évaporation est plus grande & produit un plus grand froid dans le vuide que dans l'air. Mr. CULLEN femble donc croire que ce refroidiffement eft l'effet de l'évaporation d'une couche invifible d'eau attachée à la furface de la boule du thermometre, ou de celle qui eft répandue dans l'air ambient.

LE grand géometre LAMBERT rapporte cette même expérience dans fa pyrométrie, §. 492; & il ajoute, que l'expérience réuffit plus fûrement & donne une différence de chaleur plus grande lorfque l'on pompe l'air avec diligence & que le récipient n'eft pas trop petit. Quant à la caufe de ce phénomene, il fuppofe, qu'en même tems que l'on pompe l'air d'un récipient, on pompe auffi les parties de feu qui fe trouvent dans cet air, & que par conféquent la denfité du feu dans le récipient diminue dans le même rapport que celle de l'air. Et il fait voir que fi la diminution de la chaleur n'eft pas auffi grande qu'elle devroit l'être d'après ce principe, cela vient de ce que les parois du récipient & la platine de la pompe contiennent auffi des parties de feu qui s'empreffent de remplacer celles que l'air entraîne avec lui. C'eft pourquoi fi l'air fe raréfie avec affez de lenteur, pour que le feu qui vient du dehors ait le tems de fuppléer continuellement à celui qui fort avec l'air, le refroidiffement du thermometre devient abfolument infenfible.

CETTE explication de Mr. LAMBERT paroît très-naturelle, conforme aux principes de la bonne phyfique & à ceux en particulier qui nous ont fervi à expliquer le defféchement du cheveu dans un air qui fe raréfie (§. 141, 142.) Je defirois cependant une expérience directe, qui décidât fi l'évaporation ne contribuoit point auffi à ce refroidiffement. Pour m'en

affurer,

affurer, je plaçai fur la platine de ma pompe un récipient qui renfermoit un thermometre, un Hygrometre & une feuille de tole couverte de fel Alkali fixe nouvellement calciné & encore chaud ; je lutai avec de la cire ce récipient fur la platine & je fermai le robinet de la pompe. Au bout de fix jours, lorfque l'Hygrometre fut venu à marquer la féchereffe extrême, j'ouvris le robinet, je pompai l'air avec beaucoup de diligence ; le thermometre defcendit de 8 à 6, 9, c'eft-à-dire, d'un degré & une dixieme de la divifion de Réaumur, tandis que l'Hygrometre ne fit abfolument aucune variation. Or quand je répétai l'expérience fous le même récipient, avec le même Hygrometre, le même thermometre, mais fans tole alkalifée & avec de l'air qui n'étant point defféché faifoit venir l'Hygrometre à 80 degrés, cet Hygrometre, qui n'avoit point fait de variation dans l'air fec en fit ici une de 24 degrés vers la féchereffe, & cependant le thermometre ne fit pas une variation fenfiblement plus grande que dans l'air defféché, il ne baiffa que de 9, 55 à 8, 4 ; c'eft-à-dire, de 1, 15. Puis donc qu'une humidité de 80 degrés, qui occafionne une évaporation égale à 24 degrés de l'Hygrometre, n'augmente le refroidiffement que de 0, 05 ou d'une vingtieme de degré, il faut fe ranger à l'avis de l'Académicien de Berlin, & reconnoître, que l'évaporation n'a aucune part ou du moins une part infiniment petite au curieux phénomene obfervé par le Profeffeur d'Édimbourg.

G g

CHAPITRE IV.

LE PASSAGE DU FEU D'UN LIEU DANS UN AUTRE EST-IL UNE DES CAUSES DE L'ÉVAPORATION ?

Introduction.

§. 234. **D**ANS toute la théorie que je viens d'expoſer ſur la formation des vapeurs, je n'ai point mis au rang des cauſes de l'évaporation le paſſage du feu d'un lieu dans un autre. Divers phyſiciens & même du premier mérite ont pourtant regardé ce paſſage comme un des principaux moyens que la nature emploie pour volatiliſer les corps ou pour les réduire en vapeurs. Mais j'oſe eſpérer que ſi ces mêmes phyſiciens veulent examiner attentivement avec moi les faits ſur leſquels on a fondé cette opinion, ils reconnoîtront qu'elle n'avoit point été ſuffiſamment approfondie.

Premier fait qui a donné lieu à cette queſtion.

§. 235. LORSQUE le ſoleil ſe couche après avoir fortement réchauffé l'air & la terre, cet air par ſa rareté & ſa mobilité perd ſa chaleur avant que le ſol ſur lequel il repoſe ait perdu la ſienne ; alors, comme le feu tend toujours à l'équilibre, il paſſe de la terre dans l'air ; en même tems il s'éleve de la terre une quantité de vapeurs, qui forment la roſée aſcendante, & qui même ſouvent ſe condenſent à nos yeux ſous la forme de brouillards.

VOILA donc, dit-on, des vapeurs qu'entraîne le feu lorſqu'il paſſe de la terre chaude dans l'air froid.

Mais peut-on croire que les vapeurs qui forment cette rofée & ces brouillards ne s'élevoient pas également de la terre lorf-que le foleil réchauffoit encore l'air qui l'entoure ? N'eft-il pas évident au contraire, que le refroidiffement de l'air, bien loin d'augmenter l'évaporation, l'a confidérablement réprimée & n'en voit-on pas la preuve dans cette même rofée qui lorf-qu'elle eft abondante, s'attache non feulement aux plantes, mais à la furface même de la terre ? N'eft-ce pas une chofe indubitable qu'un toile humide appliquée fur la furface de la terre, fe defféchera beaucoup plus promptement au milieu du jour, lorfque la terre & l'air font également réchauffés, qu'a-près le coucher du foleil ?

Examen de ce fait.

Comment donc le refroidiffement de l'air fait-il paroître tant d'humidité ? C'eft qu'il rend vifibles, & pour ainfi dire, palpa-bles les vapeurs que l'air renfermoit. Lorfque la chaleur les maintenoit fous la forme d'un fluide élaftique elles étoient tranfparentes comme l'air, & n'affectoient point nos organes différemment de l'air lui-même : mais condenfées par le froid, elles impriment à nos corps la fenfation de l'humidité, & fe montrent à nos yeux fous la forme de véficules groffieres, qui troublent la tranfparence de l'air.

Son expli-cation.

C'est ainfi que l'haleine des animaux eft invifible lorfque l'air eft chaud ou fec, parce que l'humidité qu'elle entraine eft fur le champ convertie en une vapeur élaftique & tranfparente; au lieu que quand l'air froid & humide n'a pas la force de la diffoudre, elle fe condenfe en vapeur véficulaire & forme un véritable brouillard.

G g 2

Enfin s'il étoit vrai que les vapeurs fuſſent formées par le feu, lorſqu'il les entraîne avec lui en paſſant d'un corps chaud dans un corps froid, il s'enfuivroit de là cette conféquence abſurde, c'eſt qu'à l'iſſue de l'hyver, lorſque la terre eſt froide & humide, s'il vient à ſouffler un vent chaud, ce vent bien loin de deſſécher la terre devroit augmenter ſon humidité : car alors le feu feroit en plus grande quantité dans l'air que dans la terre ; il paſſeroit donc de l'air dans la terre & il entraîneroit avec lui vers la terre les particules d'eau qu'il tiendroit en diſſolution.

Et s'il arrive en effet, qu'un air chaud dépoſe de l'humidité à la furface d'un corps froid, cela vient, comme l'a fort bien démontré Mr. le Roi, de ce que le contact de ce corps froid prive l'air de la chaleur néceſſaire pour tenir en diſſolution l'eau dont il eſt chargé. (*a*) §. 198.

Il eſt donc permis de conclure, que le refroidiſſement de l'air peut bien augmenter l'humidité apparente en condenſant les vapeurs ; mais que la quantité réelle de l'évaporation eſt toujours plus grande lorſque l'air eſt plus chaud, quelle que ſoit d'ailleurs la chaleur de la terre ; car, je le répete, la chaleur de l'air favorife la formation de la vapeur élaſtique & donne à ce même air la force néceſſaire pour abſorber & diſſoudre cette vapeur. La rupture de l'équilibre entre la chaleur de l'air & celle de la terre ne contribue donc nullement à l'évaporation.

(*a*) C'est auſſi la raifon des nuages qui entourent les Isles de glace que l'on voit flotter ſur les mers circonpolaires, & de cette eſpece de fumée que l'on obſerve quelquefois en été autour d'un morceau de glace.

§ 236. De même fi l'on met du feu fous une chaudiere pleine d'eau, l'évaporation ne fera pas produite par les particules du feu qui après avoir traverfé l'eau entraîneront avec elles les parties les plus voifines de la furface ; car fi l'orifice de la chaudiere entroit dans une fournaife auffi ardente que le feu qu'on a mis fous le fond de cette chaudiere, & que l'air fe renouvellât avec liberté dans cette fournaife, l'évaporation feroit fans contredit bien plus grande que fi cet orifice entroit dans une glaciere ; & pourtant dans le premier cas le feu ne tendroit point à fortir de l'eau, au lieu que dans le fecond il en fortiroit en grande abondance.

Second fait analogue au premier.

§ 237. On m'objectera fans doute, que dans des vafes clos, pour accélérer la diftillation, on fait ufage de réfrigérens, afin que le feu paffant d'une cucurbite réchauffée dans un chapiteau refroidi entraîne avec lui toutes les parties volatiles du corps renfermé dans la cucurbite.

Objection tirée de la diftillation.

Mais les diftillateurs en grand répondront pour moi, que la pratique n'eft point d'accord avec ce principe, puifque c'eft un fait, que fi l'on tient le chapiteau trop froid la diftillation ne fe fait qu'avec une lenteur extrême ; & que fi dans le moment où un alambic diftille à fil, on remplit tout à coup fon réfrigérent d'une eau très-froide, la diftillation s'arréte fur le champ, pour ne recommencer qu'à mefure que le Chapiteau fe réchauffe. La raifon en eft fort fimple ; fi le chapiteau eft très-froid, l'air qu'il contient eft denfe, incapable de diffoudre beaucoup de vapeurs, & tant que cet air demeure froid & denfe il s'oppofe à l'élévation & même à la formation des vapeurs ; au lieu que fi le chapiteau eft chaud, toute fa capacité

Réponfe à cette objection ; théorie de la diftillation.

fe remplit de vapeurs élaſtiques. Cependant pour que la diſtillation ſe faſſe, il faut que ces vapeurs puiſſent ſe condenſer quelque part, ſans quoi elles réſiſteroient tout auſſi bien que l'air à la formation de nouvelles vapeurs. Il faut donc leur donner une iſſue, qu'elles puiſſent ſortir du chapiteau & paſſer librement dans des canaux, dans un ſerpentin, par exemple, qui ſe refroidiſſe graduellement à meſure qu'il s'éloigne du chapiteau, qu'ainſi les vapeurs ſe condenſent graduellement, enſorte que celles qui ſe condenſent cedent leur place à celles qui les ſuivent. Il s'établit ainſi un courant continuel de vapeurs depuis l'intérieur de la cucurbite juſqu'au bec du ſerpentin, & la liqueur qui réſulte de la condenſation de ces vapeurs doit ſortir de ce bec la plus froide poſſible. C'eſt par les alambics conſtruits ſur ces principes que l'on obtient la diſtillation la plus abondante. L'art d'augmenter les produits de la diſtillation ne conſiſte donc point à oppoſer immédiatement le corps le plus froid au liquide le plus chaud, quoique cette méthode fût bien la plus propre à contraindre le feu à entraîner dans ſon paſſage la plus grande quantité de ce liquide ; mais cet art conſiſte à former la plus grande combinaiſon poſſible du feu & du corps que l'on veut convertir en vapeurs ; à avoir pour cet effet au‑deſſus de ce corps un lieu rempli d'un air chaud & rare, & à favoriſer enſuite la condenſation ſucceſſive de la vapeur élaſtique produite par cette combinaiſon.

La théorie donne auſſi une réponſe négative.

§ 238. D'AILLEURS cette eſpece d'enlévement méchanique des parties de l'eau par les élémens du feu n'expliqueroit nullement la ſuſpenſion des vapeurs, leur expanſion dans le vuide & tous les autres phénomenes qu'elles préſentent. Ces molécules d'eau retomberoient ſur le champ, à moins qu'elles ne s'uniſſent chymiquement au feu ou à l'air & qu'elles ne for maffent un mixte proprement dit par leur combinaifon avec l'un ou l'autre de ces élémens. Or cette union ne fauroit fe faire fans une affinité de l'eau avec le feu ou avec l'air ; & fi cette affinité exifte , il n'eft nul befoin que le feu traverfe l'eau pour s'unir avec ces molécules, il fuffit qu'il foit en contact avec elles & qu'elles puiffent fe dégager des liens qui les en-travent.

LE feu n'a donc pas befoin de fortir de l'eau pour s'unir avec elle, cette union peut fe former à fa furface, même en y entrant, comme cela arrive quand les rayons du foleil pé-netrent, réchauffent & convertiffent en vapeurs les eaux d'un étang ou d'un lac.

CHAPITRE V.

DE LA QUANTITE' DE L'ÉVAPORATION.

Conditions
deſquelles
depend cette
quantite.

§. 239. D'Aprés les principes que nous avons poſés, il eſt évident, que la quantité de l'évaporation de l'eau dépend de la chaleúr de cette eau, de la grandeur de la ſurface qu'elle préſente à l'air, de la chaleur de ce même air, comme auſſi de ſa ſéchereſſe, de ſon renouvellement & de ſa rareté. Mais il ne ſuffit pas de ſavoir que ces conditions influent ſur l'évaporation, il faudroit encore ſavoir exactement dans quel rapport & ſuivant quelles loix chacune d'elles l'augmente.

J'ai tenté dans le précédent Eſſai de déterminer ces rapports & ces loix relativement à la chaleur de l'air, à ſa ſéchereſſe & à ſa denſité : j'ai fait ſentir, §. 150, que pour ce qui concerne le renouvellement de l'air, il faudroit un grand nombre d'expériences difficiles & délicates ſi l'on vouloit déterminer avec préciſion ſon influence ſur l'évaporation. J'en dirai autant de la chaleur même de l'eau : le Profeſſeur RICHMAN, ce célebre martyr de l'électricité, a fait une ſuite d'expériences intéreſſantes ſur la quantité de l'évaporation de l'eau ſuivant qu'elle eſt plus chaude ou plus froide que l'air environnant. (*Novi Comment. Petrop*. *T. I. p.* 198. & *T. II. p.* 145.) Mais comme il n'a eu égard dans ces recherches qu'à la chaleur & à la denſité de l'air, ſans donner aux autres conditions

eſſentielles,

effentielles , telle que fa féchereffe & fon renouvellement, l'attention qu'elles méritoient , il ne paroît pas que l'on puiffe compter fur la généralité & la certitude des réfultats qu'il a trouvés.

§. 240. Il n'en eft pas de même de la queftion des furfaces, elle a été bien difcutée & nous avons des données fuffifantes pour la réfoudre. On peut à ce que je crois prouver, que quelle que foit la forme & la grandeur des vafes qui contiennent de l'eau, fi la chaleur & toutes les autres conditions font abfolument les mêmes pour tous, la quantité de l'évaporation, au moins d'une évaporation lente & tranquille , fera dans chacun de ces vafes en raifon de la grandeur de la furface que l'eau qu'il contient préfente à l'air libre.

Théoreme général.

§. 241. D'abord il eft évident, que deux vafes parfaitement égaux & femblables, qui feront entiérement remplis d'eau pure & dont la chaleur & la fituation feront abfolument les mêmes , doivent fubir en tems égaux des évaporations parfaitement égales.

Preuves tirées de la théorie. Vafes égaux en tout.

§. 242. Ensuite il n'eft pas moins certain , d'après les principes que nous avons pofés , que des vafes pleins d'eau pure & dont les orifices feront égaux & femblables, mais dont les hauteurs & les formes feront différentes doivent auffi, lorfque leur chaleur & leur fituation feront abfolument les mêmes , fubir des quantités égales d'évaporation. Car, excepté le cas de l'ébullition que nous ne confidérons point ici, l'eau ne fe réduit en vapeurs qu'à fa furface & dans les points où cette furface eft en contaĉt avec l'air : en effet , s'il fe formoit dans l'inté-

Vafes d'orifices égaux mais de hauteurs inégales.

H h

rieur de l'eau des vapeurs élaſtiques ou véſiculaires, ces vapeurs produiroient dans l'eau une eſpece d'ébullition ou troubleroient du moins ſa tranſparence : or l'eau qui s'évapore par la ſeule chaleur de l'air qui l'entoure demeure parfaitement tranquille & tranſparente. Par conſéquent, la quantité d'eau qui eſt au-deſſous de la ſurface, ou ce qui revient au même, la profondeur du vaſe au-deſſous de ſon orifice n'influe nullement ſur la quantité de ſon évaporation.

§. 243. Enfin par la même raiſon, la quantité de l'évaporation dans des vaſes pleins dont les orifices ſont inégaux doit être proportionnelle à la grandeur de ces orifices, quelle que ſoit d'ailleurs la forme & la hauteur de ces vaſes; pourvu que la chaleur & toutes les autres conditions ſoient les mêmes pour tous.

Vaſes iné-gaux en tout.

Il faut cependant reſtreindre cette aſſertion à des vaſes dont les différences ne ſont pas infiniment grandes ; car úne ſurface d'eau d'un pied pied quarré ſouffriroit une plus grande évaporation au milieu d'une plaine découverte & aride, qu'au milieu d'un grand lac, lors même que la chaleur, l'état du ciel, les vents & les autres circonſtances extérieures ſeroient en apparence les mêmes. La raiſon en eſt évidente ; cette petite ſurface ſeroit entourée par un air beaucoup plus ſec au milieu de la plaine aride qu'au milieu du lac, & ſouffriroit par conſéquent une plus grande évaporation dans cette plaine. On s'eſt donc un peu trop preſſé, lorſqu'on a voulu juger de la quantité d'eau que l'évaporation enleve de la ſurface de la mer, par la quantité d'évaporation que ſouffre un vaſe iſolé au milieu d'un jardin; il faudroit, pour avoir un terme de comparaifon jufte, faire cette expérience dans un vafe flottant fur la furface même de la mer, & dont l'eau feroit à-peu-près au même niveau.

Mais fi les orifices des vafes que l'on compare entr'eux, ne different que de quelques pouces ou même de quelques pieds, le produit de l'évaporation fera toujours fenfiblement proportionnel à la furface de ces orifices. En effet, l'air libre dans lequel nous fuppofons ces vafes, fe renouvelle avec tant de facilité & de promptitude, que la petite différence qu'il peut y avoir relativement à l'humidité entre l'air qui repofe fur le grand & celui qui repofe fur le petit, ne fauroit produire des effets fenfibles.

§. 244. Mais voyons fi l'expérience eft en cela d'accord avec la théorie.

Muschembroek rapporte dans fes additions aux Mémoires de l'Académie *del Cimento* T. II. p. 62. une expérience qui fembleroit prouver le contraire. Il fit faire deux vafes de plomb ouverts par en haut de forme parallélépipéde quarrée de fix pouces de largeur, & qui ne différoient entr'eux, qu'en ce que l'un avoit 12 pouces de hauteur, & l'autre 6 : il remplit d'eau ces deux vafes & les expofa en plein air au milieu d'un jardin à 3 pieds au-deffus du fol ; il nota chaque jour la déperdition que chacun de ces vafes fouffroit par l'évaporation, & il trouva cette déperdition toujours plus grande dans le vafe le plus profond. Le réfultat de cette expérience continuée pendant plufieurs mois fut, que les quantités d'évaporation étoient entr'elles, à-peu-près comme les racines cubiques des

Expérience de Muf- chembroëk qui paroit contraire à la théorie.

H h 2

hauteurs de l'eau dans les deux vafes ; en forte que l'évaporation dans un vafe de huit pouces auroit été double de celle qu'auroit foufferte un vafe qui n'auroit eu qu'un pouce de hauteur, quoique leurs orifices & toutes leurs autres déterminations euffent été exactement les mêmes.

Mais le même Phyficien ajoute, que quand il répéta cette expérience dans l'intérieur de fon cabinet, il ne put obferver aucune différence notable entre les quantités qui s'évaporoient dans ces différens vafes.

Expérience & explication de Richman.

§. 245. Richman a trouvé, comme Muschembroek, l'évaporation plus grande dans les vafes les plus profonds : mais voici la raifon qu'il en donne ; il fuppofe que l'évaporation dépend en grande partie de la différence de température entre l'eau & l'air, & que cette différence eft plus grande & plus durable dans les plus grands vafes, parce qu'ils font plus lents à fuivre les variations de l'atmofphere, (*Novi Comment. Petropol. T. II. p.* 134. *feqq.*) Ce principe fait comprendre, pourquoi les vafes de Muschembroek ne donnerent point dans fon cabinet la même différence que dans le jardin ; fans doute la température de ce cabinet n'éprouvoit que des variations très-petites & très-lentes.

N. Wallérius confirme cette explication.

§. 246. Mais un Phyficien Suédois, N. Wallérius a confirmé par des expériences directes cette explication de Richman ; car il a éprouvé, que des vafes dont les orifices étoient égaux, mais les hauteurs inégales . donnoient même en plein air, des quantités égales d'évaporation, lorfqu'il les maintenoit tous conftamment dans la même température, en les tenant enfoncés dans de l'argille jufques à leur orifice. *Mém. de l'Acad. de Suede pour l'année 1746.*

§. 247. ENFIN le célebre LAMBERT, ce philofophe auffi bon obfervateur que grand mathématicien, rapporte dans fon Mémoire fur l'Hygrométrie, (*Acad. de Berlin* 1769.) un grand nombre d'expériences continuées pendant plufieurs mois, à divers degrés de chaleur, dans des expofitions différentes, dans des vafes très-inégaux & en hauteur & en diametre; & il réfulte de ces expériences, que, toutes chofes d'ailleurs égales, la quantité de l'évaporation eft toujours proportionnelle à la grandeur de la furface du liquide qui eft en contact immédiat avec l'air extérieur: il n'a trouvé d'autre exception à cette loi, que quelques petites anomalies qui ont paru dépendre de la plus ou moins grande promptitude avec laquelle des vafes inégaux en maffe fuivent les variations de température de l'air qui les entoure.

Je crois cependant que c'eft avec raifon que le Pere COTTE fe plaint dans le Journal de phyfique du mois d'Octobre 1781, de ce que tous les météorologiftes ne fe fervent pas de vafes égaux pour mefurer la quantité de l'évaporation. Il réfulte du moins de fes expériences, qu'il y a réellement de très-grandes différences entre les quantités de vapeurs qu'exhalent des vafes de forme cubique & de grandeurs différentes. Ces différences ne paroiffent point fuivre le rapport des furfaces, fans doute par la raifon qu'ont alléguée WALLÉRIUS & RICHMAN, modifiée peut-être encore par quelques particularités du lieu dans lequel font fitués les vafes du Pere COTTE.

§. 248. Mais fi c'eft relativement à la météorologie que l'on s'occupe de la quantité de l'évaporation, il faut obferver que l'on peut fe propofer deux buts différens & qui exigent auffi des appareils totalement différens. Car on peut fe propofer pour but, ou de connoître la quantité abfolue des vapeurs qui s'élevent en différentes faifons & en différentes années des étangs, des lacs, de la mer, & en général des eaux ftagnantes à la furface de la terre; ou de connoître par la quantité de l'évaporation dans un moment donné, la force diffolvante de l'air dans ce même moment, & d'obtenir par-là une efpece d'Hygrometre du genre de ceux que j'ai placés dans la feconde claffe §. 50.

§. 249. Dans le premier cas, lorfque l'on veut connoître la quantité de l'évaporation des eaux ftagnantes, il convient que le vafe plein d'eau qui fert à mefurer l'évaporation (*) foit, autant qu'il eft poffible, dans la même fituation que les eaux auxquelles on le compare. Il faudroit donc à la rigueur, comme je l'ai dit plus haut, §. 243, que ce vafe flottât fur l'eau & y fût enfoncé jufques à la hauteur de celle qu'il renferme; mais au moins faut-il qu'il foit enfoncé dans la terre jufques au niveau de l'eau qu'il contient, & qu'il foit comme les eaux des lacs & de la mer, expofé au foleil, aux vents & à toutes les injures & les viciffitudes de l'air extérieur. Il faut enfin avoir un udometre placé auprès de ce même vafe & tenir compte de la quantité d'eau qu'il reçoit du ciel, afin d'ajou

---

(*) On a donné aux vafes deftinés à cet ufage le nom d'*Atmometre* ou d'*Atmidometre* du grec ἀτμός, ἀτμῦ ou ἀτμίς, ἀτμίδος *vapeur*.

ter cette quantité à la fomme de celle qui fe diffipe par l'é-
vaporation.

RICHMAN confeilloit & avec raifon de faire communiquer le
vafe qui fert d'atmometre, avec un autre vaiffeau d'une capacité plus grande fermé par-deffus & rempli d'eau, afin que
l'évaporation ne diminuât pas trop fenfiblement la hauteur de
l'eau dans l'atmometre, & que les pluies ne l'augmentaffent
pas non plus exceffivement. *Antiqui Comm. Petropol. T. XIV.*
p. 273. *feqq.*

§. 250. MAIS lorfque l'on fe propofe de connoître la quantité momentanée de l'évaporation, il faut un vafe petit &
léger, qui préfente à l'air une grande furface & qui foit fufpendu à une balance très-jufte & très-mobile, afin que l'on
puiffe faifir les plus petites variations dans le poids de la
liqueur. On pourra expofer cet inftrument à l'action des vents
& à celle du Soleil pour étudier leur influence fur l'évaporation; mais pour les obfervations journalieres, il conviendra
mieux de le placer dans un lieu couvert acceffible à l'air extérieur & pourtant à l'abri de l'action immédiate de ces caufes
trop puiffantes & trop variables. Si l'on veut enfin rendre ces
inftrumens comparables pour en tirer des inductions fur la
force relative de l'évaporation en différens tems & en différens
lieux, il faut que les vafes dont on fe fervira foient exactement de la même forme, de la même matiere, qu'ils contiennent la même quantité d'une eau également pure & que leur
pofition foit la même autant qu'il fera poffible. RICHMAN avoit
décrit un inftrument de ce genre dans les *Novi-Comment. Pe-*

Autre at-
midometre
pour l'éva-
poration
momenta-
née.

trop. T. II p. 121 *feqq.* mais le célebre phyficien & anato-
mifte M. le profeffeur Moscati a donné dans une petite lettre
imprimée à Milan qu'il m'a fait l'honneur de m'adreffer, la
defcription & le deffin d'un atmidometre de cette efpece très-
ingénieufement imaginé, & tout à la fois plus exact & plus
commode.

CHAPITRE

CHAPITRE VI.

DE L'E'VAPORATION DE LA GLACE.

§. 251. C'Est un fait connu de tout le monde, que la glace eft fujete à l'évaporation. On voit par un tems continuellement fec & froid diminuer peu à peu & difparoître enfin les glaçons qui s'étoient formés dans les ornieres des grands chemins. La neige, qui n'eft autre chofe qu'un amas de petites aiguilles de glace, diminue auffi très - rapidement, même par un tems froid & calme, pendant lequel fa diminution ne peut être attribuée ni au dégel ni aux vents.

La glace eft fujete à l'évaporation.

Enfin l'expérience que j'ai raportée à la fin du Chap. V. du précédent effai met la chofe abfolument hors de doute; puifque l'on voit la glace renfermée dans un vafe clos & dans un air plus froid que la congélation, perdre de fon poids & fe convertir en un fluide élaftique, qui fait monter le manometre, & qui affecte l'Hygrometre en fe mélant avec l'air.

§. 252. Cependant les détails de cette même expérience & toutes celles qui m'ont fervi à déterminer l'influence du chaud & du froid fur la force diffolvante de l'air, prouvent qu'audeffous du terme de la congélation, tout comme au - deffus, plus l'air eft froid, plus il eft promptement faturé par les vapeurs, foit de l'eau, foit de la glace, qui ne font qu'une feule & même chofe : d'où il fuit, que l'évaporation de la glace, de même que celle de l'eau, doit être, toutes chofes

Mais le froid diminue cette évaporation.

I i

d'ailleurs égales, d'autant moins grande que le froid eſt plus grand.

Aſſertions contraires de M. Gauteron.

§. 253. On lit pourtant dans les mémoires de l'Académie des ſciences pour l'année 1708. p. 451 & ſuivantes, que M. Gauteron a fait à Montpellier des expériences dont il conclut " que les liquides perdent plus de leurs parties pen-„ dant la plus forte gelée, que pendant que l'air eſt dans „ l'état que l'on appelle tempéré. „ On lit de plus dans ce mémoire, qu'une once d'eau convertie en glace dans un verre de deux pouces de diametre a ſouffert en 24 heures une diminution de 100 grains par l'évaporation; & qu'enfin " le „ grand froid & les vents ont toujours produit une évapora-„ tion plus grande que le moindre froid & le tems calme.„

Examen de l'une de ces aſſertions.

§. 254. Mais de deux choſes l'une, ou Mr. Gauteron a exagéré les réſultats de ſes expériences, ou la biſe qui porta ce grand froid à Montpellier étoit d'une ſéchereſſe extrême & favoriſoit l'évaporation d'une maniere tout-à-fait extraordinaire.

Car Krafft a obſervé, qu'un pouce cube de glace du poids de 293 grains $\frac{1}{2}$ n'a perdu en 28 jours par l'évaporation que 115 grains $\frac{1}{2}$ ce qui ne fait qu'environ 4 grains en 24 heures (*Krafftius de vaporum origine* §. 17.) Et ce qui eſt plus encore, Muschembroek, ce Phyſicien ſi recommandable par ſon exactitude, dit que le 11 Janvier 1729 il expoſa à un froid très-rigoureux un cube de glace du poids de 4 onces, qui ne perdit non plus que 4 grains en 24 heures. *Tentamina Acad. del Cimento*, *T. II. p.* 180.

§. 255. J'ÉLEVERAI le même doute, fur l'autre affertion de Mr. GAUTERON; il paroît croire que l'intenfité du froid augmente l'évaporation de la glace. Or il faut obferver qu'il confond ici l'effet du froid avec celui du vent; effets totalement difparates & même contraires, puifque le vent augmente l'évaporation & l'augmente d'autant plus qu'il eft plus fec & plus violent; tandis que le froid la diminue en raifon de fon intenfité.

ET fi quelqu'un pouvoit douter que le froid ne réprime non feulement l'évaporation de l'eau, mais auffi celle de la glace, j'alléguerois l'autorité de MUSCHEMBROEK qui dit expreffément, (*introd. ad Philof. natur.* T. II. p. 597.) que l'évaporation de la glace diminue, à mefure que le froid devient plus rigoureux. Je m'appuierois encore des expériences de Mr. BARON. Ce Phyficien, dans un mémoire que j'ai déja cité, §. 130, & qui paroît prefqu'entiérement deftiné à relever les inexactitudes & les exagérations de Mr. GAUTERON, prouve, que toutes chofes d'ailleurs égales, l'évaporation de la glace diminue à mefure que le froid augmente. *Acad. des Sciences* 1753.

§. 256. MAIS perfonne, que je fache, n'a fait fur ce fujet des recherches plus fuivies & plus exactes que Mr. N. WALLÉRIUS. Il réfulte à la vérité de fes expériences, que l'eau, pendant qu'elle fe convertit en glace, perd plus par l'évaporation que quand elle étoit encore liquide, & que ce furcroît d'évaporation eft d'autant plus grand, que le froid eft plus âpre & la congélation plus rapide. Mais cette exception à la regle générale n'eft, pour ainfi dire, qu'inftantanée; car dès que l'eau eft complétement gelée, la glace produite par cette

congélation , rentre fous la regle , & le froid , à mefure qu'il
augmente , diminue fon évaporation. *Mém. de l'Acad. de Suede*
1746.

MUSCHEMBROEK a fait auffi la méme obfervation : " l'évapora-
„ tion de la glace eft, dit-il la plus grande dans le moment
„ où elle commence à fe former, & elle diminue lorfqu'elle
„ eft entiérement formée. „

IL eft donc permis de conclure, qu'excepté le moment
de la congélation, où l'air en fortant de l'eau entraîne avec
lui quelques unes de fes molécules, la glace dans fon évaporation eft foumife aux mémes loix que l'eau dont elle a été
formée.

CHAPITRE VII.

DE L'E'VAPORATION DE L'EAU ME'LANGE'E D'AUTRES SUBSTANCES.

§. 257. ENTRE les différens corps qui peuvent fe dif-foudre dans l'eau & altérer fa pureté , il en eft qui ont plus d'aptitude qu'elle à fe réduire en vapeurs & d'autres qui en ont moins. Or l'état de diffolution de ces corps fuppofe né-ceffairement un certain degré d'union ou d'adhérence entre leurs élémens & ceux de l'eau dans laquelle ils font diffous. Ceux donc qui font plus volatils que l'eau, comme l'efprit de de vin , les alkali volatils, doivent entraîner avec eux quel-ques unes de fes molécules & faciliter ainfi fon évaporation : au contraire ceux qui font plus fixes, comme la plupart des fels doivent retenir ces mêmes particules & retarder leur éva-poration.

JE ne connois point d'expériences directes qui ayent été faites pour mefurer la quantité dont le mélange des ma-tieres volatiles augmente l'évaporation de l'eau ; d'autant que les procédés des différens arts qui traitent les eaux mélan-gées avec des corps de ce genre , ont pour objet la fépara-tion de ces corps & non point la quantité d'eau qu'ils laiffent en arriere.

§. 258. Mais on a fait des recherches fur les obftacles que les fels fixes apportent à l'évaporation de l'eau. Mr. N. Wal-lérius, ce phyficien Suédois que j'ai déja fouvent cité avec éloge, a obtenu des réfultats fort finguliers. Il a trouvé que certains fels fixes, tels que le fel marin & le falpêtre retardent l'évaporation de l'eau pendant les premieres 24 ou 48 heu-res qui fuivent leur mélange avec elle, & qu'enfuite l'évapora-tion continue fur le même pied que celle de l'eau pure. Il attribue avec affez de vraifemblance ce retardement dans l'éva-poration au froid que produifent ces fels par leur diffolution dans l'eau. Cependant le vitriol verd, le vitriol bleu & l'a-lun augmentent l'évaporation pendant les premiers tems, quoi-qu'ils produifent auffi un refrodiffement de deux ou trois de-grés. Le fucre qui refroidit l'eau d'un degré & demi ne pro-duit qu'un changement infenfible, qui tend à retarder plutôt qu'à accélérer l'évaporation. Enfin la chaux éteinte augmente confidérablement l'évaporation, même le huitieme jour après fon mélange avec l'eau. *Mém. de l'Acad. de Suede* 1746.

§. 259. Que conclure de toutes ces anomalies ? C'eft que quoique les loix générales de l'évaporation paroiffent affez bien établies, il refte cependant encore un grand nombre de recher-ches à faire pour rendre raifon de tous les détails; & qu'il eft vraifemblable que ces recherches conduiroient à des réful-tats curieux & intéreffans.

Mais fi quelque phyficien veut s'occuper de ces recherches, & nous donner fur les fujets traités dans ce chapitre & dans les deux précédens des lumieres plus fûres que celles que nous avons, on ne fauroit trop lui recommander, d'obferver toujours avec le plus grand foin le degré de l'humidité de l'air dans lequel fe fera l'évaporation, & de mefurer avec autant d'exactitude qu'il fera poffible & le volume & la rapidité du renouvellement de cet air.

§. 260. Je crois cependant que l'on en fait affez pour pouvoir décider que M. WALLÉRIUS s'eft trompé, s'il a cru pouvoir conclure de fes expériences que l'évaporation des eaux chargées de fels fixes, de fel marin, par exemple, marchoit d'un pas égal avec celle de l'eau pure. Car c'eft un fait connu de tous les Chymiftes, que quand on veut concentrer une folution d'un fel fixe quelconque, l'évaporation fe ralentit en raifon de la concentration, & que les dernieres portions d'eau ne peuvent être expulfées que par un feu très-actif & long-tems continué.

Les fels fixes retardent l'évaporation.

§. 261. On a même fur la plus ou moins grande évaporation des eaux plus ou moins chargées de fel marin, un beau travail du célebre HALLER. Ce grand Homme qui a toujours confacré fes connoiffances & fon génie à des études utiles à l'humanité, effaya de retirer par l'évaporation fpontanée des eaux falées de Bevieux en Suiffe, le fel que l'on en retire à grands fraix par la graduation & l'ébullition. Il fit pour cet effet conftruire en plein air des réfervoirs très-étendus & peu profonds, il les fit remplir d'eau falée, & à mefure que cette eau fe concentroit par l'évaporation, il la faifoit paffer dans des réfervoirs fucceffivement plus petits, jufqu'à ce qu'enfin la chaleur du foleil fît cryftallifer le fel gemme qu'elle tenoit

Haller l'a prouvé par des expériences directes.

en diffolution. Ces opérations lui donnerent la facilité de mefurer exactement la quantité de l'évaporation relativement au
degré de falure de l'eau, & lui firent voir, conformément à
la théorie, que l'évaporation diminuoit en raifon de la falure.
Il rendit compte de tous les détails de ces obfervations intéreffantes dans un mémoire qui a été inféré dans ceux de l'Académie des Sciences pour l'année 1764.

CHAPITRE VIII.

RE'SUME' GE'NE'RAL DE CETTE THE'ORIE.

§. 262. Terminons cet Effai par un expofé fuccinct des principes qui nous ont fervi à expliquer la formation des vapeurs.

Introduction.

L'évaporation proprement dite, eft le réfultat ou plutôt l'effet de l'union intime du feu élémentaire avec l'eau. Par cette union l'eau & le feu réunis fe changent en un fluide élaftique plus rare que l'air & qui mérite éminemment le nom de *vapeur*.

Vapeur proprement dite.

§. 263. Cette vapeur, lorfqu'elle fe forme dans le vuide, ou que fon abondance & fa chaleur foutenue lui donnent la force d'expulfer l'air qui la comprime, fe nomme *vapeur élaftique pure*, §. 183 — 188.

Vapeur élaftique pure.

§. 264. Mais lorfque cette même vapeur ne peut pas furmonter entiérement la force compreffive de l'air, elle le pénetre, fe mêle avec lui, fubit une vraie diffolution & prend le nom de *vapeur élaftique diffoute*, §. 189 — 192.

Vapeur élaftique diffoute.

§. 265. Lorfqu'ensuite l'air faturé laiffe précipiter l'eau qu'il contient, cette eau prend quelquefois la forme de véficules ou de petites bulles: ces véficules remplies & enveloppées d'un fluide rare & léger fe foutiennent dans l'air & s'élevent même quelquefois par une légéreté fpécifique plus grande

Vapeur véficulaire.

K k

que la fienne. Ce font donc des corps étrangers à l'air &
d'une nature abfolument différente du fluide élaftique auquel
nous venons de donner le nom de *vapeur*. Cependant pour
me conformer à l'ufage, je les ai rangés dans la claffe des
vapeurs, & je les ai diftingués par le nom de *vapeur véficulaire*, §. 201 & fuivans.

Vapeur
concrete.

§. 266. Enfin lorfque la vapeur élaftique ou les véficales
elles-mêmes fe condenfent en gouttelettes pleines, qui ne
different des gouttes de pluie que par leur extrême petiteffe,
ce font encore des corps bien différens de la vapeur proprement dite. Cependant comme ces corps flottent dans l'air
& peuvent même y être foutenus pendant quelque tems par
fon agitation & fa vifcofité, je les claffe auffi parmi les vapeurs
& je leur donne le nom de *vapeur concrete*.

Généralifa-
tion de cette
théorie.

§. 267. Je crois qu'il n'y a aucune vapeur ou exhalaifon
de corps foit fluides, foit folides qui ne vienne fe ranger fous
l'une de ces quatre efpeces & dont la formation ne puiffe &
ne doive s'expliquer par les mêmes principes. Seulement faut-il
obferver que fouvent l'impulfion méchanique de l'air extérieur,
ou celle des fluides élaftiques qui fe dégagent de l'intérieur
des corps, ou enfin les vapeurs élaftiques mêmes, entraînent
dans l'air des molécules de différens corps, qui par eux-mêmes n'étoient point fufceptibles d'évaporation.

QUATRIEME ESSAI.

APPLICATION

DES THEORIES PRECEDENTES

A QUELQUES PHÉNOMENES

DE LA MÉTÉOROLOGIE.

INTRODUCTION.

JE n'entreprends point de donner ici un traité complet de Météorologie ; cette fcience offre un grand nombre de phénomenes fur lefquels nous n'avons point affez de données , & je ne veux pas non plus retracer des chofes déja fuffifamment connues & expliquées : mon unique but eft d'analyfer un petit nombre de phénomenes , auxquels les théories précédentes m'ont femblé pouvoir heureufement s'appliquer.

CHAPITRE I.

DE LA DISTRIBUTION DES VAPEURS DANS L'ATMOSPHERE.

La théorie
eſt ici notre
unique
guide.

§. 268. ON ne connoît encore à ce que je crois, aucune ſuite d'obſervations directes, qui puiſſe nous donner quelques lumieres ſur la quantité des vapeurs contenues dans notre atmoſphere à différentes hauteurs. Car avant que je portaſſe l'hygrometre à cheveu ſur les Alpes, on n'y avoit encore porté aucun hygrometre comparable & aſſez ſenſible pour pouvoir ſe mettre parfaitement en équilibre avec l'air pendant le court ſéjour que l'on fait ordinairement dans ces hautes ſolitudes.

ET lors même qu'on en auroit porté, comme on ne connoiſſoit, ni la quantité abſolue de l'eau qu'indiquent les différens degrés de ces hygrometres, ni l'influence du froid & de la chaleur ſur la force diſſolvante de l'air, ces expériences n'auroient donné que des lumieres bien incertaines.

NOUS ne pouvons donc avoir ici d'autre guide que la théorie aidée de quelques faits généraux; mais je crois cette théorie aſſez ſolide & aſſez étendue pour nous conduire à des réſultats ſatisfaiſans; & mes obſervations hygrométiques ſur les Alpes, dont je donnerai le précis dans le dernier chapitre de cet eſſai, pourront ſervir à vérifier quelques uns de ces réſultats.

§. 269. EXAMINONS d'abord le cas le plus fimple. Suppo-
fons que la maffe entiere de l'air, depuis fes couches les
plus baffes jufqu'à fes régions les plus élevées foit parfaitement
feche: qu'au contraire la terre, que je confidere ici comme
une immenfe plaine, foit abreuvée d'humidité. Au lever du
foleil, les premiers rayons de cet aftre qui viendront frapper
la furface de la terre convertiront en vapeur élaftique une partie de l'eau dont elle eft pénétrée, & l'air qui repofe fur elle
diffoudra avidement cette vapeur. En même tems cet air dilaté
par la chaleur & augmenté par la vapeur qui fe mêle avec
lui, occupera un beaucoup plus grand efpace; il s'étendra fur-
tout du côté du couchant, où le mouvement progreffif du
foleil le détermine, & où l'air qui n'eft pas encore réchauffé
ne lui réfifte pas avec force. De là naîtra, pour les païs fitués
à l'occident, ce vent d'orient qui précede ordinairement le lever
du foleil. En même tems, ce même air raréfié par la chaleur
& allégé par le mélange de la vapeur qui eft plus rare que
lui, tendra auffi à s'élever; il entraînera avec lui les vapeurs
à mefure qu'elles fortiront de la terre, & il les diftribuera dans
des couches plus élevées. Mais il doit être remplacé à mefure
qu'il s'éleve, & il doit l'être par l'air le plus froid parce que
cet air eft en même tems le plus denfe. Il le fera donc par
celui du nord: car ceux du midi & de l'orient font plus
chauds, & le courant déja déterminé du côté du couchant
empêche que celui-ci ne rebrouffe en arriere. Ainfi à mefure
que le foleil s'élevera au-deffus de cette vafte plaine, qu'il réchauffera la terre & l'air qui la couvre, & qu'il remplira cet
air de vapeurs, cet air & ces vapeurs monteront dans les régions fupérieures de l'atmofphere, & feront continuellement
remplacés par un vent de nord. Il s'établira ainfi un courant

perpétuel , qui empêchera la ftagnation des vapeurs & favori-
fera leur difperfion, dans l'air. C'eft ce vent de nord connu des
phyficiens fous le nom d'*étéfien* & chez nous fous le nom de
féchard, qui dans les beaux jours de l'été fe leve réguliérement le matin vers les huit ou neuf heures. Ce vent fe ren-
forcera à mefure que le foleil réchauffant plus fortement la
terre en fera fortir une plus grande quantité de vapeurs , &
dilatera davantage & ces vapeurs & l'air qui les reçoit. Mais
peu-à-peu le foleil venant à décliner , cette afcenfion ceffera ,
le vent de nord s'affoiblira, il y aura une heure ou deux de
calme & enfin vers le foir le foleil dilatant l'air des terres fur
lefquelles il paffe excitera un vent de couchant. Ce vent s'obferve auffi réguliérement en été, après des jours fereins & lors
qu'aucune caufe locale ne s'oppofe à fa formation.

Le courant d'air vertical que produit le foleil à mefure qu'il
réchauffe les lieux fur lefquels il paffe porte la chaleur & les
vapeurs dans les régions les plus élevées de l'atmofphere : les
colonnes d'air réchauffées deviennent plus hautes que celles
qui les entourent ; elles refluent donc fur celles-ci principalement du côté du Nord, où l'atmofphere moins réchauffée
eft auffi conftamment moins haute. Il s'établit donc dans le
haut de l'atmofphere un courant du Sud au Nord, qui rem-
place continuellement celui qui vient par le bas du Nord au
Sud; c'eft ainfi que la feule chaleur du foleil établit une circulation perpétuelle & falutaire dans l'air qui nous environne.

Si l'air étoit parfaitement fec comme nous l'avons fuppofé ,
un feul jour , même de la canicule , ne produiroit point affez
de vapeurs pour le faturer ni même pour l'approcher du terme

de la faturation. Car à mefure que les vapeurs fe formeroient, la circulation produite par la chaleur diftribueroit ces vapeurs jufques dans les régions les plus hautes de l'air. Il ne fe formeroit donc nulle part ni nuages, ni rofée, l'évaporation continueroit même pendant la nuit ; le retour du foleil ranimeroit fes forces, & ce ne feroit qu'au bout d'un tems affez confidérable que l'air viendroit au terme d'une faturation parfaite.

§. 270. Supposons-le dans cet état ; qu'un matin avant le lever du foleil l'atmofphere entiere depuis les plus hautes régions jufques à la furface de la terre fût complétement faturée de vapeurs, & que la terre elle-même fût couverte ou du moins imbibée d'eau. Dans ce cas, au moment où le foleil commence à réchauffer la terre, cette chaleur engendre une certaine quantité de vapeurs élaftiques, car le feu en produit même dans un air parfaitement raffafié. Mais cet air refufe d'abord de les diffoudre ; ces vapeurs fe changent donc en véficules & il fe forme ainfi un léger brouillard à la furface de la terre. Cependant l'air fe réchauffant à fon tour devient capable de diffoudre & ces véficules & la vapeur élaftique qui continue de fe former. Ce même air dilaté par la chaleur & par la vapeur élaftique commence à s'élever vers le haut de l'atmofphere. Là il rencontre des couches plus froides, car la chaleur que le foleil excite dans l'air diminue à mefure que l'on s'éloigne de la terre. Ces couches, quoiqu'un peu réchauffées n'ont donc pas acquis affez de chaleur pour diffoudre les vapeurs que leur apporte l'air qui s'élève continuellement après s'être réchauffé dans le voifinage de la terre. Ces vapeurs fe condenfent donc dans cet air plus élevé & plus froid, & s'y changent ou en gouttes folides qui retombent en pluie,

Accumulation & diftribution des vapeurs furabondantes dans un air faturé.

ou plus fréquemment en véficules qui forment des nuages. L'épaiffeur & la denfité de ces nuages augmentent continuellement par l'afcenfion continuelle des nouvelles vapeurs qui fe forment à la furface du fol. Mais enfin ces nuages interceptant la lumiere du foleil aux couches inférieures, celles-ci fe refroidiffent de proche en proche, leurs vapeurs fe condenfent, & la maffe entiere de l'air ne paroît plus qu'un nuage épais qui traîne jufques à terre ; ou plutôt les véficules fe réfolvent en gouttes, & forment une pluie qui rend à la terre toute l'eau que la chaleur du foleil lui avoit enlevée. C'eft ce qui arrive toutes les fois que le foleil luit avec force immédiatement après une pluie ; l'air eft alors faturé de vapeurs, la terre eft imbibée d'eau, on voit cette terre s'échauffer, fumer pour ainfi dire au foleil (*terraque tum fumans humorem tota rehalat.* Lucret. L. VI. v. 522.) En peu d'heures ces fumées ou ces vapeurs fe raffemblent, le tems fe couvre, & bientôt il recommence à pleuvoir, à moins qu'il ne s'éleve un vent fec qui diffolve les vapeurs ou diffipe les nuages à mefure qu'ils fe forment.

§. 271. Fixons maintenant nos regards fur l'état d'une colonne d'air faturée d'eau depuis la furface de la terre jufques à fa plus grande hauteur ; & pour que rien ne trouble fon état pendant que nous l'obfervons, fuppofons qu'elle n'eft agitée par aucun vent, ni réchauffée par le foleil ; mais qu'il refte pourtant à chacune de fes couches le degré de chaleur moyenne qui lui eft propre en raifon de fon élévation. Il eft clair que les couches inférieures étant tout à la fois plus chaudes & plus denfes contiendront la plus grande quantité d'eau. Car nous avons vû que la chaleur & la denfité de l'air

augmentent

Différentes quantités de vapeurs dans les différentes couches d'une colonne d'air faturée.

augmentent fa force diffolvante , ou ce qui revient au même, le rendent capable d'abforber une plus grande quantité de vapeur élaftique. Si donc on fuppofe l'atmofphere divifée du bas en haut en couches également épaiffes, on verra que chacune de ces couches contient une quantité d'eau plus grande que la couche qui repofe fur elle, quoique l'hygrometre indique dans toutes le même degré, favoir, celui de l'humidité extrême. On pourroit même, fi l'on connoiffoit la loi fuivant laquelle décroit la chaleur à mefure que l'on s'éloigne de la terre, & fi l'on pouvoit regarder comme certains les principes que nous avons pofés dans le fecond effai, fur les loix que fuit la force diffolvante de l'air lorfque fa chaleur & fa denfité varient, on pourroit, dis-je, en déduire la progreffion fuivant laquelle diminue la quantité d'eau à mefure qu'on s'éleve dans des couches également épaiffes & également faturées , & l'on pourroit connoître ainfi la quantité totale de l'eau contenue dans une colonne d'air faturé d'un diametre & d'une hauteur quelconque.

§. 272. Mais quelles font les limites de la hauteur à laquelle parviennent ces vapeurs élaftiques ?

Sans-doute ce n'eft pas le terme où le froid de l'air furpaffe celui de la congélation : car même dans les plus grands froids l'eau & la glace fe réfolvent en vapeurs élaftiques, l'air diffout ces vapeurs, le cheveu les abforbe, & toutes les affinités hygrométriques s'exercent avec la plus grande régularité.

Il n'y a aucune limite abfolue à l'élévation des vapeurs.

Ce n'eſt pas non plus l'extrême raréfaction de l'air qui limite l'élévation des vapeurs; car nous avons détruit cette fauſſe opinion trop généralement adoptée, que l'air en ſe raréfiant laiſſe tomber l'eau qu'il tenoit en diſſolution ; on a même prouvé que l'eau & tous les corps volatils ſe réſolvent en vapeurs élaſtiques plus aiſément dans le vuide que dans l'air, & nous avons fait voir que la ſaturation & tous les phénomenes hygrométriques s'obſervent également dans le vuide.

Nous ne connoiſſons donc aucune limite abſolue & tranchante, qui s'oppoſe à l'élévation des vapeurs. Nous ſavons pourtant que ce fluide élaſtique engendré par l'union de l'eau & du feu eſt, toutes choſes d'ailleurs égales, d'autant moins abondant que la chaleur eſt moindre ; qu'ainſi ſa quantité doit continuellement diminuer à meſure que l'on s'éleve à des régions plus élevées & plus froides, & que cette quantité doit être, par conſéquent, très-petite à des hauteurs où le froid eſt extrême.

C'eſt le froid des hautes régions de l'air qui retient l'eau ſur notre planete.

§. 273. C'est donc le froid des hautes régions de l'atmoſphere, qui retient & empriſonne ſur notre globe & autour de lui toute l'eau qu'il renferme. Si la nature n'avoit pas employé ce lien pour l'aſſujétir, ſi la même chaleur eût régné à toutes les hauteurs, l'eau changée en vapeur élaſtique dans les hautes régions où l'air eſt extrémement rare, ſe ſeroit répandue dans le vuide immenſe qui ſépare les corps céleſtes & auroit laiſſé notre terre abſolument aride & déſerte. Cependant il n'eſt pas impoſſible que malgré ce lien, il ne s'en échappe encore quelques portions qui ſe mêlent avec l'éther & qui abandonnent ainſi notre planete. Ces pertes accumulées pendant une longue fuite de fiecles pourroient même produire enfin , ou avoir déja produit une diminution fenfible dans les eaux de notre globe. On entrevoit ici comment des recher‑ ches & des expériences minutieufes au premier coup d'œil , peuvent conduire à tout ce qu'il y a de plus relevé & de plus étendu dans le fyftéme de nos connoiffances.

§. 274. Mais les différentes couches dont eft compofée une colonne d'air verticale ne font pas toujours également feches ou également faturées ; elles peuvent être à des dif‑ tances très‑différentes du point de faturation. Souvent les hy‑ grometres fitués près de terre témoignent que l'air eft éloigné de 30 ou 40 degrés de l'humidité extrême , tandis que des nuages fufpendus au‑deffus de nos têtes prouvent qu'à cette hauteur il eft parfaitement faturé. Alors fi l'on s'éleve dans l'at‑ mofphere , à mefure que l'on s'approche des nuages, l'hygro‑ metre marche vers l'humidité & il arrive enfin au terme de l'humidité extrême lorfqu'il y eft entiérement plongé. C'eft ce que j'ai fouvent éprouvé en montant, l'hygrometre à la main fur une montagne dont la fommité étoit entourée de nuages.

L'air peut auffi être faturé dans le bas d'une colonne & ne l'être pas dans le haut.

C'est ce qui arrive lorfque des brouillards couvrent la plaine & faturent l'air qui repofe avec eux fur cette plaine , tandis qu'un beau foleil éclaire les parties plus élevées de l'atmof‑ phere & leur donne une chaleur qui les tient au‑deffus du point de faturation. On voit auffi des bandes de nuages qui nagent entre des couches d'un air néceffairement moins hu‑

Différens degrés d'hu‑ midité à dif‑ férentes hauteurs.

n'apperçoit pas un flambeau ardent à la diftance de quelques pas. Nous favons cependant que puifque ces nuages & ces brouillards fe foutiennent dans l'air , leur poids ne peut jamais furpaffer celui d'un pareil volume de la couche d'air dans laquelle ils nagent. D'ailleurs puifque les animaux y refpirent avec liberté, puifque la flamme y brûle, il faut qu'il refte encore bien de l'air libre entre les véficules. Il eft donc difficile de fuppofer que dans le nuage ou le brouillard le plus denfe, il y ait une quantité d'eau qui furpaffe le tiers ou le quart du poids de l'air dans lequel il eft fufpendu ; c'eft-à-dire, plus de 200 ou de 250 grains par pied cube : mais c'eft encore une quantité bien confidérable , & qui dans un grand nuage, fi elle tomboit tout à la fois en pluie , produiroit de terribles effets.

A quelle hauteur peuvent s'élever les nuages ?

§. 276. On a demandé à quelle hauteur pouvoient s'élever les nuages. Riccioli a mefuré fréquemment leur élévation par des opérations trigonométriques, & il affure n'en avoir jamais vu qui parvinffent à la hauteur de 5000 pas géométriques ou de 4167 toifes. Bouguer refte même d'abord en deçà de ce terme , car il met au rang des nuages les plus élevés, ceux qu'il a vus paffer au-deffus du Chimboraço à une hauteur qu'il jugea furpaffer de 3 ou 400 toifes la cime de cette montagne. Or le Chimboraço eft élevé de 3217 toifes au-deffus de la mer ; donc ces nuages n'auroient eu au plus que 3617 toifes d'élévation. Mais il ajoute un peu plus bas , “ il faut augmenter confidérablement cette hauteur , s'il eft permis de confondre avec les autres nuages ceux que forme „ quelquefois la fumée des Volcans, car je l'ai vue monter à „ 7 ou 800 toifes plus haut. „ *Voyages au Pérou* p. L.

La hauteur de 4300 ou de 4400 toifes perpendiculaires au-deſſus de la mer, eſt donc ſuivant ce ſavant académicien, le terme au-deſſus duquel les nuages ou les vapeurs ne peuvent point s'élever.

Mais j'ai déja fait voir que les vapeurs élaſtiques peuvent & doivent s'élever incomparablement plus haut : & quant aux véſicules qui compoſent les nuages, je crois que Bouguer a auſſi fixé leur terme beaucoup trop bas.

Car quand je conſidere ces fines pommelures, qui après pluſieurs jours de beau tems commencent à couvrir d'une gaze blanche & tranſparente la voûte azurée des cieux, & qui annoncent ainſi long-tems à l'avance le retour de la pluie, je ſuis porté à croire qu'elles occupent une région bien plus élevée : on les voit ſurpaſſer de beaucoup les cimes des plus hautes montagnes ; & lorſqu'on eſt ſoi-même perché ſur les ſommets les plus élevés que l'on puiſſe atteindre, elles paroiſſent tout auſſi hautes que du fond des vallées. Ce ne ſont ſûrement point des nuages de ce genre dont Riccioli & Bouguer ont meſuré l'élévation. Ce voile léger eſt ſi univerſellement répandu, ſon tiſſu eſt ſi uniforme, qu'il ſeroit à-peu-près impoſſible de déterminer quelqu'un de ſes points d'une maniere aſſez préciſe pour prendre ſa hauteur par deux obſervations faites en même tems aux deux extrémités d'une grande baſe. Enfin les expériences que j'ai rapportées, §. 228, prouvent que des véſicules ſemblables à celles qui compoſent les nuages, ſe forment encore dans un récipient dont l'air ne ſoutient plus que 15 lignes de mercure, & qu'elles peuvent par conſéquent exiſter à 13500 toiſes au-deſſus de la ſurface de la mer.

mide que celui des nuages eux-mêmes. Enfin lorfqu'il regne
à différentes hauteurs des vents différens ou même contraires,
comme cela eft encore très-fréquent, il eft bien vraifemblable que le degré de faturation n'eft point le même dans ces
différens courans.

UNE colonne d'air verticale eft donc fouvent compofée de
tranches ou de couches dont les unes font faturées tandis que
les autres ne le font pas & font plus ou moins éloignées du
point de faturation. (1)

Les nuages augmentent la quantité abfolue de l'eau fufpen- due dans l'atmofphere

§. 275. LA quantité d'eau qui peut exifter dans une couche donnée d'air fous la forme de vapeur élaftique eft donc
limitée par le degré de la chaleur de cet air. Il n'en eft pas
ainfi de la vapeur véficulaire ; nous ne connoiffons point de
terme au-delà duquel l'air ne puiffe plus en admettre, fi ce
n'eft celui du contact des véficules ou du moins de leurs at-
mofpheres.

C'EST un moyen bien admirable qu'à employé la Nature
pour former des réfervoirs d'eau dans les couches hautes &
froides de l'atmofphere & pour tranfporter promptement cette
eau à des diftances confidérables. Car fi l'air ne pouvoit contenir que l'eau qu'il peut diffoudre, cette quantité d'environ
dix grains par pied cube eft fi minime qu'elle n'auroit jamais
pa fournir de pluie un peu confidérable. Cette quantité eft

---

(1) Il n'eft pas néceffaire de faire obferver, que toutes ces différences peuvent influer fur le poids des dif- férentes colonnes d'air, fur celui des dif- férentes tranches d'un même colonne, & par conféquent fur la mefure des hauteurs par le baromettre.

même encore moindre dans les couches élevées où l'air est plus froid ; & d'ailleurs l'air qui fournit la pluie ne se deffaisit point de toute l'eau qu'il contient , il ne lâche que son humiditée superflue , & il doit en conferver affez pour être encore parfaitement faturé. Auffi les pluies fans nuages font elles un phénomene infiniment rare. Les météorologiftes en ont cependant noté quelques exemples ; mais ces pluies n'ont jamais donné qu'une très-petite quantité d'eau , précipitée fans doute par le refroidiffement fubit d'une colonne faturée , dans un moment qui n'étoit pas favorable à la formation des véficules.

La rofée que l'on peut regarder comme une efpece de pluie fans nuages , s'explique de la même maniere ; elle eft cependant quelquefois accompagnée de brouillards , & même cette vapeur qui rend l'air un peu louche dans le moment où la rofée tombe , provient vraifemblablement de quelques véficules qui fe forment lorfque l'air refroidi dépofe fon humidité fuperflue. Mais je laiffe à Mr. Pictet les détails de l'explication de la rofée & des phénomenes thermométriques nouveaux & finguliers qu'il a obfervés dans le moment de fa formation.

Je reviens aux nuages : je dis que nous ne connoiffons aucun terme à l'accumulation des véficules qui les forment , fi ce n'eft celui de leur contact mutuel. On a vu des nuages d'une denfité telle , qu'en plein midi ils interceptoient totalement la lumiere du foleil & qu'ils couvroient la terre des ténebres de la nuit ; on voit quelquefois en Hollande des brouillards fi épais, qu'en plein jour un homme debout ne peut pas diftinguer le terrein fur lequel il marche , & que de nuit on

§. 277. Après avoir étudié les différences qu'il peut y avoir entre les différentes couches d'une même colonne, nous devrions examiner celles qui peuvent fe rencontrer entre différentes colonnes, & déterminer ainfi l'influence des climats fur l'humidité foit réelle foit apparente de l'air. Mais ces détails nous meneroient trop loin, & ils découlent fi clairement des mêmes principes, que leur expofition me paroît abfolument fuperflue. Je me hâte d'en venir à un fujet plus difficile & plus problématique.

CHAPITRE

CHAPITRE II.

DES ORAGES.

§. 278. LEs principes que nous avons pofés fur la nature des vapeurs, fur leur élafticité, fur la poffibilité de leur
exiftence dans l'air le plus raréfié, facilitent l'intelligence des
plus grands phénomenes de la météorologie.

CAR les phyficiens qui ont pofé pour principe, que la
raréfaction de l'air mettoit un obftacle à l'élévation des vapeurs,
n'ont pas pu, fans fe contredire, fuppofer que les vapeurs
puffent s'élever à de très-grandes hauteurs; les vents mêmes
ne pouvoient pas les fervir; car quelle force impulfive peut
avoir un courant d'air quand il eft réduit à une rareté extrême.
Si au contraire on confidere les vapeurs comme un fluide
élaftique femblable à l'air, capable de fe foutenir par fes
propres forces, n'ayant befoin que de chaleur pour fe dilater
fans bornes, même dans le vuide le plus parfait, leur diffufion & leur élévation ne font plus que des conféquences légi-
times de ces mêmes principes.

EN effet, puifque le froid eft fuivant ces principes, la caufe
la plus efficace de la diminution des vapeurs dans les couches
les plus élevées de l'atmofphere, fi la chaleur vient à monter,
les vapeurs élaftiques la fuivront à quelque élévation que ce puiffe
être & leur quantité abfolue dans un efpace donné, pourra

égaler & furpaffer même celle qui fe rencontre en certains tems
à la furface de la terre.

Liberté &
action du
fluide élec-
trique dans
les hautes
régions de
l'air.

§. 279. Un autre principe météorologique, qui n'eft pas
comme les précédens appuyé fur des faits indubitables, mais
qui me paroît avoir le plus haut degré de probabilité auquel
puiffe atteindre une hypothefe phyfique, eft celui de la pré-
fence & de l'action libre & continuelle du fluide électrique
dans les couches les plus élevées de notre atmofphere. (1)

Les phyficiens reconnoiffent tous, que le fluide électrique
eft répandu dans toute l'atmofphere : ils reconnoiffent également que ce fluide géné dans fes mouvemens tant qu'il eft
contenu dans un air denfe, fe meut avec la plus grande liberté
dans le vuide ou dans un air raréfié, par exemple dans l'intérieur d'un récipient bien évacué. Donc à une très-grande hauteur, là où l'air eft réduit à la même rareté qu'il a dans nos
récipiens, & même à une rareté plus grande, le fluide électrique doit avoir les mouvemens les plus libres. Il doit être,
par cela même, capable des plus grands effets, parce qu'il
peut fe porter d'un lieu dans un autre en très-grande quantité & avec l'extrême rapidité qui lui eft propre. Et fi, comme
un grand nombre de phyficiens le croient, l'éther ou la matiere fubtile qui remplit les intervalles des planetes, n'eft autre

---

(1) J'ai expofé ce principe & quelques-unes de fes conféquences dans des
thefes fur l'électricité publiées en 1767.
J'ai vu depuis que Mr. Francklin avoit
eu avant moi la même penfée. Mais je
n'en avois ni ne pouvois en avoir aucune connoiffance lorfque ces thefes
fürent publiées. Car la lettre dans laquelle cet homme célebre communique
cette idée à la Société Royale de Lon-
dres, n'a été imprimée pour la premiere fois qu'en 1769 dans la collection
de fes œuvres.

chofe que le fluide électrique, quelle ne doit pas être la force
de cet agent répandu dans ces efpaces immenfes? Mais nous
n'avons pas befoin de cette fuppofition : il nous fuffit que les
couches les plus élevées & les plus rares de notre air foient
remplies de ce fluide & qu'il puiffe s'y mouvoir avec une
grande liberté.

§. 280. CAR on fait que l'eau foit en fubftance, foit réduite en vapeurs, eft un conducteur de l'électricité ; que l'air
à mefure qu'il s'en charge, devient moins *coërcent*, moins propre à réfifter à la diffufion & aux mouvemens du fluide électrique. Par conféquent, fi les vapeurs peuvent s'élever jufqu'à
une grande hauteur, elles peuvent fervir de conducteur, de
canal de communication entre cet immenfe réfervoir, cet océan
de fluide électrique libre, & la maffe entiere de notre globe.
Si donc le fluide électrique vient à être dans quelque partie de
notre globe, plus ou moins tendu que celui qui fe trouve
dans la partie correfpondante des hautes régions de l'air, les
vapeurs feront le milieu au travers duquel fe rétablira l'équilibre. Or cet équilibre ne fera pas de longue durée : car cet
immenfe océan électrique ne doit-il pas être fujet à des flux
& à des reflux, à des courans & à d'autres influences qui
produifent de grandes différences dans fa denfité locale ? Et le
fluide contenu dans notre globe même peut-il être toujours
uniformément difféminé dans toute fa maffe; n'y a-t-il pas
mille & mille agens qui peuvent l'accumuler ou le raréfier
dans tel ou tel point de la terre ? Un équilibre parfait entre
des forces indépendantes, & qui peuvent être modifiées par
des caufes différentes, étant donc très-peu probable & par
cela même très-rare, il n'arrivera prefque jamais que les va-

Les vapeurs établiffent une commu-nication en-tre la terre & les hautes régions de l'air.

peurs montent depuis la furface de la terre jufqu'aux régions élevées de l'atmofphere, fans fervir de véhicule & de paffage à la quantité de fluide électrique néceffaire pour rétablir l'équilibre entre l'électricité terreftre & l'électricité aërienne.

Application générale de ces principes à différens météores.

§. 281. CETTE théorie eft une conféquence fi immédiate des principes les plus certains de l'électricité, qu'il femble fuperflu de la confirmer par les phénomenes qu'elle explique. J'obferverai cependant, qu'elle eft fûrement la feule qui rende raifon de ce fait général, c'eft que jamais les vapeurs ne s'élevent à une grande hauteur fans produire les plus terribles météores. Toutes les éruptions volcaniques un peu confidérables font accompagnées d'éclats de tonnerres, les feux qui s'élevent de la terre femblent allumer ceux du Ciel, la colonne vaporeufe qui fort des entrailles du Volcan eft continuellement foudroyée par des éclairs qui tantôt femblent venir des plus hautes régions, tantôt femblent fortir de la colonne même. (2) La gréle, qui fuppofe néceffairement l'afcenfion des vapeurs à une hauteur confidérable eft toujours accompagnée d'électricité; je n'ai du moins jamais obfervé ni gréle ni grefil, fans que mon conducteur électrique donnât des fignes très-décidés d'une électricité aërienne ou pofitive ou négative. Les aurores boréales font auffi accompagnées de fignes d'électricité; & leur lumiere, qui à la hauteur où elles brillent ne fauroit être l'effet d'un embrafement, paroit être produite par

---

(2) PLINE le jeune obferva déja ces éclairs dans la fameufe éruption qui coûta la vie à fon Oncle. Mr. le Chevalier HAMILTON les a obfervés luimême plufieurs fois, & il a raffemblé plufieurs obfervations analogues dans fa belle defcription de l'éruption du Véfuve de 1779. Voyez fon *Supplément aux Campi phlegrai*, Naples 1779 folio.

le fluide électrique dans le moment où il se condense en s'infiltrant dans des colonnes de vapeurs extrêmement élevées. Les trombes, les ouragans & même quelques tremblemens de terre sont en grande partie les effets des torrens de matiere électrique attirés par des torrens de vapeurs du haut des régions les plus élevées de l'atmosphere. Enfin l'électricité des nuées, ce phénomene si fréquent & aujourd'hui si généralement reconnu, peut-il être attribué à une cause plus naturelle & plus vraisemblable ?

§. 282. Il ne reste donc plus qu'à expliquer comment & dans quelles circonstances les vapeurs peuvent s'élever dans ces hautes régions. La condition essentielle est un calme parfait, ou du moins l'absence de tout vent horizontal d'une force & d'une étendue un peu considérables. Nous le savons par expérience: les orages les plus terribles, les gréles, les trombes, les ouragans sont toujours précédés par de longs calmes. (3) En effet, pour que les vapeurs puissent s'élever à une grande hauteur, il faut qu'aucun vent horizontal ne puisse les entraîner par son mouvement ou les condenser par son froid. Il faut ensuite un soleil assez ardent pour que sa chaleur favorisée par

Explication détaillée d'un ouragan.

---

(3) Si quelquefois on voit des ouragans précédés par des vents ; c'est dans les lieux situés sur les bords de la colonne orageuse. L'air ascendant doit être remplacé ; ce remplacement est effectué par des courans d'air qui viennent d'abord de la plage la plus froide & qui font ensuite le tour de l'horifon en se dirigeant toujours vers la plage la plus chaude. C'est pour cela que sur notre hémifphere, si des caufes locales ne modifient pas la regle générale, le vent passe du nord à l'est, de l'est au sud, & ainsi de suite ; au lieu que sur l'hémisphere austral il commence & tourne en sens contraire. *Voyage de Mr.* LE GENTIL *T. II.* p. 701.

Mais vers le centre de la base de la colonne, l'air, avant l'ouragan, doit toujours paroître calme.

le calme réchauffe confidérablement la furface de la terre. Il faut enfin que cette furface contienne affez d'humidité pour fournir des vapeurs, mais qu'elle ne foit pourtant pas abreuvée d'eau au point de faturer l'air & de refroidir & lui & la terre par une évaporation trop abondante.

Lorsque ces trois conditions fe réuniffent il fe forme néceffairement un vent vertical, car & la chaleur & le mélange des vapeurs élaftiques rendent l'air plus rare, plus léger & l'obligent ainfi à s'élever. Ce vent vertical porte la chaleur dans les couches fupérieures de l'air & les rend capables de diffoudre les vapeurs qu'il entraîne peu-à-peu avec lui. Ainfi l'air n'étant nulle part affez froid pour condenfer les vapeurs & pour en former des nuages qui puiffent empêcher les rayons du foleil de parvenir jufqu'à la terre & de la réchauffer, ces vapeurs fe répandent à-peu-près uniformément dans toute la maffe d'une colonne verticale extrêmement élevée. Cependant les petites inégalités locales qui fe trouvent dans leur diftribution & l'agitation qu'imprime à l'air le vent vertical qui l'entraîne, lui donnent ce tremblotement qui diminue fa tranfparence & la colonne devient par cela même fufceptible d'être plus fortement réchauffée par les rayons du foleil. Cette chaleur dilate donc toujours plus la colonne, la rend plus légere & augmente la force du vent vertical, qui éleve les vapeurs à une hauteur toujours plus grande en portant toujours avec elles une chaleur capable d'empêcher qu'elles ne fe condenfent.

Alors les malheureux habitans du milieu de la bafe de cette colonne éprouvent une chaleur fuffoquante; le foleil dont les rayons traverfent à peine ces vapeurs accumulées leur paroît

rouge & dépourvu de rayons ; bientôt le haut de la colonne
de vapeurs atteint les régions où la rareté de l'air donne au
fluide électrique la liberté de ſe mouvoir, ce fluide commence
à traverſer la colonne avec un bruit ſourd & redoutable ; la
mer attirée par ce fluide & par la ſuccion du vent vertical ſe
ſouleve, laiſſe à ſec certaines plages & en inonde d'autres.

Enfin lorſque les vapeurs ont atteint une hauteur où regne
un froid trop grand pour que le vent vertical puiſſe le vaincre,
elles ſe condenſent, retombent en eau ou forment des véſicules ; l'opacité de ces vapeurs condenſées cache le ſoleil au
reſte de la colonne ; elle ſe refroidit ſubitement ; convertit
en neige ou en glace l'humidité qu'elle contenoit : ce volume
immenſe de vapeurs perd ſubitement ſon élaſticité, l'air lui-
même ſe condenſe, de là réſultent un vuide énorme, des vents
de la plus grande violence, un ſoulevement de la mer plus
grand encore que le premier, & des inondations de tout
genre.

Cependant le fluide électrique continue de traverſer cette
maſſe mélangée d'air, d'eau, de glace & de vapeurs, tonne,
éclate & acheve de détruire par le feu ce qui avoit échappé à
la fureur des autres élémens. (4)

---

(4) MM. Francklin, Du Carla
& d'autres phyſiciens avoient déja tiré
un grand parti de ces colonnes aſcendantes pour l'explication des grands
météores ; je crois cependant que la
théorie diſtincte des vapeurs & de l'é-
lectricité augmente beaucoup la clarté
& la préciſion des idées que nous pouvons nous en former. Quant à Mr.
Du Carla, il a fait une application
infiniment heureuſe de ces mêmes colonnes aſcendantes, aux pluies & aux
ſéchereſſes périodiques dans certains
pays, à la contrariété des ſaiſons qui
regnent des deux côtés d'une même
chaîne de montagnes & à d'autres phénomenes de ce genre. Et quoique cet
ingénieux phyſicien ait admis pour prin-

Je n'entrerai pas dans de plus grands détails : ces traits généraux fuffifent pour faire voir que cette théorie rend raifon des principaux phénomenes des ouragàns & des grands orages. Elle explique la defcente du barometre, le calme, la chaleur, la couleur du foleil & l'opacité de l'air qui les pronoftiquent ; les mouvemens de la mer & le bruit fourd de l'air qui les précedent immédiatement ; & les vents, les inondations, les tonnerres & le froid qui les accompagnent.

Vents pro-
duits par la
formation
des vapeurs.

§. 283. J'ajouterai feulement, que s'il y a des cas dans lefquels la vapeur élaftique produit des vents par fa condenfation fubite, il en eft auffi où elle en occafionne en dilatant l'air au moment où elle fe forme. C'eft même un phénomene très-connu, mais dont on n'avoit pas donné d'explication fatisfaifante.

On voit quelquefois une colonne de pluie fe promener, pour ainfi dire, dans une plaine ou dans une vallée, le vent la précede, il ceffe quand elle arrive, il renaît quand elle eft paffée, & toujours il part du centre de l'efpace qu'elle occupe. Le peuple dit que ce font les gouttes de pluie qui par leur chûte chaffent l'air de tous côtés.

L'absurdité de ce raifonnement faute aux yeux. La chûte de cette eau produit un petit déplacement, pour ainfi dire in-

---

cipe la fauffe théorie de Nollet fur la chûte des vapeurs dans un air raréfié, cette erreur n'infirme nullement les conféquences qu'il en tire ; parce que le froid des hautes régions de l'air fuffit feul pour rendre raifon de la chûte des vapeurs qu'il attribue aux forces réunies du froid & de la rareté de l'air.

teftin

teftin, des parties de la colonne d'air que traverfe la pluie, & ne fauroit chaffer au loin une portion de cette même colonne. Quant au volume de la pluie, il eft rare qu'en demi-heure il foit d'un demi-pouce de hauteur & l'addition d'une fi petite quantité ne fauroit produire un vent fenfible à une certaine diftance. Ce n'eft donc pas la pluie elle-même; c'eft la vapeur élaftique dans laquelle elle fe convertit en partie. En effet la pluie en tombant du haut des nues arrive dans un air qui n'eft point encore faturé, elle tombe fur une terre fouvent chaude & feche. Il doit donc fe former une quantité confidérable de vapeur élaftique, dont le volume mille fois plus grand que celui de l'eau dont elle eft née, doit caufer dans l'air une dilatation fenfible. Et l'humidité même du vent, qui vient de cette colonne pluvieufe annonce la vapeur à laquelle il doit fon origine.

§. 284. Ce même principe rend raifon de ces coups de vent brufques & violens, que les marins appellent des *grains* & qui femblent produits par la chûte d'une pluie ou d'un nuage. Si les couches inférieures de l'air fortement rechauffées, & devenues ainfi avides de vapeurs, font tout-à-coup traverfées par une quantité d'eau très-divifée & par cela même fufceptible d'une évaporation très-prompte, il doit fe produire fimultanément une quantité de vapeur élaftique affez confidérable pour donner à l'air une fecouffe violente & pour produire une bourafque ou une tempête momentanée. Et fi deux ou trois de ces colonnes de pluie tombent à la fois à une petite diftance l'une de l'autre, un navire expofé au conflict de ces courans impétueux fe trouve dans le plus grand danger.

Grains.

N n

CHAPITRE III.

DES VARIATIONS DU BAROMETRE.

Introduc-
tion.

§. 285. MR. DE LUC a donné dans le premier volume de fon ouvrage fur les *modifications de l'atmofphere*, une hif- toire & une critique très-intéreffante des opinions des phyfi- ciens fur les caufes des variations du barometre. Et dans le fecond volume du même ouvrage il propofe un nouveau fyftéme pour expliquer ces variations.

CE fyftéme appuyé fur la réfutation de tous fes compéti- teurs & fur une foule de raifons très-fpécieufes m'avoit fé- duit comme fi j'en euffe été l'auteur & je fouhaitois vivement de le voir confirmé par quelqu'expérience directe. Car dans toutes les queftions problématiques de la phyfique, je tâche toujours d'imaginer quelqu'épreuve décifive & péremptoire qui mérite le nom d'*experimentum crucis* confacré par l'immortel Bacon.

Syftême de
Mr. de Luc.

§. 286. MR. DE LUC fuppofe, que l'air pur eft plus pe- fant qu'un air mêlé de vapeurs aqueufes; ou ce qui revient au même, que les vapeurs aqueufes en fe mêlant avec l'air le dilatent tellement, que malgré leur admiffion qui femble- roit devoir augmenter fon poids, il devient fenfiblement plus léger qu'un pareil volume d'air pur & fec. Cette fuppofition explique très-bien pourquoi la baiffe du barometre eft un in- dice de pluie. En effet, fi les vapeurs rendent l'air plus léger, fa légéreté indiquée par la baiffe du barometre prouve l'accumulation des vapeurs & préfage par cela même la pluie.

MR. DE LUC n'avoit point déterminé avec précifion la maniere dont les vapeurs augmentent le volume de l'air ; mais ma théorie fur l'évaporation rend raifon de ce phénomene en expliquant la formation des vapeurs par la converfion de l'eau en un fluide élaftique. Cependant cela ne fuffifoit pas; il falloit encore que la quantité de ce fluide élaftique dont l'air peut fe charger fût fuffifante pour expliquer les variations du barometre , & qu'elle n'entraînât pas un augmentation de poids proportionnelle.

§. 287. C'ÉTOIENT donc ces deux queftions que devoit décider une expérience directe. C'eft auffi pour les réfoudre que je fis l'expérience décrite dans les §§. 108 & fuivans. Je renfermai dans nn ballon un hygrometre & une efpece de barometre auquel on donne le nom de *manometre* parce que n'ayant plus de communication avec l'air extérieur il mefure non la pefanteur, mais l'élafticité de l'air renfermé avec lui. Je defféchai enfuite cet air par le moyen des fels & je vis le manometre baiffer à mefure que les vapeurs s'abforboient , en forte que l'élafticité diminuoit environ d'une 54e. lorfqu'il paffoit de l'humidité à la féchereffe extréme. Je rendis alors à cet air toute l'humidité dont il pouvoit fe charger & je le vis reprendre précifément cette même 54e. qu'il avoit perdue.

§. 288. CETTE expérience répétée dans différens vafes en différentes circonftances m'a donné conftamment le même réfultat ou du moins des réfultats proportionnels. Lorfque la chaleur étoit d'environ 16 degrés & que le barometre fe foutenoit à 27 pouces, le paffage de l'humidité à la féchereffe extrême faifoit varier le manometre d'environ 6 lignes qui font la 54ᵉ. de 27 pouces.

Or cette variation de 6 lignes ne fuffit point pour expliquer celles que fouffre le barometre, puifqu'elles vont jufqu'à 3 pouces dans le nord, & à 20 ou 22 lignes chez nous.

Mais il y a plus encore ; lorfque les vapeurs en fe mélant avec l'air augmentent fon élafticité, elles ajoutent leur propre poids à celui de l'air & quoiqu'elles foient fous la forme d'un fluide élaftique plus léger que l'air, leur poids ne fauroit cependant être entiérement négligé. Car en fuppofant qu'un pied cube d'air ne puiffe diffoudre que 10 grains d'eau, & que ces 10 grains changés en fluide élaftique augmentent le volume de l'air d'une 54ᶜ. ; ce mélange d'air & de vapeurs égal à $\frac{55}{54}$ d'un pied cube pefera le poids d'un pied cube d'air plus 10 grains, ou, en fuppofant le barometre à 27 pouces & le thermometre environ à 16 degrés, $751 + 10 = 761$ grains. Or un pareil volume d'air pur auroit pefé 751 grains, plus la 54ᵉ. partie de 751, ou $751 + 14 = 765$. Donc le poids de la vapeur eft à celui de l'air comme 10 à 14, & le poids d'un volume donné d'air pur eft à celui d'un volume égal d'air faturé de vapeurs, comme 765 à 761, rapport qui ne donne pas même deux lignes de différence entre les hauteurs auxquelles fe foutiendroit le barometre, fi l'atmofphere entiere paffoit d'une féchereffe extrême à une faturation complete.

D'autres confidérations diminuent encore cette différence.

La chaleur moyenne d'une colonne verticale de l'atmosphere est fort inférieure à 16 degrés & par conséquent la quantité réelle des vapeurs suspendues dans cette colonne est fort au-dessous de celle que nous avons supposée. L'air rare des couches élevées de l'atmosphere tient en dissolution une moins grande quantité de vapeurs. Enfin l'air libre ne se dépouille jamais de toutes les vapeurs qu'il tient en dissolution ; l'hygrometre exposé en plein air ne vient jamais à Zéro & par conséquent il n'arrive jamais qu'il passe de la sécheresse extréme à l'humidité extréme comme il le fait dans le vase qui a servi à l'expérience fondamentale.

La différence de densité entre l'air sec & l'air humide ne nous explique donc pas même deux lignes de variation dans le barometre, & il faudroit en expliquer 21 ou 22 à Geneve & plus de 30 dans le Nord de l'Europe.

§. 289. Etonné de ce résultat, car j'étois, comme je l'ai dit, prévenu en faveur de ce systéme, j'ai répété & varié l'expérience, je l'ai faite par gradations & à différens degrés de l'hygrometre & du thermometre, comme on peut le voir dans le Chap. V. du II^d. Essai, mais l'issue en a toujours été la même.

Objection prévenue.

Je me suis ensuite demandé s'il ne seroit point possible que ce ne fussent pas les vapeurs dissoutes qui augmentassent le plus le volume de l'air, mais celles qui se joignent à lui après qu'il est saturé. Pour éclaircir ce doute, j'ai essayé d'introduire des vapeurs dans un ballon après que l'air en avoit été saturé, j'y ai versé de l'eau surabondante, j'y ai suspendu des linges mouillés que j'agitois en tout fens ; mais du moment où l'hygrometre a marqué la faturation complete , le manometre n'a plus fait le moindre mouvement , il eſt demeuré fixe & n'a plus varié que par l'augmentation ou la diminution de la chaleur. Cependant l'évaporation continuoit dans cet air faturé ; parce qu'il fe faifoit , comme je l'ai dit plus d'une fois , une efpece de diftillation ; la vapeur fe condenfoit contre quelqu'une des parois du vafe à mefure qu'elle fe détachoit de la furface du linge mouillé ; mais comme la quantité de cette vapeur demeuroit ainfi conftamment la même , le degré de tenfion qu'elle produifoit dans l'air demeuroit auffi le même.

Autre ob-
jeċtion.

§. 290. DIRA-T-ON que c'eſt la vapeur véficulaire qui produit dans l'air cette dilatation extraordinaire ? Mais fur quels faits appuieroit-on cette opinion. Ce ne feroit pas fur ce qui fe paffe dans des vafes clos ; car fon apparition n'y eſt jamais qu'inſtantanée & dans des circonſtances où on ne peut point obferver fon aċtion fur le manometre. Ce ne feroit pas non plus fur les faits obfervés en plein air , car on voit le barometre défcendre confidérablement par des vents de Sud & de Sud-Oueſt parfaitement clairs, tout comme on le voit monter, & par les brouillards & par de petites bifes noires pendant lefquelles le Ciel eſt couvert de nuages.

Troifieme
objeċtion.

§. 291. PEUT-ETRE objeċtera-t-on que tous ces phénomenes fe paffent à l'air libre tout autrement que dans dés vafes clos ; mais cela feroit difficile à foutenir , à moins que l'on ne fuppofe à l'air libre des qualités occultes dont nous ne pouvons nous former aucune idée : car la marche de l'hygrometre eſt la même, celle du thermometre eft la même & la dilatationde l'air par la chaleur & fa condenfation par le froid font à très-peu près les mêmes que celles que Mr. DE LUC a obfervées en plein air.

LA feule chofe que l'on pût fuppofer avec quelque vrai-femblance, c'eft que la furface intérieure du ballon s'empare d'une partie de l'eau que nous fuppofons réduite en vapeurs & diffoute par l'air; qu'ainfi tandis que nous croyons qu'il a fallu 10 grains d'eau, pour dilater un pied cube d'air d'une 54e. de fon volume, cet effet a été produit par 7 ou 8 grains, & que par conféquent la denfité de la vapeur au lieu d'être à celle de l'air dans le rapport de 10 à 14, n'a réellement avec elle que le rapport de 7 ou de 8 à 14. Mais quand on accorderoit cette fuppofition, quand on iroit même à fuppofer que l'air ne s'eft chargé que de la moitié de l'eau introduite dans le ballon, on auroit encore de la peine à établir que la maffe entiere de l'air, en paffant de la plus grande humidité à la plus grande féchereffe, puiffe faire varier le barometre de trois ou quatre lignes.

§. 292. LORSQUE ces expériences & ces raifonnemens m'eu-rent convaincu que la dilatation de l'air par l'admiffion des vapeurs étoit abfolument infuffifante pour expliquer les variations du ba-rometre, d'autres confidérations vinrent encore me confirmer dans cette perfuafion. *Autres argu-mens contre le même fyftême.*

UN des phénomenes les plus frappans des variations du barometre, celui dont la folution doit, à ce qu'il femble, donner la clef de tous les autres, parce qu'il eft auffi grand, qu'il eft certain & invariable, c'eft la diminution qu'éprouvent

ces variations à mefure que l'on s'approche de l'Equateur, &
leur augmentation graduelle en s'avançant vers les Poles. Cependant les païs fitués fous l'Equateur font fujets à des alternatives d'humidité & de féchereffe, de pluie & de beau tems,
& quoique les faifons y foient plus conftantes que dans les
climats tempérés, elles changent pourtant, & dans le moment
des mutations, il y a des orages, des tempêtes & des alternatives d'humidité & de féchereffe plus grandes & plus
promptes que chez nous. Cependant ces alternatives ne font
prefqu'aucune impreffion fur le barometre.

Mais fans aller fi loin chercher des exemples, ne voit-on
pas par-tout, après le plus beau jour d'été, pendant lequel
l'air a paru très-pur & très-fec, tomber une abondante rofée,
qui fait paffer l'air d'une féchereffe confidérable à une humidité
extrême, tandis que le barometre ne fouffre aucune variation,
ou du moins une variation fi peu confidérable, qu'on peut
l'attribuer uniquement au changement de température. Et cependant les rofées fe font fentir à une très-grande hauteur;
on fait affez dans les païs de montagnes que les gelées blanches font le fléau des paturages les plus élevés. Ce n'eft pas
même feulement dans les prairies qu'on voit tomber la rofée,
elle fe fait fentir fur les rocs les plus arides & les plus inca-
pables de fournir cette humidité. L'obfervation d'accord en
cela avec le raifonnement prouve donc que le refroidiffement
produit par le coucher du foleil, précipite les vapeurs qui
étoient diffoutes dans l'air, par-tout où ce refroidiffement ramene l'air au terme de la faturation. Puis donc que les alternatives de développement & de condenfation d'une fi grande
quantité de vapeurs ne produifent fur le barometre qu'une

variation

variation nulle, ou du moins minime, ne faut-il pas avouer qu'elles n'ont point fur lui une influence fuffifante pour être mifes au rang des principales caufes de ces variations.

§. 293. DEPUIS l'impreffion de l'ouvrage de M. DE LUC, un favant phyficien Italien a propofé une nouvelle hypothefe pour expliquer les variations du barometre. Il fuppofe que les exhalaifons phlogiftiques lorfqu'elles fe mêlent avec l'air, diminuent la force par laquelle il tient l'eau en diffolution & qu'elles caufent ainfi la précipitation des vapeurs aqueufes. Or comme ces exhalaifons & fpécialement l'air inflammable font beaucoup plus rares que l'air commun, leur mélange avec l'air le rendroit plus léger en même tems qu'il le rendroit humide, & expliqueroit ainfi l'accord de la baiffe du barometre avec l'humidité & la pluie. *Pignotti congetture meteorologiche.*

Hypothefe de M. Pignotti.

CE fyftême eft certainement très-ingénieux, mais il a contre lui les expériences que j'ai faites pour lui fervir en quelque maniere de pierre de touche. Ces expériences que l'on a vues dans les chap. III & IX du fecond effai prouvent que les exhalaifons les plus phlogiftiques, telles que celles de l'éther, des huiles graffes & des huiles effentielles ne féparent de l'air aucune humidité fenfible, & que l'air inflammable, bien loin de précipiter de l'humidité, eft capable de diffoudre lui-même des vapeurs tout comme l'air commun.

§. 294. SANS prétendre donner une folution complete d'un problême fi difficile & que de fi grands phyficiens ont inutilement tenté de réfoudre, je me contenterai de propofer quelques vues générales.

Vues générales.

O o

Pourquoi ces variations font plus petites fous l'équateur.

JE poferai d'abord pour principe, que la premiere condition à laquelle doit fatisfaire l'hypothefe qui rendra raifon des variations du barometre, c'eft d'expliquer le grand phénomene dont j'ai parlé plus haut, la petiteffe de ces variations fous l'Equateur & leur accroiffement graduel à mefure que l'on s'approche des Poles.

OR en comparant les variations que fubit l'atmofphere elle-méme fous la zone torride avec celles qu'elle éprouve fous les zones tempérée & glaciale, je trouve trois différences effentielles.

Parce que la température y eft moins variable.

1°. LES variations de température font beaucoup moins grandes fous la zone torride : la différeuce entre le moment le plus chaud & le moment le plus froid de l'année n'excede nulle part 25 degrés du thermometre de RÉAUMUR ; & en pleine mer, comme dans plufieurs isles même très-voifines de la ligne, cette différence ne va qu'à 10 ou 12 degrés. (1)

---

(1) MR. MILLER a tenu pendant plus d'une année la note des degrés du thermometre au fort Malbro' fitué fur la côte occidentale de l'isle de Sumatra à environ 4 degrés de latitude fud. Le point le plus bas où il l'ait vu a été 69 de FAR. ou $16\frac{4}{9}$ de RÉAUMUR & le plus haut, où il n'eft méme arrivé qu'une feule fois 90 de F. ou $25\frac{7}{9}$ de R. enforte que toute la variation fe réduit à $9\frac{1}{3}$ de R. *Philof. Tranf. V. LXVIII. pag. 162.*

Le P. DE BEZE dit qu'à Malaque ou Malacca, fituée à 2d. 12′ de la ligne la chaleur eft très-modérée & prefque toujours la même ; que pendant 7 mois entiers qu'il y a paffés la liqueur du thermometre a toujours été entre le 60 & la 71e. degrés ; or ces degrés par la comparaifon que j'ai faite de diverfes autres obfervations répondent au 13e. & au 24e de R. ; la variation n'a dont été que de 11 degrés de R. *Mém. de l'Acad. 1699 T. VII. P. II. p. 216.*

A Manille la variation eft de $13\frac{1}{2}$ à 35 ou de $21\frac{1}{2}$ de R. A Pondichéri de 13 à 38 ou de 25. *Voyage de Mr. LE GENTIL.*

Enfin à Madere quoique fituée hors

Ici au contraire de même qu'à Paris elle va à 43 ou 44 , & jusqu'à 60 dans des païs plus septentrionaux.

2°. LES vents sont plus réguliers sous la zone torride , & par conséquent leurs variations sont moins fréquentes.

C'EST par ces deux considérations que deux grands physiciens , Cassini & Halley ont expliqué la petitesse des variations du barometre sous l'Équateur ; mais j'en joindrai une troisieme , qui me paroît aussi y contribuer.

L'ATMOSPHERE doit être plus élevée sous la ligne équinoctiale , non seulement par un effet de la force centrifuge ; mais encore parce que le soleil réchauffe l'air à une beaucoup plus grande hauteur. La ligne des neiges éternelles s'éleve sous l'E'quateur jusques à la hauteur de 2400 toises , & s'abaisse graduellement jusques à l'horizon qu'elle atteint dans le voisinage des Poles. Cependant l'air, dans les païs circompolaires se réchauffe auprès de la terre, en été par la continuelle présence du soleil, & en hyver, parce que la communication de la chaleur moyenne de notre globe tempere son extréme froidure. Il y a donc toujours auprès des Poles une différence de chaleur très-grande entre la couche d'air la plus basse & celles qui lui sont presqu'immédiatement superposées ; sous la zone torride au contraire , la chaleur décroit par des gradations très-lentes

des Tropiques , la température ne varie que de 20 degrés de F., ou de $8\frac{8}{9}$ de R. Car Mr. HÉBERDEN qui a tenu à Funchal un régitre exact d'observations météorologiques pendant 4 ans & 9 mois n'a jamais vu le thermometre plus bas que 60 de F. ou $12\frac{4}{9}$ de R., ni plus haut que 80 de F, ou $21\frac{1}{3}$ de R. *Philos. Transf. Vol. XLVIII,* p. 618.

depuis le niveau de la mer jufques à une hauteur de deux ou trois mille toifes. Ici donc, le mélange accidentel des couches froides avec les chaudes & par cela même les grands chan‑ gemens dans la denfité de l'air étant beaucoup plus difficiles, le barometre doit être fujet à des variations moins grandes.

Ces mêmes principes expliquent parfaitement pourquoi les variations du barometre font dans nos climats fenfiblement plus grandes en hyver qu'en été.

Objection générale contre l'in‑ fluence des changemens chymiques fur le *B.*

§. 295. C'est encore par la confidération de la petitelle des variations du barometre fous la zone torride, que je ne ferois pas difpofé à accorder aux changemens chymiques dont l'air eft fufceptible, beaucoup d'influence fur ces variations. Car où les fermentations, les putréfactions, les exhalaifons de tout genre font‑elles plus abondantes que dans ces climats brûlans? Où doit‑il fe dégager plus d'air fixe, plus d'air inflammable, plus de phlogiftique? où doit‑il fe faire plus de mélanges & de combinaifons de tous ces différens mixtes? & puifque malgré cela les variations du barometre y font fi peu confidé‑ rables, comment pourrions‑nous attribuer une grande efficace à ces caufes dans des païs où elles ont beaucoup moins d'ac‑ tivité? (2)

(2) Mr. Senebier a donné à la fin du premier volume de fes *Mémoires phyficochymiques fur l'influence des rayons folaires* une explication des va‑ riations du barometre par des moyens purement chymiques. Il a même rendu raifon de la petitelle de ces variations fous la zone torride, par la perpétuité de la végétation fous cette zone: Comme les idées qui fervent de baze à cette ingénieufe hypothefe font ab‑ folument nouvelles, leur difcuffion exi‑ geroit une fuite de raifonnemens & d'expériences directes que je n'ai point le loifir d'entreprendre. C'eft ce qui m'a déterminé à ne faire aucun changement aux idées que j'avois précédemment adoptées fur ce fujet.

Lᴇs variations dans la chaleur , les vents & l'inégale denſité des couches contigues de l'air me paroiſſent donc être les principales cauſes des variations du barometre. Mais il faut entrer dans quelques détails.

§. 296. J'ᴀɪ prouvé , §. 113 , que quand le barometre eſt à 27 pouces , une augmentation de chaleur équivalente à un degré du thermometre de Réaumur fait monter le manometre de 22 feiziemes de ligne. Il ſuit de là que ſi une colonne verticale de l'athmoſphere ſe réchauffoit d'un degré dans toute ſa hauteur , & que l'air eût la liberté de ſe verfer à droite & à gauche à meſure qu'il ſe dilate , cette colonne deviendroit plus légere & le mercure foutenu par ſon poids baiſſeroit de 22 feiziemes de ligne; d'où il ſuit encore , qu'une variation de 16 degrés dans la température de cette même colonne , ſuffiroit pour produire une variation de 22 lignes dans le barométre.

Comment la chaleur fait baiſſer le barometre.

Cᴇᴛᴛᴇ cauſe feroit donc ſuffiſante pour expliquer les variations du barometre , elle paſſeroit même de beaucoup le but , ſi ſes effets n'étoient pas limités par deux raiſons très-efficaces.

§. 297. Lᴀ premiere de ces raiſons , c'eſt que les changemens dans la chaleur que nous éprouvons auprès de la ſurface de la terre ne ſe font point fentir dans le même degré jufques au haut de l'atmoſphere. L'influence des rayons folaires diminue progreſſivement à meſure que l'on s'éleve. La différence de chaleur entre le jour & la nuit, entre l'été & l'hyver, entre l'Equateur & les Poles n'eſt donc point auſſi grande à deux

Caufes qui diminuent les effets de la chaleur. Premiere.

ou trois mille toifes de hauteur, qu'elle l'eft au niveau de la mer.

Seconde.

§. 298. La feconde caufe, qui diminue l'influence de la chaleur fur les variations du baromètre, c'eft la fimultanéité des changemens de température dans des païs contigus & d'une grande étendue. La dilatation de l'air dans une colonne verticale, ne diminue le poids de cette colonne qu'autant qu'elle jouit de la liberté de s'enfler à droite & à gauche ou de s'allonger par en-haut & de fe reverfer enfuite fur les colonnes voifines. Si donc la maffe entiere de l'atmofphere fe réchauffoit en même tems & au même degré, toutes les colonnes s'éléveroient en même tems & à la même hauteur, aucune d'elles ne pourroit s'enfler ni réfluer fur fes voifines, leur poids demeureroit le même, & il ne fe feroit aucune variation dans le barometre.

C'est pour cela, que malgré une différence de plufieurs degrés entre la chaleur de la nuit & celle du jour & une différence plus grande encore entre celle de l'hyver & celle de l'été, on n'apperçoit qu'une petite inégalité entre les hauteurs moyennes du barometre à ces diverfes époques. La chaleur augmentant & diminuant fur tout un hémifphere à la fois, les colonnes s'allongent & s'accourciffent enfemble, fans que la maffe d'aucune d'elles augmente ou diminue confidérablement. Comme cependant ces augmentations & ces diminutions de chaleur ne font point abfolument égales & fimultanées à caufe du mouvement de rotation de la terre, & parce que le foleil réchauffe toujours moins les colonnes qu'il frappe plus obliquement, cette fucceffion & cette inégalité produifent les vents alifés, les mouffons, les vents diurnes & une plus grande hauteur du barometre pendant la nuit & pendant l'hyver.

§. 299. C'est donc dans les cas où une caufe locale fait éprouver à une feule colonne une chaleur ou un froid particulier que l'on obferve des variations fubites & irrégulieres du barometre.

Cas où la chaleur influe le plus fur le barometre.

Lorsque, par exemple, en été, une pluie locale rafraîchit l'air de plufieurs degrés, on voit dans le lieu où elle eft tombée, le barometre monter fur le champ d'une demi-ligne ou même d'une ligne, fans que ce mouvement tienne à aucune caufe générale. C'eft qu'une feule colonne ayant été condenfée par le froid, les colonnes voifines qui ne l'ont point été refluent fur elle & augmentent fa maffe. (3)

---

(3) On peut même en fuppofant des cas qui ont dû fe préfenter naturellement plus d'une fois, calculer la quantité de ce mouvement du barometre.

Je fuppofe que la pluie tombe d'un nuage élevé de mille toifes, que la température de l'air dans ce nuage foit de 5 degrés, tandis qu'elle eft de 25 à la furface de la terre, & qu'ainfi la température moyenne de la maffe d'air interpofée entre la terre & le nuage foit de 15 degrés; fi le barometre auprès de la terre eft à 27 pouces, le poids de cette maffe d'air équivaudra environ à 5 pouces 7 lignes de mercure. Que la pluie refroidiffe l'air dans le bas de 6 degrés, comme la température du nuage fera demeurée la même, la chaleur moyenne fe trouvera réduite à 12, & le refroidiffement moyen aura été de 3 degrés. Si la totalité de l'atmofphere avoit fubi ce refroidiffement l'air auroit perdu de fon reffort une quantité équivalente à 3 fois 22 feiziemes de lignes (§. 113) ou à 4 lignes $\frac{1}{8}$. Mais comme ce ne font que ces mille toifes qui en ont été affectées, & que leur poids n'eft que de 67 lignes, tandis que l'atmofphere entiere pefe 27 pouces ou 324 lignes, il ne doit y avoir que les $\frac{67}{324}$ de ce changement, c'eft-à-dire, 85 centiemes de ligne; l'air refroidi n'ayant donc perdu de fon reffort & ne s'étant condenfé que d'une quantité cor-

§. 300. Mais les vents tiennent certainement le premier rang entre les caufes qui peuvent opérer des changemens locaux dans la température de notre atmofphere. Et les vents qui foufflent dans les païs tempérés, quoiqu'ils regnent fouvent

refpondante à cette fraction, les colonnes voifines ne réflueront fur lui que d'une quantité proportionnelle & le barometre qui exprimera le poids de cet air ne monte que de cette même quantité ou de $\frac{85}{100}$ de ligne.

On objectera peut-être, que le barometre ne doit pas même faire une auffi grande variation à caufe de la diminution que les vapeurs apportent à la denfité de l'air. En effet la pluie doit faturer ou à-peu-près l'air fec qu'elle traverfe en tombant, & cet air en fe pénétrant de vapeurs doit devenir plus léger qu'il ne l'étoit auparavant. On peut encore en faire le calcul dans un cas donné.

Je fuppofe que l'air ait auprès de la terre le plus haut degré de féchereffe que j'aie obfervé, qu'il foit à 40 de mon hygrometre; & que fon humidité augmente en progreffion arithmétique jufqu'au nuage, dans lequel il eft néceffairement faturé, fon humidité moyenne fera de 70. Je fuppofe encore que la pluie en traverfant cette colonne d'air la ramene au point de faturation, chaque pied cube, qui fuivant la table (p. 181.) ne contenoit à 70 degrés d'humidité & 15 de chaleur, que 6,3651 grains d'eau réduite en vapeurs, en contiendra après la pluie (en fuppofant pour un moment qu'elle ne change pas fa température) 11,0690, & par conféquent chaque pied cube fe chargera d'une nouvelle quantité d'eau équivalente à 4,7039 grains. Mais cette eau fe changera en vapeurs élaftiques & chaque grain en produira (§. 126) une quantité capable par fon élafticité de foulever 0,587 lignes de mercure. Donc la force élaftique engendrée dans chaque pied cube d'air fera égale à 2,7612 lignes de mercure. Mais une quantité d'air capable de foutenir par fon élafticité cette quantité de mercure, péferoit 6,4002 grains. Donc, en fuppofant que le pied cube d'air pefe 751 grains, le poids d'un volume quelconque d'air à 70 de l'hygrometre, eft au poids du même volume d'air faturé, dans le rapport de 751 $+$ 6,4002 : 751 $+$ 4,7039 ou de 757,4002 : 755,7039. Donc lorfqu'une fois le fluide élaftique engendré par l'évaporation de la pluie fe fera écoulé, & que l'air faturé aura pris fon affiette, les 67 lignes de mercure, qui exprimoient le poids des mille toifes d'air fe trouveront diminuées dans le rapport de ces deux nombres. Elles feront donc réduites à 66, 85, d'où il fuit, que fi une colonne d'air de 1000 toifes de hauteur paffoit toute entiere du 70e. degré de l'hygrometre au 100e., ou au terme de faturation, la diminution de denfité de l'air qui réfulteroit de cette humidité ne feroit baiffer le barometre que de 15 centiemes de ligne.

Trois degrés du thermometre, font donc fur la denfité de l'air un effet beaucoup plus grand que 30 de l'hygrometre; ceux-là caufent une variation de 85 centiemes, tandis que ceux-ci n'en produifent qu'une de 15. Et

fur

fur de grandes étendues de païs, peuvent être appellés des caufes locales, en comparaifon des vents alifés, des mouffons & des viciffitudes de chaleur & de froid qui affectent tout à la fois un des hémifpheres.

L'INFLUENCE des vents fur la température & par cela même fur le poids de l'air eft d'autant plus grande, que fouvent leur propre température eft contraire à celle qui convient au moment ou à la faifon ; & par conféquent à la température qui regne dans les païs voifins des lieux où ils fouflent. Ainfi s'il foufle un vent chaud à une heure ou dans une faifon où l'air eft froid par-tout où ce vent ne regne pas, l'air réchauffé & dilaté par ce vent aura toute la liberté poffible de fe reverfer fur les colonnes voifines, il deviendra d'autant plus léger & le barometre defcendra d'une quantité confidérable.

§. 301. D'AILLEURS les vents changent la température de l'air à une hauteur beaucoup plus grande que ne le font les rayons directs du foleil. Nous voyons au printems le foleil briller pendant plufieurs jours de l'éclat le plus vif & réchauffer confidérablement nos plaines, fans que nos rivieres alpines s'enflent d'une maniere fenfible ; ce qui prouve qu'il ne s'eft point fondu de neiges fur les montagnes & que la chaleur n'eft point parvenue jufqu'à elles. Mais s'il s'éleve un vent chaud du fud ou du fud oueft, douze ou quinze heures après qu'il a commencé

Ils changent cette température à une grande hauteur.

pour en revenir à la queftion qui a occafionné ces calculs, l'effet final du refroidiffement diminue par celui de l'humidité, fera dans le cas fuppofé, de 7 dixiemes de ligne, dont cette pluie froide & locale aura fait [monter le barometre.

à foufler, nous voyons l'Arve groffir à vue d'œil & quelquefois
même fe déborder & caufer de très-grands ravages. Tous les
habitans des Alpes confirmeront cette vérité ; même au milieu
de l'été, s'il ne foufle pas un vent chaud, non feulement il fe
fond peu de neiges, mais il en tombe de nouvelles fur les
cimes élevées, au lieu que s'il regne un vent de fud, les neiges fe ramolliffent & fe fondent jufques fur les plus grandes
hauteurs.

Réponfe à
une objec-
tion.

§. 302. Le favant M. de Luc, qui à mon gré a trop ex-
ténué l'influence des vents & de la chaleur fur la denfité de
l'air, obferve qu'en été les vents de fud ne peuvent pas réchauffer l'air de nos climats, parce que dans cette faifon nous
éprouvons des chaleurs à peu près égales à celles des païs les
plus voifins de l'Equateur. Cette obfervation eft parfaitement
jufte pour la furface de la terre au niveau de la mer, pour
les couches baffes de l'atmofphere, mais elle ne l'eft plus pour
les couches élevées. Quelques jours de nos étés peuvent, il eft
vrai, être comparés à ceux de Lima ; mais les étés du grand
S. Bernard reffemblent-ils à ceux de la fertile & riante vallée
de Quito fituée à peu près à la même élévation ? Il faut le
demander à ces pieux folitaires que l'amour de l'hofpitalité
fait féjourner dans cette trifte demeure, où le thermometre
même en été defcend prefque tous les foirs lorfque le tems eft
calme tout près du terme de la congélation, & plus bas fi le
vent eft au nord ; où je l'ai vu au-deffous de o le premier
d'août à une heure après midi malgré le foleil qui perçoit à
tous momens au travers des nuages ; où le meilleur abri peut
à peine favorifer l'accroiffement tardif de quelques laitues & de

quelques choux les plus petits de leur espece & qui forment
l'unique ressource de leurs pauvres potagers.

ET sans entrer dans de plus grands détails, n'est-il pas
constant que, malgré l'égalité de la chaleur extréme que l'on a
observée en différens climats, la ligne des neiges perpétuelles
qui s'éleve, comme je l'ai déja dit, à 2400 toises sous l'Equateur, vient raser la surface de la terre dans le Spitzberg &
dans le Groënland.

L'ÉGALITÉ de chaleur dans le tems des solstices n'est donc
que momentanée & superficielle : les couches élevées de l'air
sont constamment & dans toutes les saisons beaucoup plus
chaudes dans les païs méridionaux. Par conféquent, les vents
du sud, lors même que dans les grandes chaleurs ils nous
paroissent refroidir les couches inférieures de l'atmosphere ,
réchauffent indubitablement les couches plus élevées corres-
pondantes à celles qui font plus chaudes dans les climats d'où
ils viennent.

§. 303. MAIS ce n'est pas seulement en changeant la température de l'air , que les vents doivent influer sur les variations
du barometre. Car seroit-il raisonnable de penser qu'il puisse se
former dans un fluide élastique des courans d'une étendue &
d'une vitesse considérable , sans que ce fluide soit condensé ou
raréfié par ces courans ?

*Influence
méchanique
des vents
sur la densi-
té de l'air.*

JE sais bien que ce que je prends ici pour l'effet doit être
aussi très-souvent la cause, & que les vents eux-mémes font
presque toujours produits par des changemens locaux dans la

denfité de l'air. Mais fans nous occuper dans ce moment de leur caufe, confidérons - les comme exiftans, & fuppofons qu'une grande maffe d'air vienne tout à coup à fe porter vers un lieu dont l'air étoit tranquille, je dis que cet air tranquille réfiftant par fon inertie à l'impulfion de celui qui le choque doit néceffairement fe condenfer dans toute fa hauteur, s'élever ou fe gonfler en quelque maniere par en-haut; & que fa maffe, fon poids doivent être augmentés par là d'une maniere fenfible. Cette augmentation fera bien plus grande encore fi deux maffes d'air viennent à fe heurter dans des directions oppofées. (4)

Si au contraire un grand volume d'air eft tout à coup déterminé à abandonner une certaine plage pour fe porter vers une autre, il fe formera dans cette plage un vuide, une diminution de denfité qui fera baiffer le barometre.

Enfin le mouvement vertical de l'air de bas en haut; occa-fionné par la chaleur, par la rencontre des montagnes ou par quelqu'autre caufe que ce foit, doit auffi néceffairement dimi-nuer la preffion qu'il exerce fur la bafe qui le porte.

Violence des vents dans les hautes régions de l'air.

§. 304. On fentira mieux encore l'influence que doivent avoir les vents fur la denfité de l'air, fi l'on réfléchit à la force avec laquelle ils foufflent dans les hautes régions de l'atmof-phere. C'eft un fait avéré, que plus on s'éleve fur les montagnes

(4) On ne fauroit expliquer d'une autre maniere la hauteur parodigieufe du barometre obfervée le 1er de Jan-vier 1779, par Mr. Van Swinden à Franeker en Frize.

& plus on trouve les vents impétueux. J'ai éprouvé très-fréquemment que des vents qui paroiffoient réguliers & d'une force modérée dans la plaine, des vents de nord-eft, par exemple, qui fe foutiennent quelquefois chez nous pendant plufieurs jours avec beaucoup d'uniformité, étoient fur les montagnes d'une violence telle que l'on avoit la plus grande peine a y réfifter. J'ai parlé de la violence des vents fur le Mole & ce n'eft point une particularité propre à cette montagne; j'ai éprouvé la même chofe fur plufieurs autres fommités, les académiciens François l'éprouverent fur les Cordillieres & tous les voyageurs font d'accord fur ce point. Mais ce qui m'a le plus frappé, c'eft de voir les neiges dures & compactes qui couvrent en été les cimes inacceffibles des Alpes rapées en quelque maniere par la violence des vents & enlevées à des hauteurs confidérables. C'eft un phénomene connu de tous les habitans des Alpes: on le voit fouvent fur la cime du Mont-Blanc, & quand le foleil couchant donne une teinte rouge à ces neiges, il femble que ce font des flammes qui fortent de la cime des montagnes. Cette illufion eft fur-tout frappante & forme un beau fpectacle quand on eft au fud-eft des Alpes, par exemple, fur les montagnes des environs de Cormayor. Après que le foleil s'eft couché derriere le Mont-Blanc, la face que préfente la montagne eft en entier dans l'ombre & l'on voit ces neiges rougies que le vent fouleve à une grande hauteur au-deffus de fa cime, briller de l'éclat le plus vif, & fortir de cette maffe obfcure comme la flamme d'un volcan. Ces débris de neige retombent du côté oppofé au vent, fe lient entr'eux par la congélation & forment ces avant-toits faillants au-deffus des précipices que l'on obferve au bord de toutes les fommités couvertes de neiges éternelles.

Et il faut bien obferver, que les grands effets que produifent les vents à cette élévation prouvent une vîteffe beaucoup
plus grande que s'ils les produifoient dans la plaine ; car l'air
devenant plus rare à mefure que l'on s'éleve, il faut une vîteffe
plus grande pour compenfer la diminution de fa maffe.

Cette prodigieufe vîteffe des vents dans les hautes régions
de l'air & leur influence fur les variations du barometre peuvent fervir à expliquer la correfpondance de ces mêmes variations dans des païs éloignés. En effet, on obferve fouvent,
fur-tout dans les grands mouvemens du barometre, que le
moment du plus grand abaiffement ou de la plus grande élévation coïncide à peu d'heures près, dans des places qui font
à plus de cent lieues de diftance.

Ce qui fortifie encore cette conjecture, & qui fait voir du
moins, que fouvent la caufe des variations du barometre commence par agir fur les couches les plus élevées, c'eft la confidération de ces fines pommelures qui accompagnent la baiffe
du barometre, & qui par le tems le plus beau & le plus ferein annoncent plufieurs jours à l'avance le retour de la pluie.
Leur grande élévation, (§. 276), ne femble-t-elle pas prouver
que c'eft du haut de l'atmofphere que viennent les eaux dont
elles nous prédifent la chûte.

D'ailleurs j'ai fouvent obfervé, que mes hygrometres expofés en plein air fe foutenoient même pendant la pluie, à plufieurs degrés au-deffus de l'humidité extrême ; & cela prouve
qu'alors ce ne font point les couches inférieures de l'atmofphere qui verfent leur eau par l'excès de leur faturation, mais

que ce font celles d'en-haut qui feules font fuperfaturées au point de laiffer tomber la leur.

§. 305. Il me refte maintenant à faire voir, comment en attribuant aux vents les principales variations du barometre, on peut encore rendre raifon de leurs rapports avec la pluie & le beau tems.

Déja tout le monde convient, qu'en hyver les phénomenes ne cadrent point mal avec cette caufe; parce que les vents qui viennent à nous chargés de vapeurs & qui nous apportent la pluie, font pour l'ordinaire des vents de fud & de fud-oueft, qui par leur chaleur peuvent en même tems dilater l'air & le rendre plus léger.

Et s'il eft vrai, comme le dit Mr. de Luc, qu'il y a des vents chauds qui font monter le barometre, j'obferverai d'abord que c'eft un cas finguliérement rare : je dirai enfuite, que ce phénomene ne prouve autre chofe, finon que la chaleur n'eft pas la feule caufe qui faffe baiffer le barometre. Car il eft évident que fi dans le moment où la chaleur tendroit à le faire defcendre, plufieurs autres caufes viennent à concourir pour le faire monter; elles pourront quelquefois contrebalancer & même furmonter l'action de la chaleur.

§. 306. Quant à l'été, les argumens de Mr. de Luc contre l'influence de la chaleur font beaucoup plus fpécieux. En effet les vents de fud & de fud-oueft qui font baiffer le barometre, font auffi quelquefois baiffer le thermometre; & il femble que fi l'influence de la chaleur eft auffi grande que

Rapports des mouvemens du barometre avec la pluie.

En hyver.

En été.

je le dis, l'air en fe refroidiffaut devroit auffi fe condenfer &
qu'ainfi le barometre devroit monter au lieu de defcendre.

Mais dans quel cas les vents méridionaux font-ils froids en
été ? C'eft quand ils font accompagnés de pluie. Or c'eft alors
la pluie qui refroidit l'air & non point le vent ; & la pluie
le refroidit parce qu'elle nous apporte la température froide
des couches élevées de l'atmofphere. Ces mêmes pluies,
quoiqu'elles nous paroiffent froides en été, viennent pourtant
d'un air réchauffé par le vent méridional qui a apporté l'humidité qu'elles ont verfée. On peut donc établir comme un fait
certain, que même en été les vents méridionaux augmentent
la chaleur moyenne de l'atmofphere.

Autre objec-
tion.

§. 307. Mais il femble que l'on pourroit faire une objection bien plus fpécieufe encore contre l'explication que j'ai
adoptée pour rendre raifon de l'accord qui fe rencontre quelquefois entre les variations du barometre & l'humidité ou la
féchereffe de l'air. Et cette objection paroîtroit une conféquence
des principes mêmes que j'ai pofés fur la nature & la formation des vapeurs.

Ce feroit de dire, que s'il étoit vrai que ce fût la condenfation de l'air par le froid, qui fît monter le barometre, ce
même froid devroit diminuer la force diffolvante de l'air, condenfer les vapeurs & produire la pluie : que, par conféquent,
la hauffe du barometre étant l'effet du froid, elle devroit être
l'indice le plus certain de la pluie & non celui du beau tems.
La chaleur au contraire augmentant la force diffolvante de l'air,
devroit

devroit en rendant l'air plus léger & en faifant baiffer le barometre, annoncer avec certitude un tems clair & ferein.

§. 308. J'avoue que cette objection, quand elle fe fut
préfentée nettement à mon efprit m'embarraffa pendant quelque tems. Enfin en méditant profondément fur ce fujet & en
fuivant pied à pied la marche de la Nature dans cette opération,
je fuis venu à réfoudre cette difficulté d'une maniere qui m'a
paru fatisfaifante.

Solution de cette objec-tion.

Les vents les plus froids qui regnent en Europe, font les
vents de Nord. Ils font auffi pour l'ordinaire monter le barometre. Mais ces vents font en même tems les plus fecs. Or
un air qui paroît fec malgré le froid, eft par cela même plus
fec encore qu'il ne paroît l'être. Ces vents étant donc très-
fecs par eux-mêmes, c'eft en vain qu'ils refroidiffent les couches fupérieures de l'atmofphere, la féchereffe qu'ils y apportent leur donne la faculté de retenir les vapeurs que le refroidiffement tendroit à en féparer. D'ailleurs ces vents chaffent
devant eux l'air qui étoit au-deffus de nos têtes avant leur
arrivée, & lui fubftituent l'air froid, fec & denfe dont ils font
eux-mêmes compofés. Ainfi nous avons tout à la fois le barometre haut, & un tems clair & ferein.

Mais fi un vent de Nord en même tems qu'il eft froid étoit
auffi humide, alors nous aurions tout à la fois la pluie, & le
barometre élevé; & on diroit, comme on le dit fi fouvent,
que le barometre nous trompe. Si même, fans être humide,
un air froid furvenoit tout-à-coup, dans un tems où l'atmofphere feroit remplie de vapeurs, cet air commenceroit par les

condenfer & il pleuvroit jufqu'à ce qu'il les eût entiérement balayées. C'eft précifément ce que Musschembroek a obfervé en Hollande ; *Venti orientales in Belgio frigidi , & gelu advehunt ..... folent effe ficci cum fereno cælo , inprimis fi diutiùs fpirent , fed fi celeriter poft ventos occidentales adventent, nubes ab occidentalibus adlatas revehunt* ; *tùm in principio funt pluviofi fæpè uno alterove die , pofteà tamen ficci & falubres.* Introd. ad. Philof. T. II. §. 2598.

LES mêmes raifonnemens s'appliquent aux vents méridionaux ; ils font en même tems chauds & humides, & prodigieufement humides s'ils paroiffent tels malgré leur chaleur. Si donc un tel vent s'éleve à une grande hauteur, en même tems qu'il réchauffe l'air froid qu'il y trouve , il fe refroidit lui-même , & dépofe ainfi une partie des vapeurs qu'il tenoit en diffolution ; ces vapeurs s'accumulent & produifent enfin de la pluie. Si ce même vent étoit fec , il feroit bien également baiffer le barometre , mais alors le barometre nous tromperoit , car il ne furviendroit point de pluie & ce feroit un de ces vents , que nous appellons des *vents blancs* , qui font en été le fléau des campagnes , parce qu'ils deffechent & brûlent tout ce qui fe trouve fur leur paffage.

§. 309. AU refte l'hypothefe qui expliquera les variations du barometre doit , pour être d'accord avec les phénomènes , ne point donner au beau tems & à la pluie , ni aux caufes dont ces météores dépendent une trop grande influence fur ces variations. Car on fait que le marquis POLÉNI fur 1175 pluies qui font tombées à Padoue pendant 12 ans , n'en a trouvé que 758 , qui aient fait baiffer le barometre ; c'eft-à-

dire, que fur 1000 prédictions du barometre il n'y en a eu
que 645 de vraies. Or il faut obferver, que lors-même que
les mouvemens du barometre n'auroient abfolument aucun rapport avec la pluie, fur mille fois qu'il pleuvroit, le barometre defcendroit 500 fois; ce qui réduit à bien peu de chofe
l'influence qu'a eu la pluie fur les variations du barometre.

Les obfervations de Mr. Van Swinden à Franeker en Frife,
confirment celles du marquis Poléni & vont même plus loin
encore, car il a vu une année (1778) pendant laquelle les
prédictions du barometre ont été aufli fouvent fauffes que vraies.
Cependant ce célebre phyficien, en calculant fes obfervations
fuivant la méthode de Mr. Horsley a prouvé l'influence réelle
qu'a la pluie fur la hauteur du barometre. Car il réfulte de
fes calculs qu'en 1778 & 1779 la hauteur moyenne du barometre pendant qu'il pleuvoit a été moins grande que la moyenne
de la totalité de l'année: la différence en 1778 a été de 2,595
lignes du pied de Rhin, & en 1779, 1,751. Et cela doit
bien être ainfi fuivant les principes que nous avons pofés d'après
les expériences fur la denfité des vapeurs.

§. 310. Je n'entrerai point dans de plus grands détails; mais   Conclufion.
je crois devoir avertir de nouveau, que quoique j'attribue à la
chaleur & aux vents les principales variations du barometre,
je ne nie cependant point l'influence des vapeurs: je l'ai au
contraire démontrée par des expériences directes, & je n'ai fait
que reftreindre fes effets d'après ces mémes expériences. Je ne
nie point non plus l'influence des modifications chymiques de
l'air, telles que l'abforption ou la génération d'une certaine quantité d'air pur, le mélange de quelques efpeces d'air dont la

pefanteur fpécifique eft plus grande ou plus petite que la pefanteur moyenne de l'air commun, &c.

Je dirai même plus, il me paroît vraifemblable que les phyficiens découvriront quelque nouvelle caufe des variations du
barometre : au moins eft-il certain que celles que nous connoiffons font infuffifantes pour expliquer tous les phénomenes.
Pourquoi, par exemple, les vents d'Eft, quoique froids & fecs,
font-ils ordinairement baiffer le barometre en Angleterre & en
Hollande, fuivant les obfervations de Mrs. Horsley & Van
Swinden ; tandis que les vents d'Oueft, qui font humides &
tempérés le font communément monter ? C'eft ce dont aucune
hypothefe à moi connue ne peut donner une raifon fatisfaifante.

CHAPITRE IV.

COMMENT IL FAUT SITUER ET OBSERVER L'HYGROMETRE.

§. 311. IL y a long-tems que les phyficiens ont fenti combien il étoit abfurde d'obferver le thermometre dans l'intérieur d'une chambre lorfqu'on vouloit connoitre le degré de chaleur de l'air extérieur. Sans doute on fentira auffi qu'on ne peut juger de l'humidité de l'air extérieur qu'autant que l'on tient fon hygrometre expofé à toutes les influences de cet air. Il faut donc pour des obfervations météorologiques tenir l'hygrometre en dehors d'une fenétre, mais cela même ne fuffiroit pas fi l'on étoit curieux d'une très-grande exactitude. Car fi l'hygrometre eft fufpendu même à un pied de diftance en dehors d'une fenêtre expofée au foleil, l'action directe du foleil, & bien plus encore la réverbération de la chaleur qu'il imprime à la face de la maifon dans laquelle cette fenêtre eft fituée, fait indiquer à l'hygrometre un degré d'humidité fort inférieur à celui qu'il indiqueroit au milieu de la campagne. Et fi au contraire l'hygrometre eft fufpendu à l'ombre d'une maifon, il indiquera une humidité plus grande que celle de l'air libre, fur-tout fi la maifon eft grande, & fi la fenétre donne fur des cours fombres, humides, où l'air ne joue pas avec liberté.

Fautes à éviter.

Maniere
d'obferver
dans la cam-
pagne.

§. 312. La maniere la plus exacte de connoître avec cet inftrument l'état précis de l'air eft de le fufpendre en rafe campagne au haut d'une canne ou d'un pieu dont le diametre n'excede pas de beaucoup l'intervalle compris entre le cheveu & la boule du thermometre joint à l'hygrometre. On peut tourner la canne de maniere qu'elle tienne à l'ombre le cheveu & l'hygrometre, & qu'elle les garantiffe ainfi l'un & l'autre de l'action immédiate des rayons du foleil, fans produire une maffe d'ombre qui rende l'air fenfiblement plus froid & plus humide.

Cette méthode eft auffi la feule de connoître au jufte la chaleur de l'air extérieur : car les thermometres fitués auprès des maifons foit au foleil foit à l'ombre font plus ou moins affectés par ces maffes qui font toujours lentes à fuivre les modifications variables de l'atmofphere.

Dans une
maifon.

§. 313. Cependant on ne peut pas raifonnablement exiger que l'amateur de météorologie qui veut obferver de jour à jour & d'heure à heure les variations de fes inftrumens aille à chaque fois les confulter au milieu de la campagne. On peut donc réferver ces précautions pour les cas où il importe d'avoir avec une extrême précifion l'état de l'air extérieur ; & dans le cours ordinaire des obfervations fe contenter d'écarter fes inftrumens des grandes maffes qui font manifeftement plus chaudes ou plus froides, plus feches ou plus humides que l'air extérieur.

Je tiens mon hygrometre d'obfervation fufpendu en dehors & en face d'une fenêtre & je l'obferve au travers de la vitre avec une loupe de 6 pouces de foyer. Le foleil ne frappe

jamais cette fenêtre, ou du moins il ne l'éclaire qu'obliquement & pendant peu de momens, & la rue fur laquelle elle
eft fituée étant percée du nord-eft au fud-oueft, les vents les
plus fréquens dans notre vallée y renouvellent l'air continuellement.

MAIS fi l'on ne pouvoit pas trouver dans le lieu qu'on ha-
bite une place où l'hygrometre fût toujours à l'abri des rayons
du foleil, & dont l'air fe renouvellât avec facitité ; il faudroit,
lorfque le foleil viendroit frapper la face de la maifon fur laquelle eft l'hygrometre, le porter & l'obferver fur la face oppofée. Il faut auffi avoir la précaution de ne pas le laiffer fufpendu à une fenêtre contre laquelle la pluie ou les orages
viennent battre avec violence, il courroit le rifque d'en être
dérangé. Il faut enfin fe rappeller les précautions indiquées
dans les § § 35, 68, & 70.

§. 314. AU refte on peut avec l'hygrometre à cheveu obferver fans s'arrêter en marchant, & même à cheval l'humidité de l'air. Il fuffit d'avoir l'attention de tenir l'inftrument
éloigné de fon corps, pour qu'il ne foit pas affecté par fa
chaleur, & de le pencher un peu, pour que la foie qui porte
le contre-poids s'enveloppe en partie autour de la poulie &
ne faffe pas des ofcillations qui la dégagent de la gorge de
cette même poulie. On le redreffe & on l'approche brufquement de l'œil dans le moment où on veut l'obferver : je dis
brufquement ; car c'eft toujours ainfi qu'il faut approcher cet
inftrument, fans quoi la chaleur du corps le fait marcher
fenfiblement au fec. C'eft une chofe très-curieufe que de porter
ainfi cet inftrument lorfque l'on fe promene, on le voit faire

Obferva-
tions en
voyage.

des variations fenfibles fuivant la fituation des lieux par lefquels on paffe.

J'ai pour le voyage de petits hygrometres, dont les dimenfions font les mêmes que celles de la figure 2e. de la planche premiere, un petit thermometre monté en métal eft fixé au milieu de l'efpace vuide qui fépare les deux montans du cadre; le tout fe renferme dans un étui plat de bois mince & léger, & peut fe porter à la poche fans le moindre embarras. Lorfqu'on veut connoître l'état de l'air, on fort l'inftrument de fon étui, on le fufpend avec une épingle à une canne ou à un arbre, ou bien on le porte à la main, & après qu'il eft refté 10 ou 12 minutes en expérience il indique & la chaleur & l'humidité du lieu dans lequel on l'a placé. Dans ces obfervations j'emploie toujours une loupe; on en retire deux avantages, d'aggrandir les divifions & d'aider à éviter les erreurs qui peuvent naître de la parallaxe.

CHAPITRE

CHAPITRE V.

DE L'ACTION DES RAYONS DU SOLEIL SUR L'HYGROMETRE A CHEVEU.

§. 315. JE doutois d'abord qu'un corps auffi délié que le cheveu & tranfparent comme lui fût affecté par les rayons du foleil. En effet il femble qu'un corps très-mince & environné d'un air qui fe renouvelle fans celfe ne doit pas s'échauffer fenfiblement plus que cet air, & les rayons du foleil ne me paroiffoient pouvoir contribuer à la formation des vapeurs & au defféchement d'un corps, que par la chaleur qu'ils lui impriment. Mes premieres expériences confirmerent ce foupçon; un de mes hygrometres expofé au foleil ne marchoit point à l'humide lorfque je faifois tomber fur lui l'ombre d'un carton dont la grandeur n'excédoit que de très-peu celle de l'inftrument & que je tenois éloigné de lui à la diftance de 4 pieds au moins: il ne marchoit pas non plus au fec lorfque je lui rendois la lumiere.

L'action d'un foleil pâle n'affecte point l'hygrometre.

§. 316. MAIS ces expériences, répétées un jour où le foleil étoit plus brillant & plus vif me firent voir une variation d'environ 2 degrés. Le treizieme mai 1781 à une heure après midi l'hygrometre au foleil étoit à 63, 3 & le thermometre à 21. L'ombre du carton fit faire à l'hygrometre 1, 7 vers l'humide, & au thermometre 1, 3 vers le froid. En rendant le foleil l'hygrometre retourna au fec de 2, 2 & le thermometre monta de 3, 2. Ces effets étoient, comme on le voit irréguliers &

Mais un foleil vif le fait aller au fec.

R r

·variables & il y en eut d'autres qui le furent encore davantage.

C'est pourquoi, comme il paroît impoſſible de trouver une maniere ſûre de tenir compte de l'action des rayons directs du ſoleil ſur le cheveu de l'hygrometre, j'ai conſeillé de le placer à l'ombre lorſque l'on fait des obſervations qui exigent de la parité & de l'exactitude.

CHAPITRE VI.

DES HEURES DU JOUR OU REGNENT LA PLUS GRANDE HUMIDITÉ ET LA PLUS GRANDE SÉCHERESSE.

§. 317. ON feroit tenté de croire, que l'heure la plus chaude de la journée doit auffi être la plus feche. Cependant cela n'eft point ainfi. Si le tems eft pendant tout le jour parfaitement uniforme, c'eft-à-dire, ou toujours clair ou toujours également couvert, ou toujours calme ou avec un vent régulier & également foutenu, l'hygrometre va au fec à mefure que l'atmofphere fe réchauffe par l'action du foleil, & il continue d'aller au fec lors même que la chaleur de l'air commence à diminuer : la féchereffe n'atteint fon plus haut terme que deux heures ou deux heures & demie après que la chaleur a paffé le fien.

L'heure la plus feche du jour eft entre 3 & 4.

LE moment le plus chaud de la journée étant donc communément dans nos climats entre une heure & demie & deux heures de l'après-midi, le moment de la plus grande féchereffe eft en été vers les quatre heures. En hyver les termes fe rapprochent un peu davantage ; cependant le même phénomene eft toujours très-fenfible, le moment le plus fec eft vers les trois heures & même quelquefois plus tard.

Confidéra-
tions fur ce
phénomene.

§. 318. Si cette obfervation eût été faite avec un inftrument parefïeux, on pourroit en attribuer la caufe à la lenteur même de l'inftrument. Mais comme l'hygrometre à cheveu fuit les variations de l'humidité aufïi vite que le thermometre fuit celles de la chaleur; il faut néceffairement que la caufe de ce fait fe trouve dans la nature même de l'air & des vapeurs.

Ce phénomene eft d'autant plus remarquable, qu'il faut que l'air fe deffeche beaucoup pour que l'hygrometre marche au fec pendant que le tems fe refroidit, Car il faudroit déja que l'air fe deffechát pour que l'hygrometre demeurât ftationnaire tandis que cet air perd de fa chaleur; en effet un hygrometre renfermé dans un vafe plein d'air & exactement luté marche au fec tant que le vafe fe réchauffe & retourne à l'humide dès qu'il commence à fe refroidir.

Conféquence
qui en réfulte.

§. 319. Cette obfervation prouve donc, que les vapeurs que la chaleur du foleil fait fortir de la terre ne s'arrétent pas dans les couches inférieures de l'air, mais qu'elles s'élevent continuellement & fe difperfent dans les hautes régions de l'atmofphere.

Cette même conféquence eft confirmée par un autre fait, c'eft que dans les tems même les plus calmes, fi la terre eft humide & que le foleil brille pendant plufieurs jours confécutifs, cette terre fe deffeche continuellement, quoique les rofées lui rendent foir & matin une grande partie des vapeurs dont les couches inférieures de l'air s'étoient chargées.

§. 320. De même que le moment de la plus grande féchereſſe ne coïncide pas avec celui de la plus grande chaleur , celui de la plus grande humidité ne tombe pas non plus fur celui du plus grand froid. Dans un tems parfaitement uniforme, le moment le plus froid du jour eſt celui du lever du foleil. Or il arrive fouvent que le foir après la chûte d'une abondante rofée l'air dépouillé en partie de fes vapeurs laiſſe revenir l'hygrometre un peu au-deſſous du terme de l'humidité extrême, tellement que pendant la nuit & au moment qui précede le lever du foleil, il eſt à 94 ou 95 degrés. Enfuite lorfque le foleil fe leve, fes rayons en tombant fur la terre, qui alors eſt couverte de l'humidité de la rofée, en font fortir des vapeurs ; & la quantité de ces vapeurs eſt telle , dans les premiers momens, que quoique l'air commence à fe réchauffer, & devienne ainfi capable d'en diſſoudre davantage, cependant il s'en éleve aſſez pour le faturer, ou du moins pour augmenter & fon humidité réelle & fon humidité apparente. Mais enfin une heure ou une heure & demie après le lever du foleil, la partie de la rofée la plus difpofée à l'évaporation fe trouve diſſipée & la chaleur de l'air eſt augmentée au point que les vapeurs qui s'élevent n'augmentent plus fon humidité apparente. Dès lors l'hygrometre marche continuellement à la féchereſſe.

La rofée du foir eſt quelquefois aſſez abondante pour faire aller l'hygrometre au terme de l'humidité extrême. Elle produit cependant cet effet beaucoup plus rarement que celle du matin.

Au reſte, on doit aifément comprendre, que des circonf

Le moment le plus humide eſt une heure après le lever du foleil

tances locales & particulieres, & les variations que subit quelquefois l'atmofphere par des caufes accidentelles & qui échappent à nos fens, peuvent fouvent modifier ces regles générales.

CHAPITRE VII.

DES CAUSES QUI PRODUISENT DANS L'ATMOSPHERE LES PLUS GRANDES SÉCHERESSES ET LA PLUS GRANDE HUMIDITÉ.

§. 321. C'EST une chofe très-remarquable, que le vent de fud-oueft qui en général eft chez nous un vent humide & qui nous amene ordinairement la pluie, foit cependant celui qui a fait deux fois defcendre l'hygrometre au point de la plus grande féchereffe où je l'aie jamais obfervé à l'air libre.

Circonftances des plus grandes féchereffes que j'aie obfervées.

MAIS en examinant attentivement les circonftances qui ont accompagné ce phénomene, j'en ai trouvé, à ce que je crois, la caufe.

LE vent, qui eft communément le plus fec dans notre pays eft la bize ou le nord-eft. Si ce vent regne pendant plufieurs jours par un tems ferein, (1) il deffeche réellement l'air à un très-haut degré; mais comme il eft ordinairement frais, fa fraicheur tempere ou cache du moins fa féchereffe réelle. Si donc après que l'air & la terre ont été ainfi réellement defféchés par le vent de nord-eft, il faute tout-à-coup au fudoueft, le tems continue d'abord d'être clair & ferein, fe réchauffe confidérablement, & cependant l'air que nous apporte

____

(1) JE dis *par un tems ferein*, parce qu'elle peut être très-humide fi elle foufle par un ciel couvert de nuages peu élevés.

ce vent au commencement de fon regne, n'eft pas encore l'air humide de la Méditerranée dont nous fommes éloignes d'environ 75 lieues èn ligne droite ; c'eft un air fec qui vient des terres fituées au fud & au fud-oueft de notre pays. Mais fi le même vent continue, il nous amene bientôt l'air chargé des vapeurs de la mer & alors l'hygrometre va à l'humide quoique la chaleur augmente, le ciel fe couvre de nuages, & la pluie vient ordinairement le troifieme jour après que ce vent a commencé à fouffler.

Premier exemple.

§. 322. C'EST ce que j'obfervai au mois de mars de l'année derniere 1781. Le tems avoit été beau & fec plufieurs jours confécutifs pendant lefquels la bize avoit régné, au moins depuis neuf heures du matin jufqu'au foir.

Le 25 à 3 heures 15 minutes, qui fut le moment le plus fec de la journée, l'hygrometre vint à 44 degrés & le thermometre à 15. Le lendemain 26 le vent dans la matinée tourna au fud-oueft, & dans l'après-midi l'hygrometre vint à 41 & le thermometre à 19.

LE vent de fud-oueft augmenta donc la fécherefle de 3 degrés, mais ce fut par fa chaleur & non par fa fécherefle : en effet il faut que l'air fût déja un peu plus chargé de vapeurs qu'il n'étoit la veille, puifqu'au point où il fe trouvoit, une augmentation de 4 degrés dans la chaleur auroit dû en produire une de 4 dans la fécherefle, & le changement ne fut que de 3. Le lendemain 27 l'humidité monta à 50 au moment le plus fec de la journée & le 28 il plut.

§. 323.

§. 323. Je fis au mois de juillet de la même année une obfervation du même genre, mais bien plus frappante encore.
J'étois allé paffer quelques jours dans la vallée de Chamouni
pour revoir quelques montagnes dont la defcription doit entrer dans le fecond volume de mes voyages. Le tems étoit
beau, fec, la bize fouffloit depuis plufieurs jours: cependant
je n'avois pas vu mes hygrometres defcendre au-deffous du
62e. degré, le thermometre étant autour du 15e. Le 25 du
mois, le vent fauta tout-à-coup au Sud-Oueft & à 3 h. de
l'après-midi l'hygrometre vint à 41, 2. Ici donc l'hygrometre,
de l'heure la plus feche d'un jour à la plus feche du lendemain fit une variation d'environ 20 degrés vers la féchereffe.
Mais comme le thermometre ne monta qu'à 19, 2 & qu'au
terme où étoit l'hygrometre une variation d'environ 4 degrés
dans la chaleur ne peut point en expliquer une de 20 dans
l'humidité, il faut néceffairement recourir à quelque autre
caufe.

Or ici je ne vois rien de plus naturel que de fuppofer,
fuivant les principes de Mr. du Carla, que ce vent en traverfant les hautes montagnes des Alpes qui fe trouvoient fur fa
route au-deffus de la vallée de Chamouni, avoit dépofé une
partie des vapeurs qu'il tenoit en diffolution. En effet les hautes cimes étoient alors enveloppées de nuages. Ce même vent
dépofoit auffi fon humidité dans les hautes régions de l'air ; le
ciel étoit uniformément couvert de grandes pommelures beaucoup plus élevées que le Mont-Blanc & même que le nuage
dont fa cime étoit coiffée. Il plut dès le lendemain matin.

Ces deux cas font ceux où j'ai obfervé les plus grandes féchereffes depuis le mois de janvier 1781, tems auquel mes hygrometres furent affez perfectionnés pour que je puffe compter fur leur graduation.

Humidité extrême 1°. dans les brouillards & les nuages.

§. 324. Quant à l'humidité extrême, on a de fréquentes occafions de l'obferver. Premiérement toutes les fois que l'hygrometre eft plongé, foit dans les brouillards des plaines, foit dans les nuages qui entourent les cimes des hautes montagnes. En effet j'ai fait voir que les véficules aqueufes qui compofent les brouillards & les nuages ne peuvent demeurer permanentes que dans un air complétement faturé. Si l'air contient moins d'humidité qu'il n'en faut pour le faturer, ces véficules s'y diffolvent & fe changent en vapeurs élaftiques tranfparentes. C'eft ce que l'on voit lorfqu'on ouvre la fenêtre d'une chambre chaude dans le moment d'un brouillard épais, le brouillard entre avec l'air extérieur, mais il fe fond & difparoît à mefure qu'il pénetre dans la chambre.

Cependant fi l'air n'eft pas bien éloigné du point de faturation & que la maffe du brouillard ou du nuage foit un peu confidérable, il lui faut quelque tems pour fe diffoudre, & l'air peut ainfi pendant quelques momens contenir du brouillard fans être complétement faturé. C'eft ce que j'ai obfervé fur le haut du Mont-Brevent le 23 juillet 1781 entre 9 & 10 heures du matin. Il y avoit eu ce même matin dans toute la vallée de Chamouni que domine cette montagne & fur toute la pente de la montagne même, une gelée blanche très - abondante. Lorfque le foleil fut levé, il commença à fondre & à vaporifer cette rofée tandis qu'il réchauffoit les rocs nuds & taillés à pic dont eft compofée la cime de cette montagne. Il fe forma bientôt, comme cela arrive toujours dans ces cas là, un vent vertical contre la face orientale de la montagne, & ce vent amenoit de tems en tems au fommet, de petits nuages qui s'étoient formés dans les forêts & les prairies fituées au-deffous des rocs. Mes hygrometres étoient fufpendus à 4 pieds au-deffus de la cime du rocher à l'ombre d'une petite croix. Lorfqu'il ne paffoit point de nuages, ils fe tenoient autour du 87ᵉ. degré, mais pendant que le nuage paffoit ils venoient environ au 95ᵉ. Le thermometre à l'ombre de la même croix fe tenoit à 5 degrés au-deffus de 0. Ces nuages paffagers, minces & criblés par les rayons du foleil ne pouvoient donc pas faire venir l'hygrometre au terme de la faturation, comme ils auroient fait s'ils euffent été permanens.

§. 325. J'ai déja dit que les fortes rofées ramenent l'hygrometre au terme de l'humidité extréme, & que quelquefois après y avoir été conduit par la rofée du foir, il s'en écarte un peu pendant la nuit, pour y revenir après le lever du foleil.

2°. Pendant une forte rofée ou une nuit calme après la pluie

J'ajouterai, que fouvent dans les nuits fraiches & calmes qui fuccédent à des jours pluvieux, l'hygrometre fe fixe au terme de l'humidité extréme fans s'en écarter ; lors même que le tems eft parfaitement clair & que les aftres paroiffent étincelans de la plus brillante lumiere. Et rien ne prouve mieux la diffolution des vapeurs dans l'air, que de voir qu'il peut en être faturé, & jouir en même tems de la plus parfaite tranfparence.

3°. Les pluies qui tombent de nuit par le calme.

§. 326. J'ai observé avec affez de furprife, que d'ans notre pays du moins, l'air eft très-rarement faturé d'humidité dans le moment de la pluie. Je n'ai jamais vu l'hygrometre venir de jour par la pluie au terme de l'humidité extrême, à moins que l'air ne fût en même tems chargé de brouillards, ou que les nuages ne fuffent fufpendus au-deffus de nos têtes à la diftance d'un petit nombre de toifes. S'il pleut dans le milieu du jour, l'hygrometre fufpendu à 5 ou 6 pouces en dehors de la fenêtre & garanti du contact même des gouttes par un petit avant-toit, fe tient communément entre 90 & 95 degrés. Je vis même le 23ᵉ. du mois de mars dernier (1782) entre onze heures & midi une pluie à verfe, pendant laquelle l'hygrometre ne vint qu'à 84 degrés $\frac{3}{4}$, (1) le thermometre étant à $8\frac{1}{2}$. Il eft vrai qu'il fouffloit un vent de fud extrêmement fort, & je l'ai déja remarqué ailleurs, les vents violens tiennent toujours l'air éloigné du point de faturation.

Même pendant la nuit, la plus forte pluie, fi elle eft accompagnée de vent, ne fait point venir l'hygrometre au terme de l'humidité extrême. Ce ne font donc que les pluies accompagnées de brouillards, ou celles qui tombent pendant la nuit & par le calme qui raffafient d'humidité l'air que nous refpirons. La neige n'a pas à cet égard plus d'efficace que la pluie.

---

(1) Le peu d'influence de cette pluie fur l'humidité de l'air étoit d'autant plus remarquable, qu'il avoit beaucoup plu la veille, & que dans le moment de l'obfervation, à 11 h. 40' du matin, le barometre approchoit du point le plus bas où on le voie à Geneve. Il étoit à 26 pouces 1 ligne $\frac{9}{16}$. Le même jour vers les 4ʰ. $\frac{3}{4}$, il defcendit encore d'une ligne & demie plus bas.

CHAPITRE VIII.

DIVERSES APPLICATIONS DES TABLES QUI SERVENT A REDUIRE AU MEME DEGRE' DE CHALEUR LES OBSERVATIONS HYGROME'TRIQUES.

§. 327. ON peut faire divers ufages intéreſſans des tables deſtinées à comparer entr'elles des obſervations faites à des degrés de chaleur différens. J'ai promis d'en donner des exemples & c'eſt à cela qu'eſt deſtiné ce chapitre.

Il importe fouvent de comparer entr'elles des obſervations faites dans un même lieu à différentes heures d'un même jour, pour voir ſi *l'humidité réelle*, c'eſt-à-dire, la quantité abſolue de l'eau contenue dans l'air augmente ou diminue. Car, on ne ſauroit trop le répéter, l'hygrometre ne nous montre que *l'humidité apparente*, c'eſt-à-dire la difpoſition plus ou moins grande de l'air à ſe deſſaiſir des vapeurs dont il eſt chargé. Et fouvent par un effet de la chaleur, l'hygrometre va au ſec; & par conféquent l'humidité apparente diminue, lors même que la quantité d'eau diſſoute dans l'air ou l'humidité réelle augmente fenfiblement.

Introduction.

§. 328. Ainſi le 5e. Avril de cette année 1782, à 9 heures du matin l'hygrometre étoit à 80 & le thermometre à 4 $\frac{1}{2}$: L'après midi un peu après 4 heures le même hygrometre vint à 76, 5 & le thermometre à 8. Les deux inſtrumens varierent donc l'un & l'autre de 3 degrés $\frac{1}{2}$. Mais en conſultant

Diminution de l'humidité apparente & augmentation de la réelle.

la table du § 92 , je vois que quand l'hygrometre eſt à 80
degrés , une augmentation de 3 $\frac{1}{2}$ degrés dans la chaleur
doit , ſi la quantité des vapeurs demeure la même , le faire
venir à 72 , 35 (1) c'eſt - à - dire, lui faire faire une variation de 7 degrés 65 centiemes. Puis donc que l'hygrometre
a fait 4 , 15 degrés vers la ſéchereſſe de moins qu'il ne devoit
faire par l'effet de la chaleur, c'eſt une preuve que l'air s'eſt
chargé de nouvelles vapeurs , & que par conſéquent l'humidité réelle a augmenté quoi que l'humidité apparente ait
diminué.

Diminution
réelle & ap-
parente de
l'humidité.

§. 329. Quelquefois au contraire , & c'eſt ce qui arrive
lorſque le tems eſt beau & doit l'être encore , les vapeurs
s'élevent, l'air s'en dépouille & la ſéchereſſe réelle augmente
en même tems que la ſéchereſſe apparente. Par exemple le 17
Avril 1781 à 5 heures $\frac{1}{2}$ du matin l'hygrometre étoit à 93
& le thermometre à 3 $\frac{1}{2}$. A 4 h. de l'après midi l'hygrometre
vint à 58 , 2 & le thermometre à 15 $\frac{1}{2}$. La chaleur augmenta
donc du matin au ſoir de 12 degrés , & l'hygrometre alla au
ſec de 34 , 8. Si l'air n'eût ſubi d'autre changement que celui
de la chaleur ; l'hygrometre ne ſeroit venu qu'à 65 , 35 ,
c'eſt-à-dire , qu'il n'auroit varié que de 27 , 65. Il a donc
fait 7 , 15 degrés vers la ſéchereſſe de plus qu'il n'eût fait par
la ſeule augmentation de la chaleur : la quantité abſolue des
vapeurs que l'air contient eſt donc moins grande qu'elle n'étoit
le matin , & cette diminution doit être d'environ 1 grain $\frac{1}{6}$
par pied cube , ſi l'on en juge par les proportions qu'indique
la table du §. 176.

(1) J'ai détaillé dans la Note du parag. 177 la maniere de faire ce calcul.

§. 330. D'autrefois on trouve la variation de l'hygrometre proportionnelle à celle du thermometre. Ainfi le 5 mars de cette année l'hygrometre à 7 h. du matin étoit à 97 & le thermometre à + 1. Le foir à 4 h. l'hygrometre vint à 72 & le thermometre à 11. Je dis que la quantité des vapeurs diffoutes dans l'air demeura la même & que la variation de 25 degrés que fubit l'hygrometre doit être confidérée comme l'effet de la feule chaleur. Car fi l'on prend la table, on verra qu'au 97 degré répond dans la troifieme colonne le nombre 1, 961; ce nombre augmenté de 10 dont le thermometre monta du matin au foir donne 11, 961, qui eft à très-peu-près égal à 11, 829, vis-à-vis duquel eft écrit le 72 degré.

Diminution de l'humidité apparente tandis que la réelle demeure la même.

§. 331. Nous avons jufques ici confidéré les cas dans lefquels la chaleur augmente entre la premiere & la feconde obfervation : mais on peut avec la même facilité confidérer ceux dans lefquels elle diminue. Par exemple, le 16 mars de cette même année à 3 h. $\frac{1}{2}$ du foir l'hygrometre étoit à 67 & le thermometre à 5, 2. Le même jour à 11 h. du foir le thermometre defcendit à — 1, 8. Donc la variation dans la chaleur fut de 7 degrés. Or le nombre qui dans la table répond à 67 degrés de l'hygrometre eft 14, 339. Donc par le feul changement de température l'hygrometre eut dû venir au nombre qui correfpond à 14, 339 — 7 ou à 7, 339, c'eft-à-dire, à 82. Mais il ne vint qu'à 77; il varia donc de 5 degrés de moins qu'il n'auroit dû faire par l'effet du refroidiffement, ce qui prouve que dans l'intervalle des deux obfervations il perdit une partie des vapeurs dont il étoit chargé, environ un demi-grain par pied cube.

La même comparaifon faite dans le cas où la chaleur diminue.

§. 332. Mais ſi l'on compare entr'elles des obſervations faites dans des ſaiſons différentes; on verra des différences bien plus conſidérables encore entre l'humidité apparente ou celle qu'indique l'hygrometre & l'humidité réelle, ou celle qui eſt exprimée par la quantité abſolue des vapeurs que l'air tient en diſſolution.

Le 10 d'août 1781 à midi l'hygrometre étoit à 66 degrés, & le 18 de février de l'année ſuivante à 91. L'humidité apparente ou celle qu'indique l'hygrometre étoit donc de 25 degrés plus grande le 18 de février que le 10 d'août. Mais ſi l'on conſidere qu'au 10 d'août le thermometre étoit à + 22, 5 & qu'au 18 de février il étoit à — 9, 3, ce qui fait une différence de 31, 8, on verra qu'il eût fallu que l'hygrometre fît une variation d'environ 26 degrés plus grande pour ſe proportionner à une auſſi grande différence de température. Car ſi au nombre 4, 034 qui dans la table répond à 91 degrés, on ajoute 31, 8, on a 35, 834, auquel répond à très-peu près le 39ᵉ degré. Si donc l'air n'eût pas contenu au mois d'août plus de vapeurs qu'il n'en contenoit au mois de février, le degré de chaleur qui régnoit alors auroit fait venir l'hygrometre environ à 39 degrés. Puis donc qu'il n'a été qu'à 65, c'eſt une preuve qu'il étoit plus chargé de vapeurs d'une quantité qui répond environ à 26 degrés de l'hygrometre compris entre le 39 & le 65. Or par la derniere table du IIᵈ, eſſai ces degrés là indiquent une différence d'environ 2 grains ½ par pied cube.

Je renvoie au chapitre ſuivant les exemples de comparaiſons entre des obſervations faites dans des lieux différens.

§. 333.

§. 333. Mais , comme je l'ai déja dit plufieurs fois , les calculs faits d'après ces tables doivent être regardés comme des
approximations & non point comme des réfultats exacts &
précis. Je ne diffimulerai même pas , que la diftance du point
de faturation obtenue par la méthode de Mr. Le Roi , §. 56 ,
ne s'accorde pas toujours avec celle que donnent mes tables.
La furface extérieure d'un verre rempli d'eau froide commence
à fe couvrir de rofée lors même que cette eau n'eft pas auffi
froide qu'elle devroit l'être d'après les nombres exprimés dans
ma table , & cela fembleroit indiquer que ces nombres font
trop grands. Ainfi , quand l'hygrometre eft à 70 degrés , il
faut , fuivant ma table , un refroidiffement de 12 degrés $\frac{8}{10}$ pour
ramener l'air au terme de la faturation ; & cependant j'ai éprouvé,
qu'un jour où l'hygrometre étoit à 70 & le thermometre à 10 ,
la furface extérieure d'un verre commençoit à fe couvrir de
rofée , lorfque l'eau contenue dans ce verre n'étoit que de 8 degrés $\frac{1}{2}$ plus froide que l'air , c'eft-à-dire, quand le thermometre plongé dans cette eau fe tenoit à $1\frac{1}{2}$.

Je penfai que peut-être ce phénomene feroit propre au verre
feul , mais j'obtins le même réfultat dans un gobelet d'argent.
Et cette expérience répétée dans d'autres circonftances a toujours donné des réfultats à peu près proportionnels à celui que
j'ai rapporté.

Cependant les expériences qui ont fervi de fondement à ma
table ont été faites avec tant de foin , & fi fouvent répéteés ; les
phénomenes météorologiques font d'ailleurs fi bien d'accord
avec elles, que la différence qui fe trouve entr'elles & les ré-

T t

La méthode
de Mr. Le Roi
ne donne pas
exactement
les mémes ré-
fultats.

fultats de la méthode de Mr. Le Roi ne me paroiffent point
prouver l'inexactitude de cette table.

§. 334. Je croirois plutôt que les corps qui ont une maffe
ou une denfité confidérables attirent l'humidité de l'air, la lui
dérobent & l'accumulent à leur furface même avant qu'il en
foit complétement faturé. Ainfi l'on voit certaines pierres, que
l'on a nommées fort à propos des *hygrometres naturels*, s'humecter à leur furface, dans des tems où l'air eft à la vérité
humide, mais où il n'a pourtant point encore atteint le terme
de l'humidité extrême. J'ai de même fouvent obfervé de la
rofée, lorfque les hygrometres n'indiquoient pas un air complétement faturé.

J'ai fait enfin une expérience qui eft bien d'accord avec ces
principes. J'ai appliqué verticalement contre une glace de miroir un de mes petits hygrometres: il s'eft fixé à 66 degrés;
j'ai foufflé contre cette glace au travers du cheveu, de maniere
que la refpiration humide ternit toute la partie de la glace contre laquelle étoit appliqué l'hygrometre. J'ai continué fans interruption jufqu'au point de mouiller tout à fait la glace, &
cependant l'hygrometre n'a jamais paffé le 87ᵉ. degré. Or, ce
n'étoit pas par pareffe qu'il s'arrêtoit à ce point, car au moment où je ceffois de fouffler il rétrogradoit vers la féchereffe
avec une extrême promptitude. Le cheveu n'attire donc pas
l'humidité de l'air comme le fait un corps maffif & denfe; il
fuit & avec la plus grande célérité les variations de l'air; il
n'eft faturé que quand l'air l'eft lui-même; & cet avantage
qu'il doit à fa grande ténuité eft un des plus précieux pour
l'hygrometrie.

Il feroit cependant curieux de dreſſer auſſi ſuivant la méthode de Mr. Le Roi une table des différens degrés de refroidiſſement néceſſaires pour produire de la roſée, ſuivant les différens degrés d'humidité de l'air. Mais il faut employer à ces expériences des vaſes de métal, parce que les verres, ſuivant qu'ils ſont plus ou moins ſalins, attirent avec plus ou moins de force l'humidité de l'air. Je m'en occuperai un jour ſi je puis en avoir le loiſir.

CHAPITRE IX.

OBSERVATIONS ME'TE'OROLOGIQUES FAITES EN VOYAGEANT DANS LES ALPES.

Butde ce
voyage.

§. 335. AU mois de juillet de l'année derniere 1781, j'allai faire une courfe de trois femaines dans les hautes Alpes. Le but principal de cette courfe étoit de vérifier quelques obfervations importantes fur la ftructure des roches primitives, de vifiter quelques montagnes que je n'avois point encore vues & d'autres que je n'avois pas affez exactement obfervées. Mais je faifis avec empreffement cette occafion de faire avec mon nouvel hygrometre quelques expériences fur l'humidité de l'air à de grandes hauteurs. Ces expériences euffent été plus intéreffantes fi j'avois pu avoir dans la plaine des obfervations correfpondantes ; mais ne poffédant alors que quatre de ces inftrumens fur l'exactitude defquels je puffe compter, je crus devoir les emporter tous, foit pour comparer leur marche, foit pour ne pas demeurer dépourvu fi quelques uns d'entr'eux venoient à fe déranger.

§. 336. Je préfente ici fous la forme de table les obferva-tions que j'ai faites pendant les 22 jours qu'à duré ce voyage. Comme les différentes circonftances d'une même obfervation ne pouvoient être rapportées dans une ligne de ce format, j'ai confidéré les deux pages fituées vis-à-vis l'une de l'autre, comme n'en faifant qu'une feule : ainfi la premiere ligne de la page à droite doit être confidérée comme la prolongation de la premiere de la page à gauche ; & pour qu'il n'y eût pas d'incertitude, j'ai répété le numéro de chaque obfervation. Ainfi le N°. 2 de la page 337, 339, 341, eft la conti-nuation de celui de la page 336, 338, 340, & ainfi des autres.

J'aurois voulu pouvoir donner pour chaque obfervation la hauteur du barometre comme j'ai donné celles de l'hygrome-tre & du thermometre ; mais fouvent je n'ai pas eu le tems de les faire ; d'autres fois le robinet de mon barometre a été dérangé & alors je ne pouvois pas en faire ufage qu'il n'eût été rajufté. Les nombres qui expriment les hauteurs font des pouces, des lignes, des feiziemes de ligne & des dixiemes de ces feiziemes. Ainfi dans la quatorzieme obfervation le baro-metre étoit à 25 pouces, une ligne, quatre feiziemes de ligne & fix dixiemes de feiziemes. Toutes ces hauteurs ont été cor-rigées fuivant la méthode de Mr. DE LUC, c'eft-à-dire, qu'el-les ont été réduites à ce qu'elles auroient été fi le mercure eût eu conftamment la température de 10 degrés du thermometre de RÉAUMUR.

Explication de la table d'obferva-tions métée-rologiques.

Les hauteurs des lieux qui forment la feconde colonne de la page à droite, font exprimées en toifes de France & ont été calculées, les unes fur des obfervations du barometre, les autres à l'eftime ; j'ai diftingué celles - ci par des aftérifques. (*). Celles donc qui ne font précédées d'aucun aftérifque font, ou des moyennes entre les réfultats de plufieurs obfervations barométriques faites foit dans ce voyage foit dans d'autres, ou le réfultat de l'obfervation même que préfente cette table, comparée avec celle que faifoit en même tems Mr. Pictet dans des lieux fitués aux environs de Geneve & dont il connoiffoit la hauteur au-deffus du Lac. (1) J'ai fait le calcul fuivant la méthode de Mr. de Luc, & pour avoir la hauteur au-deffus de la mer, j'ai ajouté à chaque hauteur $187\frac{2}{3}$ qui eft le nombre de toifes dont notre lac eft élevé au - deffus de la Méditerranée, fuivant les obfervations de ce même favant phyficien.

La colonne fuivante marquée *hygrometre* donne la moyenne entre les degrés qu'indiquoient mes hygrometres fufpendus à l'ombre, ou en plein air comme je l'ai dit §. 312, ou en dehors d'une fenétre.

Les thermometres ont auffi toujours été expofés en plein air & à l'ombre comme les hygrometres auxquels ils étoient attachés : ils font de mercure, leur boule eft petite,

---

(1) J'emploie auffi à des comparaifons de ce genre des obfervations météorologiques faites avec autant de régularité que de précifion par Mr. Berguer, Doct. en Médecine à Morges.

nue; la division est celle qui porte le nom de Réaumur, c'est-à-dire, qu'elle est en 80 parties entre la glace fondante & l'eau bouillante quand le barometre est à 27 pouces; les nombres sont, comme pour l'hygrometre, des degrés & des dixiemes de degrés.

Num. des observations.	Mois.	Jour.	Heure.	Lieu.	Hauteur du Barometre.
1	Juillet	19	7 h. 30'. m.	Route de Geneve à la Bonneville.	
2	. .	. .	9 h. 17'. m.	Grand chemin près de la Bonneville.	
3	. .	. .	10 h. 2'. m.	Bonneville, fenétre fur la place.	
4	. .	. .	12 h. 47'. f.	Clufe, fenétre fur vergers & fur l'Arve.	
5	. .	. .	5 h. 55'. f.	Sallenche, jardin découvert.	
6	. .	. .	6 h. 10'. f.	Ibid. Gallerie ouverte fur le jardin.	
7	. .	. .	10 h. f.	. . . . Ibidem.	
8	. .	20	5 h. 25'. m.	. . . . Ibidem.	
9	. .	. .	8 h. 40'. m.	Route de Sallenche à Chamouni.	
10	. .	. .	4 h. 20'. f.	Prieuré de Chamouni à la fenétre. .	25. 0. 8, 9.
11	. .	. .	11 h. f.	. . . . Ibid.	
12	. .	21	6 h. 15'. m.	. . . . Ibid.	
13	. .	. .	11 h. 40'. m.	Forêt au-deffus de l'Arveiron.	
14	. .	. .	3 h. f.	Prieuré de Chamouni à la fenétre. .	25. 1. 4, 6.
15	. .	. .	11 h. 5'. f.	. . . . Ibid.	
16	. .	22	7 h. 9'. m.	. . . . Ibid.	25. 1. 6, 5.
17	. .	. .	9 h. m.	. . . . Ibid.	
18	. .	. .	11 h. 30'. m.	. . . . Ibid.	25. 1. 0, 4.
19	. .	. .	2 h. 20'. f.	A mi-côte entre le Prieuré & Plianpra.	
20	. .	. .	4 h. 22'. f.	Chalet de Plianpra.	22. 2. 0, 6.
21	. .	. .	6 h. 17'. f.	. . . . Ibid.	
22	. .	. .	7 h. 30'. f.	. . . . Ibid.	
3	. .	. .	8 h. f.	. . . . Ibid.	
24	. .	. .	9 h. 10'. f.	. . . . Ibid.	
25	. .	23	5 h. m.	. . . . Ibid.	
26	. .	. .	5 h. 12'. m.	. . . . Ibid.	
27	. .	. .	5 h. 50'. m.	. . . . Ibid.	
28	. .	. .	5 h. 55'. m.	. . . . Ibid.	
29	. .	. .	de 9 à 10 h.	Sommet de Mont-Brévan. . í .	20. 10. 11, 7.
30	. .	. .	3 h. 30'. m.	Chalet de Plianpra.	
31	. .	24	4 h. 30'. m.	Prieuré de Chamouni à la fenétre.	
32	. .	. .	7 h. m.	. . . . Ibid.	
33	. .	. .	3 h. f.	. . . . Ibid.	25. 0. 0, 0.
34	. .	. .	6 h. f.	. . . . Ibid.	
35	. .	. .	7 h. f.	. . . . Ibid.	
36	. .	. .	7 h. 50'. f.	. . . . Ibid.	
37	. .	. .	9 h. 40'. f.	. . . . Ibid.	
38	. .	. .	10 h. 30'. f.	. . . . Ibid.	
39	. .	. .	11 h. f.	. . . . Ibid.	
40	. .	25	6 h. m.	. . . . Ibid.	
41	. .	. .	6 h. 15'. m.	. . . . Ibid.	

Num.

Num. des obſerva- tions.	Élévation du lieu ſur la mer.	Hygrom.	Thermom.	État du Ciel.
1	* 220	73, 8	15, 5	Bize foible, foleil pâle.
2	* 226	68, 5	19, 0	Calme, foleil vif, nuages épars.
3	228	70, 2	18. 0	. . . . . Idem.
4	251	72, 1	18, 3	Soleil pâle, nuages épars, bize foible.
5	276	67, 0	17, 5	Couvert, bize foible.
6	278	Id.	Id.	. . . . . Idem.
7	Idem.	78, 2	14, 0	Clair & calme.
8	Id.	87, 9	11, 5	Soleil, nuages épars, calme.
9	* 400	80, 6	12, 6	Couvert par places, calme.
10	526	70, 5	13, 5	Soleil, calme, nuages épars.
11	Id.	86, 2	9, 5	Parfaitement clair & calme.
12	Id.	92, 6	6, 2	. . . . . Idem.
13	* 700	65, 8	14, 3	Soleil, bize foible.
14	526	62, 3	16, 0	Couvert, bize.
15	Id.	93, 0	9, 3	Couvert & calme.
16	Id.	95, 3	10, 7	Nuages peu au-deffus de nos têtes.
17	Id.	86, 1	12, 3	Nuages plus élevés.
18	Id.	80, 6	14, 6	Soleil, nuées à 400 toif. au-deffus de nous.
19	* 790	81, 1	10, 8	Couvert, bize foible.
20	1046	82, 5	7, 7	. . . . . Idem.
21	Id.	81, 1	6, 5	. . . . . Idem.
22	Id.	83, 8	6, 2	. . . . . Idem.
23	Id.	84, 0	6, 0	. . . . . Idem.
24	Id.	86, 7	5, 6	Clair & calme.
25	Id.	96, 4	3, 3	Clair & calme, forte gelée blanche.
26	Id.	Id.	Id.	Le foleil fe leve.
27	Id.	99, 4	3, 7	Beau foleil.
28	Id.	100, 5	3, 6	Soleil, il commence à fe former des nuages.
29	1306	(86, 8) (94, 6)	5, 0	Soleil fans nuages. Nuages qui enveloppent le fommet de la mont.
30	1046	75, 2	12, 0	Soleil, nuages épars.
31	526	96, 3	4, 5	Clair & calme.
32	Id.	95, 5	7, 0	Soleil, calme, nuages à 500 toifes.
33	Id.	63, 8	15, 7	Soleil pâle, bize foible.
34	Id.	66, 4	13, 6	Clair, bize foible.
35	Id.	80, 4	10, 7	Clair & calme.
36	Id.	90, 8	9, 1	. . . . . Idem
37	Id.	96, 9	6, 7	. . . . . Idem.
38	Id.	93, 8	6, 0	. . . . . Idem.
39	Id.	97,	5, 6	. . . . . Idem.
40	Id.	98, 5	4, 0	Parfaitement clair & calme.
41	Id.	98, 0	4, 2	. . . . . Idem.

Num. des observations.	Mois.	Jour.	Heure.	Lieu.	Barometre.
42	Juillet.	25	9 h. 17'. m.	Bois-de-Planet carriere calcaire.	
43	. .	. .	12 h. 30'. f.	Prieuré à la fenétre.	
44	. .	. .	3 h. f	. . . . Ibid.	25. 0. 1, 2.
45	. .	. .	6 h. f.	. . . . Ibid.	24. 11. 15, 1.
46	. .	. .	6 h. 50'. f.	. . . . Ibid.	
47	. .	. .	7 h. 20'. f.	. . . . Ibid.	
48	. .	. .	8 h. 50'. f.	. . . . Ibid.	
49	. .	. .	11 h. 40'. f.	. . . . Ibid.	
50	. .	26	7 h. 40'. m.	. . . . Ibid.	
51	. .	. .	10 h. 40'. m.	. . . . Ibid.	
52	. .	. .	2 h. 45'. f.	. . . . Ibid.	24. 11. 7, 0.
53	. .	. .	8 h. 10'. f.	. . . . Ibid.	
54	. .	. .	11 h. 10'. f.	. . . . Ibid.	
55	. .	27	5 h. m.	. . . . Ibid.	
56	. .	. .	10 h. m.	. . . . Ibid.	24. 11. 4, 0.
57	. .	. .	12 h. m.	. . . . Ibid.	24. 11. 10, 5.
58	. .	. .	6 h. 50'. f.	. . . . Ibid.	
59	. .	. .	11 h. f.	. . . . Ibid.	
60	. .	28	5 h. m.	. . . . Ibid.	25. 0. 9, 7.
61	. .	. .	12 h. m.	Col de Balme, à la plus haute limite. .	21. 5. 5, 5.
62	. .	. .	1 h. 35'. f.	Chalet des Herbageres.	
63	. .	. .	4 h. 35'. f.	Haut de la Forclaz.	23. 7. 5, 2.
64	. .	. .	7 h. 25'. f.	Martigny à la fenétre 2d. étage.	
65	. .	2?	7 h. 23'. m.	. . . . Ibid.	
66	. .	. .	9 h. 30'. m.	. . . . Ibid.	26. 9. 14, 7.
67	. .	. .	1 h. 15'. m.	. . . . Ibid.	
68	. .	. .	12 h. m.	. . . . Ibid.	
69	. .	30	1 h. f.	St. Branchier, fenêtre au 1er. étage.	
70	. .	3.	6 h. m.	. . . . Ibid.	26. 1. 3. 7.
71	. .	. .	9 h. 10'. m.	Route dans la vallée de Bagnes.	
72	. .	. .	1 h. 10'. f.	Bois au-deſſus des Mayens de Fiona.	
73	. .	. .	1 h. 42'. f.	. . . . Ibid.	23. 8. 13, 0.
74	Août.	1.	5 h. 20'. m.	Chalets de Chanrion.	21. 5. 4, 8.
75	. .	. .	6 h. m.	. . . . Ibid.	
76	. .	. .	10 h. 10'. m.	Milieu du glacier d'Hautéma. . .	20. 1. 12, 6.
77	. .	. .	1 h. 30'. f.	Rocher au-deſſus de Chanrion. . .	20. 1. 11, 1.
78	. .	. .	5 h. f.	Chalets de Chanrion.	
79	. .	2.	2 h. 8'. f.	Mayens de Fiona.	23. 7. 14, 5.
80	. .	. .	9 h. 15'. f.	S. Branchier à la fenêtre.	
81	. .	3.	8 h. 30'. m.	. . . . Ibid.	
82	. .	. .	2 h. f.	. . . . Ibid.	26. 0. 14, 4.
83	. .	. .	10 h. f.	Chalets de Ferret.	23. 2. 10, 0.

Num. des observations.	Elévation du lieu au-dessus de la mer.	Hygrom.	Thermom.	État du Ciel.
42	. * 660 .	.61, 0.	.14, .	Soleil, vent de Sud-Ouest.
43	. . 526 .	.44, 4 .	.19, 7 .	. . . . - . Idem.
44	. . Id. . .	.41, 2 .	.20, 2 .	Couv. grandes pommel., nuag. au M. Bl. S. O.
45	. . Id. . .	. . . .	.16, 6 .	Couvert, O. S. O. en haut, calme en bas.
46	. . Id. . .	.83, 5 .	.15, 3 .	. . . . . Idem.
47	. . Id. . .	.69, 5 .	.13, 8 .	Idem. Mais les nuages fe dissipent.
48	. . Id. . .	.74, 1 .	.12, 8 .	Idem. La lune s'est baignée.
49	. . Id. . .	.80, 5 .	.10, 5 .	Parfaitement clair & calme.
50	. . Id. . .	.94, 2 .	.12. 0.	Couvert, S. O. foible, il a plu de bon matin.
51	. . Id. . .	. Id. .	.13, 2 .	Pluie à verse, brouillards traînans.
52	. . Id. . .	. . . . .	.13, 7 .	Très-couvert, mais fans pluie.
53	. . Id. . .	100, 2 .	.11, 5 .	Pluie, brouillards traînans.
54	. . Id. . .	.99, 2 .	.11, 2 .	Pluie, mais brouillards plus élevés.
55	. . Id. . .	. Id. .	.10, 0.	Pluie commençante, brouillards un peu élevés.
56	. . Id. . .	.95, 0 .	.11, 3 .	Pluie, les nuages s'élevent.
57	. . Id. . .	.90. 6 .	.11, 3 .	Il pleut encore, mais les nuages font à 400 toises.
58	. . Id. . .	.87, 9 .	.10, 8 .	Soleil par places, bize foible.
59	. . Id. . .	100, 2 .	. 7, 0.	Grands nuages épars, bize foible.
60	. . Id. . .	100, 5 .	. 5, 5 .	Clair, brouillards fur l'Arve & à mi-côte, calme.
61	. . 1181 .	.87, 8 .	. 7, 8 .	Soleil, nuages épars, petit S. O.
62	. * 1000 .	.85, 2 .	. 9, 5 .	. . . . . Idem.
63	. . 778 .	.90, 5 .	. 9, 5 .	Couvert, vent de S. O. foible.
64	. . 246 .	.78, 2 .	.15, 1 .	. . . . . Idem.
65	. . Id. . .	.84, 9 .	.13, 3 .	Clair, vent d'Est foible.
66	. . 241 .	. . . . .	.16, 3 .	Clair, N. E. foible.
67	. . Id. . .	.79, 9 .	. Id. .	. . . . . Idem.
68	. . Id. . .	.73, 6 .	.17, 7 .	. . . . . Idem.
69	. . 358 .	.88, 6 .	.13, 0.	Clair & calme.
70	. . Id. . .	.93, 4 .	.11, 3 .	. . . . . Idem.
71	. * 400 .	.66, 1 .	.19, 0.	. . . . . Idem.
72	. . 767 .	.69, 9 .	.17, 3 .	. . . . . Idem.
73	. . Id. . .	.68, 7 .	.17, 7 .	. . . . . Idem.
74	. . 1175 .	.84, 2 .	. 6, 7 .	Clair, vent de S., foleil levé, mais non pas ici.
75	. . Id. . .	.85, 4 .	. 6, 7 .	. . . . . Idem.
76	. . 1466 .	.95, 5 .	. 5, 1 .	Beau foleil, petit vent de Sud.
77	. . 1459 .	.70, 7 .	.12, .	. . . . . Idem.
78	. . 1175 .	.87, 3 .	. 9, 7 .	Il a plu & il va pleuvoir.
79	. . 762 .	.74, 8 .	.16, 7 .	Couvert par intervalles. Vent de S. O.
80	. . 358 .	.98, 3 .	.13, 6 .	Couvert.
81	. . Id. . .	.93, 4 .	.13, 3 .	Il a plu, mais la pluie a cessé, nuages bas.
82	. . Id. . .	.85, 7 .	.16, 0.	. . . . . Idem.
83	. . 859 .	100, 7 .	. 7, 2 .	Brouillard épais, bize foible.

Num. des observations.	Mois.	Jour.	Heure.		Lieu.	Barometre.
84	Août.	. 4 .	7 h.	m.	Chalets de Ferret.	
85	. .	. . .	9 h.	m.	. . . . . Ibid.	23. 2. 7, 0.
86	. .	. . .	1 h. 15'.	f.	Au plus haut point du Col Ferret. .	20. 11. 9, 5
87	. .	. . .	3 h. 10'.	f.	Chalets du pré de Bar. . . . . . ,	22. 2. 9, 5.
88	. .	. . .	10 h. 15'.	f.	Cormayor à la fenétre, 2^d. étage.	
89	. .	. 5 .	7 h.	m.	. . . . . Ibid.	
90	. .	. . .	11 h. 30'. m.		. . . . . Ibid.	24. 5. 12.
91	. .	. . .	5 h. 15'.	f.	Jonction des fchiftes & des granits. .	22. 6. 0, 6.
92	. .	. . .	9 h.	f.	Cormayor à la fenétre.	
93	. .	. 6 .	6 h. 30'. m.		. . . . . Ibid.	
94	. .	. . .	12 h. 35'.	f.	Milieu du glacier de Miage. . . .	22. 0. 3, 2.
95	. .	. . .	4 h. 35'.	f.	Sommet du Col de la Seigne. . . .	21. 0. 1, 3.
96	. .	. . .	6 h. 50'.	f.	Chalet du Motet, ...	22. 8. 6, 2.
97	. .	. 7 .	5 h. 40'. m.		. . . . . Ibid.	
98	. .	. . .	6 h. 5'. m.		. . . . . Ibid.	
99	. .	. . .	10 h.	m.	Sommité au *N. E.* du paffage des Fours.	20. 4. 5, 1.
100	. .	. . .	11 h. 15'. m.		. . . . . Ibid.	
101	. .	. . .	12 h. 38'.	f.	Croix du paffage du Bon-homme.	
102	. .	. . .	4 h. 40'.	f.	Entre Notre-Dame & les Contamines.	
103	. .	. . .	8 h. 26'.	f.	St. Gervais à la fenétre.	
104	. .	. 8 .	5 h.	m.	. . . . . Ibid.	
105	. .	. . .	7 h.	m.	. . . . . Ibid.	25. 8. 14, 7.
106	. .	. . .	1 h. 30'.	f.	Sallenche à la fenétre.	
107	. .	. . .	3 h. 30'.	f.	. . . . . Ibid.	
108	. .	. . .	11 h.	f.	Bonneville à la fenêtre.	
109	. .	. 9 .	5 h. 50'	m	. . . . . Ibid.	
110	. .	. . .	6 h. 50'. m.		. . . . . Ibid.	
111	. .	. . .	12 h.	m.	Frontenex à l'ombre d'un grand arbre.	
112	. .	. . .	3 h. 30'.	f	. . . . . Ibid.	
113	. .	. . .	11 h. 20'.	f.	Genthod à 15 pieds au-deffus du Lac.	

Num. des observations.	Élévation du lieu au-dessus de la mer.	Hygrom.	Therm.	État du Ciel.
84	. 859 .	. 99, 5 .	. 7, 7 .	Brouillard , à quelques toises au-dessus de nous.
85	. Id. .	. 93, 9 .	. 9, 4 .	Nuages à 150 toises au-dessus de nous.
86	. 1195 .	(100, 7) (97, 3)	. 7, 3 .	Momens de brouillards & de calme. Momens de soleil & de bize.
87	. 1050 .	. 87, 1 .	. 10, 0 .	Soleil, bize , nuages sortant du col Ferret.
88	. 629 .	. 77, 0 .	. 17, 7 .	Couvert par places.
89	. Id. .	. 98, 3 .	. 10, 7 .	Nuages très-bas. Vent de S. E. foible.
90	. Id. .	. 70, 9 .	. 16, 7 .	Vent de Sud très-fort.
91	. 980 .	. 77, 9 .	. 11, 2 .	Demi-couvert.
92	. 629 .	. 78, 17	. 13, 5 .	Calme, nuages atttachés aux hautes cimes.
93	. Id. .	. 90, 3 .	. 11, 5 .	Couvert, vent de S. E. foible.
94	. 1076 .	. 81, 1 .	. 10, 6 .	Couvert , bize foible.
95	. 1262 .	100, . .	. 7, 3 .	Nuages tout près de nos têtes, S. O. foible.
96	. 939 .	. 90, 3 .	. 9, 8 .	Calme en bas, S. O. en haut, nuages aux cimes.
97	. Id. .	. 96, 0 .	. 5, 2 .	Calme, soleil levé, mais non pas ici.
98	. Id. .	. 97, 1 .	. Id. .	. . . . Idem.
99	. 1396 .	. 85, 9 .	. 6, 5 .	Soleil par intervalles. Vent de S. E. assez fort.
100	. Id. .	. 82, 8 .	. 10, 0 .	Soleil plus fréquent , vent un peu moins fort.
101	. 1067 .	. 92, 7 .	. 9, 5 .	Nuages ambulans près de nos têtes. S. S. O. foible.
102	* 600 .	. 63, 7 .	. 18,	Soleil, calme.
103	. 408 .	. 78, 2 .	. 14, 4 .	Clair & calme.
104	. Id. .	. 88, 6 .	. 13, 0 .	Nuages épars , Sud-Ouest foible.
105	. Id. .	. 89, 1 .	. 12, 0 .	. . . . Idem.
106	. 276 .	. 76, 7 .	. 17, 0 .	Soleil , nuages épars, même vent.
107	. Id. .	. 66, 8 .	. 20, 2 .	Couvert, même vent.
108	. 228 .	. 83, 7 .	. 16, 4 .	Clair & calme.
109	. Id .	. 96, 3 .	. 12, 8 .	. . . . . Idem.
110	. Id. .	. 94, 6 .	. 13, 4 .	. . . . . Idem.
111	* 130 .	. 72, 6 .	. 19, 8 .	. . . . . Idem.
112	. Id. .	. 65, 8 .	. 21, 5 .	. . . . . Idem.
113	. 190 .	. 87, 6 .	. 16, 0 .	. . . . . Idem.

§. 337. Dès que je fus arrivé à Chamouni mon premier
foin fut de comparer entr'eux mes quatre hygrometres, pour
voir fi le tranfport ne les auroit point dérangés. Pour procéder avec exactitude, je commençai par prendre la précaution
toujours néceffaire dans ces cas là ; je les humectai tous, les
uns en les plaçant fous une cloche de verre mouillée que j'a-
vois portée pour cet ufage; les autres en les tenant pendant
quelque tems renfermés dans leur étui mouillé intérieurement.
Je les fufpendis enfuite en-dehors de la même fenétre & ils
fe fixerent,

$$B. \text{ à } 70 ; N. \text{ à } 71, 5; O. \text{ à } 69, 8; S. \text{ à } 70, 9.$$

La moyenne entr'eux tous étoit 70, 5. Ils étoient donc
à très-peu-près d'accord, puifque celui qui différoit le plus
de la moyenne ne s'en écartoit que d'un degré, & que les
deux qui différoient le plus l'un de l'autre n'étoient éloignés que
de 1, 7.

Mais pour faire voir combien de pareils écarts font peu im-
portans, je rapporterai une obfervation que je fis à Chamouni
même le 21 juillet. Les hygrometres O & S. fufpendus en-dehors
de la fenétre tout près l'un de l'autre & obfervés au travers de
la vitre étoient à 6 heures précifes du matin, O. à 91, 7. S. à
93, 4 : mais ils varioient d'un moment à l'autre dans l'étendue
d'environ 2 degrés, quoique le tems fût clair & en apparence
parfaitement calme : fans doute que des ondulations impercep-
tibles à nos fens apportoient un air tantôt plus, tantôt moins
humide. Cependant les variations des deux inftrumens fe faifoient toujours dans le même fens & dans des quantités à-peu-

près égales. Mais lorfque je les éloignois l'un de l'autre autant
que le permettoit la largeur de la fenétre, leurs variations n'é-
toient plus fimultanées. Il eft donc clair, qu'il feroit abfolument
illufoire & inutile de fe flatter de réduire les écarts des hygrometres à moins de deux ou trois degrés fur une échelle totale
de cent; puifque l'air lui-même peut varier de cette quantité
d'un inftant à l'autre & à la diftance de deux ou trois pieds. A
la vérité on ne voit des variations de ce genre que quand l'air
eft très-humide. Les vapeurs dans un air fec font diftribuées
avec plus d'uniformité & de conftance.

On verra par cette table que mes hygrometres ont quelquefois paffé le terme de l'humidité extrême. (Obfervations 53,
83 & 86.) Mais ce n'a jamais été d'un degré entier, & c'eft
encore une de ces légeres imperfections que l'on doit excufer,
d'autant mieux que l'on peut y porter très-aifément remede.
Voyez le §. 67.

§. 338. La queftion la plus intéreffante doi les obfervations
hygrometriques faites fur les montagnes puiffent donner la folution eft celle de la quantité abfolue des vapeurs diffoutes
dans l'air à différentes diftances de la terre. Il faudroit pour la
réfoudre, des obfervations faites, l'une au fommet de la montagne, l'autre à fon pied, dans le même moment & s'il étoit
poffible dans la même ligne verticale. Cependant fi les tems &
les lieux qui féparent les obfervations ne font pas très-éloignés,
on pourra toujours en tirer quelques lumieres.

Si, par exemple, on compare entr'elles les obfervations 18,
19 & 20, on verra que dans la premiere des trois l'hygrome-

tre à Chamouni à 11 heures 30ˡ du matin étoit à 80, 6, & le thermometre à 14, 6: que 3 heures après environ à 260 toifes plus haut, le thermometre n'étoit plus qu'à 10, 8, c'eſt-à-dire qu'il avoit baiſſé de 3, 8. Si donc la quantité des vapeurs eût été la même à cette hauteur qu'à Chamouni, cette quantité de refroidiſſement auroit du, ſuivant ma table, ramener l'hygrometre à 90, 8; c'eſt-à-dire, lui faire faire plus de 10 degrés vers l'humidité : or il ne vint qu'à 81, 1; ou ce qui revient au même, il ne fit qu'un demi‑degré vers l'humidité. Donc les vapeurs étoient beaucoup plus abondantes dans la vallée de Chamouni qu'à 260 toifes plus haut.

En continuant de monter, j'arrivai au Chalet de Plianpra, plus élevé auſſi d'environ 260 toifes. Le thermometre, deſcendit encore de 3, 1; ce qui auroit dû faire venir l'hygrometre de 81, 1 à 89, 4 : or il ne vint qu'à 82, 5. Donc ici encore la quantité abſolue des vapeurs étoit moins grande que dans la vallée & moins grande encore qu'à mi‑côte.

§. 339. Le lendemain 23 vers les 6 h. du matin, (obſervation 28) l'hygrometre au Chalet de Plianpra étoit au terme de la ſaturation & le thermometre à 3, 6. Trois heures après au ſommet du mont‑Brévent élevé encore de 260 toifes au-deſſus du Chalet, l'hygrometre dans les momens où il ne paſſoit point de nuages, ſe tenoit environ à 87 degrés, c'eſt-à-dire, qu'il avoit fait 13 degrés vers la ſéchereſſe, quoique le thermometre qui n'étoit qu'à 5 n'eût monté que de 1, 4, quantité de chaleur incapable de produire une auſſi grande variation.

Comparaiſon des obſervations 28 & 29.

§. 340.

§. 340. Au contraire, en redefcendant au Chalet (obfervations 29 & 30) la chaleur augmenta de 7 degrés, ce qui
en partant de 87 de l'hygrometre auroit dû produire fur cet
inftrument une variation de 17, 8 degrés; & cependant la
variation ne fut que de 11, 6; ce qui prouve encore que les
vapeurs étoient plus abondantes dans les lieux moins élevés.

De la 29 &
de la 30e.

§. 341. Il eft bien vrai, comme je l'ai déja obfervé, que
fouvent dans un même lieu la quantité des vapeurs varie, &
que l'hygrometre fait communément par le beau tems entre le
matin & l'après-midi plus de chemin vers la féchereffe qu'il
ne devroit en faire par l'action de la chaleur feule.

Doute.

Cette table en fournit même des exemples. En comparant
la 31e. obfervation avec la 33e, nous voyons l'hygrometre
venir de 96, 3 à 63, 8; tandis que l'augmentation de chaleur qui eft de 11, 2, n'auroit dû le faire venir qu'à 68, 8
& produire par conféquent une variation de 5 degrés plus
petite.

Comparai-
fon de la
31e. avec la
33e.

Et la chofe eft bien plus frappante encore quand on compare entr'elles la 40 & la 44e. obfervations. Le 25 juillet
à 6 h. du matin, l'hygrometre étoit à 98, 5 & le thermometre à 4. A trois heures de l'après-midi du même jour l'hygrometre vint à 41, 2 & le thermometre à 20, 2. L'hygrometre fit donc une variation de 57, 3, tandis que la chaleur
augmenta de 16, 2; mais fi l'air fût demeuré chargé de la
même quantité de vapeurs cette augmentation de chaleur n'auroit fait venir l'hygrometre qu'à 62, & auroit produit par conféquent une variation de près de 21 degrés plus petite. Mais

De la 40e.
avec la 44e.

X x

auffi , comme je l'ai remarqué plus haut, §. 323. il fe paffa ce jour là dans l'air quelque chofe de très-extraordinaire.

Réponfe à ce doute. .

CEPENDANT, comme en comparant les obfervations faites dans les vallées avec celles qui ont été faites fur les montagnes, on voit prefque toujours l'hygrometre placé fur la montagne aller plus au fec ou moins à l'humide qu'il n'eût dû le faire par la feule action du changement de température, on a peine à croire que cette différence foit purement accidentelle & qu'elle ne tienne pas en effet à une loi générale.

Autre doute.

§. 342. JE me fuis encore demandé à moi-même , fi cette différence ne viendroit point de quelque défaut de la table qui fert à corriger les effets de la chaleur, fi par exemple cette table ne donnoit point à la chaleur moins d'efficace qu'elle n'en a réellement. Mais les obfervations elles-mêmes ont levé ce doute, parce que dans plufieurs cas la variation de l'hygrometre a été plus petite que la table ne l'indiquoit. Un exemple rendra cette idée plus claire.

Exemple. Comparaifon de la 60e. avec la 61e.

LE 28 juillet à 5 heures du matin les hygrometres indiquoient à Chamouni la faturation complete, & le thermometre étoit à 5 degrés ½. Le même jour à midi au haut du col de Balme, c'eft-à-dire, à 655 toifes au-deffus de Chamouni, l'hygrometre fe fixa à 87, 8 & s'éloigna par conféquent de 12, 2 du terme de faturation, quoique l'air ne fût que de 2 , 3 plus chaud qu'à Chamouni. Or fuivant ma table, fi la quantité des vapeurs eût été auffi grande fur la montagne que dans la vallée , ce degré de chaleur n'eût éloigné l'hygrometre que de 4 ou 5 degrés de la faturation. Mais on objectera que peut-être cette table eft elle mal conftruite, qu'elle attribue trop peu d'influence à la chaleur; & qu'une augmentation de 2, 3, eſt bien réellement capable de faire varier l'hygrometre de 12 degrés.

Les deux obſervations ſuivantes me préſentent la réponſe à cette difficulté; car au paſſage de la Forclaz, plus bas de 403 toiſes que le col de Balme, l'hygrometre fit 2, 7 degrés du côté de l'humidité, quoique l'air ſe fût réchauffé de 1, 7. Et enfin de là à la ville de Martigny ſituée 537 toiſes plus bas que la Forclaz, l'hygrometre qui auroit dû faire une variation de 14 degrés $\frac{1}{3}$ à cauſe de l'augmentation de la chaleur ne varia que de 12 $\frac{1}{3}$, parce que les vapeurs étoient plus abondantes à Martigny que ſur la Forclaz.

La comparaiſon des obſervations 79 & 80, 87 & 88, 90 & 91, 93 & 94 donne auſſi des variations hygrométriques moins grandes que celles qui ſont indiquées par la table.

Ce ne peut donc pas être un défaut de la table de correction, qui eſt la ſource des différences que nous avons obſervées entre l'air de la plaine & celui de la montagne. Car lorſque l'air a été plus chaud dans la vallée que ſur la montagne, la variation hygrométrique s'eſt trouvée plus petite que celle qui, ſuivant la table, auroit eu lieu par l'action de la ſeule chaleur; & au contraire cette variation a été plus grande dans les cas où la chaleur a été plus grande ſur la montagne que dans la plaine.

§. 343. Il y a eu cependant trois cas où la quantité abſolue des vapeurs a paru plus grande dans le lieu le plus élevé. Le 1 août à 6 h. du matin, l'hygrometre obſervé en plein air

auprès des Chalets de Chanrion étoit à 85, 4 & le thermometre à 6, 7. Mais à 10 h. au milieu du glacier d'Hautéma
(1) élevé de 291 toifes au-deffus des Chalets de Chanrion,
l'hygrometre vint à 95, 5 & marcha par conféquent de 10, 1
vers l'humidité, quoique le thermometre ne fût defcendu que
de 1, 6, & n'eût dû par conféquent produire qu'une variation
de 4 degrés $\frac{1}{2}$. L'hygrometre & le thermometre étoient fufpendus à 4 pieds au-deffus de la glace, & c'étoit vraifemblablement cette glace & la neige à demi-fondue dont elle
étoit couverte qui fourniffoient cette humidité extraordinaire.
Car fur un rocher peu éloigné du glacier & à peu près auffi
élevé (2) où je mis enfuite mes inftrumens en expérience

(1) C'est le vrai nom du Glacier
que Mr. Bourrit a le premier fait
connoître fous le nom de Glacier *de
Chermotane* & qu'il a décrit d'une maniere très-poétique, mais à mon gré
un peu exagérée dans fa *defcription
des Alpes Pennines & Rhétiennes*. Le
nom d'*Hautéma* que les gens du pays
donnent à ce Glacier eft vraifemblablement une corruption de *haute mer*.

(2) Du haut de ce rocher je reconnus diftinctement la place du Glacier fur laquelle je m'étois arrété pour
faire mes obfervations. Je vifai à cette
place avec un niveau à bulle d'air
très-jufte, & je vis que je me trouvois
au-deffous de cet endroit du Glacier,
d'une quantité que j'évaluai à 5 ou 6
toifes. Cependant le barometre étoit de
$\frac{3}{32}$ de ligne plus bas fur le roc que fur
la glace : j'en conclus que l'air étoit
devenu plus léger pendant les 3h. 20'.
qui s'étoient écoulées entre les deux
obfervations, & effectivement le barometre fédentaire avoit baiffé à Geneve

dans le même intervalle de $\frac{19}{32}$. Le calcul auroit donc dû être conforme au
nivellement, & donner le rocher plus
bas que le Glacier. Cependant quand
je fis ce calcul fuivant la méthode de
M. De Luc, je trouvai le roc de 26
toifes plus élevé que le Glacier. La
raifon en eft fort fimple ; l'air qui re-
pofoit fur le milieu de cette large vallée de glace entourée d'autres Glaciers
plus élevés qu'elle, avoit un froid qui
lui étoit propre & auquel ne partici-
poit point le refte de la colonne verticale dont il faifoit le fommet ; le
thermometre ne fe foutenoit là qu'à
5, 1, tandis que fur le rocher il s'é-
levoit à 12. Il eft vrai que dans l'intervalle des 3 h. qui s'écoulerent entre
les deux obfervations, le thermometre
dut montrer, mais non point d'une
auffi grande quantité ; il monta à Geneve de 3 $\frac{1}{2}$ degrés, & non pas de
6, 9 comme il fit en paffant du glacier au rocher. La correction que prefcrit M. De Luc pour les cas où la cha-

(obſervation 77) : la quantité abſolue des vapeurs ſe trouva moins grande qu'aux Chalets de Chanrion.

§. 344. Cependant la glace ne produit pas toujours cet effet : car ſi l'on compare entr'elles les obſervations 93 & 94 on verra qu'à Cormayor à 6 h. 30 ′ du matin l'hygrometre étoit à 90, 3 ; & que tranſporté de là au milieu du glacier de Miage, élevé de 447 toiſes au-deſſus de Cormayor, il vint à 81, 1 & ſe trouva par conſéquent de 9, 2 plus au ſec qu'à Cormayor, quoique le thermometre fût de près d'un degré, ſavoir de 0, 9 plus bas ſur le glacier que dans la vallée. Mais on n'oſe point inſiſter ſur les conſéquences d'une comparaiſon faite entre des obſervations ſéparées par une intervalle de 6 h. & par une diſtance horizontale aſſez conſidérable. Il faudroit, comme je l'ai déja dit, des obſervations ſimultanées aux deux extrémités ſemblablement ſituées d'une ligne à peu près verticale.

§. 345. La même journée me fournit un ſecond exemple d'une quantité abſolue de vapeurs plus grande au haut qu'au bas de la montagne. L'hygrometre que nous venons de voir à 81, 1 ſur le glacier de Miage vint à 100 ſur le col de la

Obſerva-
tions 93 &
94.

Autres ex-
ceptions.
Obſerva-
tions 94 &
95.

---

leur moyenne de l'air eſt au-deſſous du 0 de ſon thermometre eſt donc ici beaucoup trop grande, puiſque ce froid étoit abſolument local & n'affectoit point le reſte de la colonne compris entre les deux ſtations. J'ai donc cru devoir donner dans la table de mes obſervations, N°. 76 & 77, les hauteurs telles qu'elles réſultent de la ſimple comparaiſon des logarithmes, ſans aucune correction pour la cha-

leur de l'air; & ainſi leur différence s'eſt trouvée exactement égale à celle que m'avoit donnée le nivellement.

M. Trembley a communiqué der-nièrement à l'Académie des Sciences un Mémoire dans lequel il prouve par un grand nombre d'obſervations, que cette correction écarte de la véritable hauteur beaucoup plus ſouvent qu'elle n'en rapproche.

Seigne élevé de 186 toifes au-deffus de ce glacier ; & il fît ainfi 18 , 9 vers l'humidité, quoique le refroidiffement ne fût que de 3 , 3 & n'eût dû , fuivant la table faire venir l'hygrometre qu'à 89 , 9.

DE même en defcendant du col de la Seigne au Chalet Motet, fitué à 323 toifes au-deffus de ce col, l'hygrometre vint de 100 à 90, 3 ; quoique l'augmentation de la chaleur qui ne fut que de 2 , 5 n'eût dû le faire venir qu'à 95 au plus.

IL eft donc clair , que ce jour là les vapeurs étoient réelle-ment plus abondantes au fommet de la Seigne que dans les deux vallées que ce col domine. Il eft vrai que dans le mo-ment où j'obfervois fur le haut du col, les nuages pouffés par le vent de Sud - Oueft paffoient tout à fait près de ma tête & rempliffoient par conféquent l'air d'une humidité extraor-dinaire.

LE lendemain les réfultats furent différens & même oppofés ; la comparaifon entre les obfervations 98 & 99 donna plus de vapeurs dans la vallée que fur la montagne. La 100ᵉ, comparée avec la 101ᵉ. prefente encore le même phénomene ; mais la 100ᵉ. & la 101ᵉ. comparées féparément avec la 102ᵉ. donnent l'une & l'autre plus de vapeurs fur la montagne.

§. 346. CEPENDANT comme les exceptions ne font pas nom-breufes , & que quelques-unes d'entr'elles peuvent être expli_quées par des circonftances particulieres , je crois pouvoir con-clure , qu'en général la quantité abfolue des vapeurs diffoutes dans l'air eft moins grande dans les lieux élevés.

Ce réfultat eft d'ailleurs conforme à l'opinion générale : l'air des lieux bas paffe généralement pour humide & l'on regarde comme vif & fec celui des lieux élevés. Et quoique cette opinion n'eût pas encore été confirmée par des expériences précifes & dans lefquelles on eût tenu compte des effets de la chaleur, elle repofe cependant fur des faits bien connus & fur des raifonnemens tout-à-fait fimples & frappans.

§. 347. En effet toutes les vapeurs qui fe trouvent dans l'air viennent originairement des eaux qui coulent ou qui féjournent à la furface de notre globe & de celles dont la terre même eft impregnée. Ces eaux font plus abondantes dans les lieux bas où leur poids les entraine, les terres y font plus abreuvées ; il eft donc naturel que les vapeurs y foient plus abondantes & l'air en général plus humide.

§. 348. Cependant cette raifon ne fuffiroit pas feule pour rendre les vapeurs conftamment plus abondantes à la furface de la terre. Car comme la vapeur élaftique eft un fluide plus léger que l'air, & que celui-ci devient plus léger par fon mélange avec elle, fi la chaleur demeuroit conftamment la même, la terre fe deffécheroit enfin, & les vapeurs s'accumuleroient dans les régions élevées. Mais le froid de la nuit, celui des vents feptentrionaux, viennent condenfer ces vapeurs & les forcer à redefcendre fous la forme de pluie ou de rofée, & rendent ainfi aux couches inférieures ce que la légéreté des vapeurs & les vents verticaux leur avoient enlevé. Enfuite lorfque les couches fupérieures de l'air fe réchauffent de nouveau, elles fe trouvent dépourvues d'humidité, & il faut bien du tems avant que les vapeurs venant de la terre aient furmonté la vifcofité de l'air pour venir faturer ces régions élevées. L'air inférieur au contraire, à l'inftant où il fe réchauffe, pompe des vapeurs à la furface des eaux, il diffout la rofée, la tranfpiration des plantes, & il en tire de la terre même qui eft prefque toujours abreuvée d'humidité. La quantité abfolue des vapeurs diffoutes dans l'air (3) doit donc être communément plus grande dans le voifinage de la terre.

§. 349. Ces mêmes confidérations expliquent pourquoi dans les jours calmes & fereins la variation que fait l'hygrometre entre fa plus grande humidité du matin & fa plus grande féchereffe de l'après-midi, de même que fa variation entre cette même féchereffe & l'humidité du lendemain matin font ordinairement plus grandes qu'elles ne le feroient, fi l'air ne fubiffoit d'autre changement que de fe réchauffer depuis le matin jufqu'à l'après-midi & de fe refroidir depuis l'après-midi jufqu'au foir. Car du moment où le foleil fe leve jufques vers les 3 ou 4 heures du foir, la quantité des vapeurs diminue continuellement dans le voifinage de la terre, parce qu'elles montent vers le haut de l'atmofphere, foit par leur légéreté propre, foit par le vent vertical que produit la chaleur du foleil. Et au contraire, depuis les 3 ou 4 heures du foir jufqu'au lendemain matin leur quantité s'accroît dans les couches inférieures

---

(3) Je dis les *vapeurs diffoutes*, parce que les vapeurs véficulaires qui compofent les nuages font plus fréquentes dans les régions élevées & peuvent augmenter prefqu'indéfiniment la quantité de l'eau fufpendue dans l'air. Ces mêmes nuages font encore la fource d'un autre exception à la regle générale que nous venons d'établir; parce qu'ils fourniffent une humidité abondante aux couches d'air qui les avoifinent comme le prouvent les obfervations 59 & 95.

de

de l'air, parce que celles des couches plus élevées redefcendent à mefure qu'elles fe condenfent.

Si ce raifonnement eft jufte, ce doit être l'inverfe dans les hautes régions de l'air, la quantité abfolue des vapeurs doit augmenter depuis le lever du foleil jufqu'à 3 ou 4 heures, & diminuer de ce moment là jufqu'au lendemain matin. La vérification de cette conjecture fera difficile à faire, il faudroit pour cela trouver au milieu d'une plaine humide un roc très-élevé, dont le fol ne pût fournir par lui-même aucune humidité, & obferver fur la cime de ce roc l'hygrometre & le thermometre à différentes heures; car fur des montagnes couvertes de verdure, de neige ou de glace, l'obfervation ne feroit point concluante.

Au refte toutes ces regles générales font fujettes à des modifications & à des exceptions fréquentes produites par les vents & par le concours des agens divers qui influent fur notre atmofphere.

Y y

CHAPITRE X.

RE'FLEXIONS GE'NE'RALES SUR LES PRONOSTICS ME'TE'OROLOGIQUES.

Les payfans & les batteliers s'y connoiffent mieux que les phyficiens.

§. 350. IL n'eft rien dans la météorologie qui intéreffe plus la généralite des hommes, que les préfages qu'elle peut fournir fur les changemens de tems. La théorie ne pique la curiofité qu'autant qu'on efpere qu'elle perfectionnera la connoif-fance de ces préfages. La plupart de ceux qui fouhaitent d'a-voir de bons inftrumens de météorologie. ne le defirent pas tant pour connoître l'état actuel de l'air dont nos fens nous inftruifent affez, que pour s'en fervir à prévoir les changemens qu'il doit fubir. Il eft donc fort humiliant pour ceux qui fe font beaucoup occupés de cette fcience, de voir que fouvent un battelier ou un laboureur, qui n'a ni inftrument ni théorie, prédit plufieurs jours à l'avance & avec une précifion éton-nante des changemens de tems qu'un phyficien armé de tous les fecours de la fcience & de l'art n'auroit pas même pû foup-çonner. Ces bonnes gens, toujours en plein air, l'efprit tou-jours occupé de cet objet qui les intéreffe infiniment plus que nous, doués d'une vue perçante, d'une heureufe mémoire, raffemblent une foule de petits faits dont fouvent ils ne fauroient pas rendre compte, mais dont l'enfemble leur donne un pref-fentiment confus, quelque chofe d'analogue à l'inftinct des ani-maux, qui font encore leurs maîtres dans cet art. Ils joignent à cela quelques fignes locaux, un brouillard qui s'éleve à telle ou telle heure dans telle ou telle place, un certain nuage à la cime de telle ou de telle montagne, le chant ou le paſſage de certaïns oiſeaux, &c. Auſſi tranſportez-les ſur un autre horizon, ne fût ce qu'à dix lieues de leur habitation ordinaire, les voilà totalement dépaïſés, & alors ce feront eux qui conſulteront le phyſicien.

§. 351. En effet les connoiſſances du phyſicien ſur cet objet ne ſont pas bornées à un horizon particulier : elles ſont générales comme la théorie qui leur ſert de baze : ſes idées ſont diſtinctes, il peut exprimer & développer les ſignes qui le dirigent. Il a donc cet avantage ſur le laboureur, & il en auroit de bien plus grands encore s'il avoit le tems & la volonté de multiplier ces ſignes & de les rendre moins équivoques en les combinant & en les rendant plus précis.

Mais les connoiſſances du phyſicien ſont plus générales.

§. 352. Je dis d'abord qu'il faut les multiplier, parce que ce n'eſt que leur combinaiſon & leur concours qui peut lever l'incertitude inféparable de chacun d'eux en particulier ; nous avons déja vu que le barometre ſeul ne donne que des indices peu ſûrs ; on peut en dire autant de l'hygrometre, du thermometre, des vents ; mais ſi tous ces ſignes ſont d'accord ils ne tromperont pas une fois ſur dix, & que fera-ce ſi l'on y joint pluſieurs autres ſignes qu'il eſt tout auſſi facile d'obſerver.

Il faut combiner & réunir pluſieurs pronoſtics.

§. 353. Aussi ai-je vu avec bien de la peine, que par un amour extréme pour une perfection idéale, un obſervateur tel que Mr. van Swinden ait rejetté l'hygrometre de ſes obſervations météorologiques. Pour moi j'aimerois mieux qu'il ſe fût ſervi de l'inſtrument le plus imparfait, d'un fil de chanvre tendu par le poids d'une pierre, que d'avoir négligé un indice

De l'hygrometre comme pronoſtic.

d'une auffi grande conféquence ; d'autant que même des connoiffances vagues, telles que celles que l'on attache aux mots
très-fec , *très-humide* , *médiocrement fec* , *médiocrement humide* ,
peuvent donner des lumieres importantes fur l'état de l'atmofphere.

C'EST fur-tout en comparant la marche de l'hygrometre avec
celle du thermometre que l'on peut en tirer des inductions &
des pronoftics : car quoiqu'il y ait des exceptions , & que
j'en aie noté moi-même une très-remarquable , §. 322 , en général pourtant , c'eft un indice de beau tems qui trompe rarement , que de voir l'hygrometre faire entre fa plus grande
humidité du matin & fa plus grande féchereffe de l'après-midi
une variation plus grande qu'il ne devroit la faire en raifon de
l'augmentation de la chaleur , & le contraire eft auffi un des
indices les plus fûrs de la pluie.

Détails fur
l'erat du
ciel.

§. 354. Je voudrois auffi que l'on détaillât avec plus de
précifion les diverfes obfervations qui concernent l'état du ciel
& des nuages. Que m'apprennent les mots *couvert* , *demi-cou-*
vert ; rien , abfolument rien , parce qu'il y a tel ciel couvert
qui annonce prefque fûrement le beau-tems , & tel autre qui
préfage indubitablement la pluie. On fe pique d'avoir un thermometre qui ne trompe pas l'obfervateur d'un quart de degré ;
de mefurer jufqu'à une feizieme de ligne de la pluie qui tombe ,
& on fe tait fur la tranfparence de l'air , fur les rofées , fur
l'élévation , la forme , la grandeur , la difpofition , la couleur ,
la denfité des nuages , chofes faciles à obferver , faciles à défigner , même en très-peu de mots , & qui n'auroient d'autre

inconvénient que d'exiger des tables météorologiques de deux ou trois pouces plus larges.

§. 355. Un phénomene que je viens d'indiquer, auquel on fait communément peu d'attention, & qui eft cependant pour les habitans des montagnes un des pronoftics les plus fûrs, c'eft la tranfparence de l'air. Lorfqu'ils voient l'air parfaitement tranf-parent, les objets éloignés d'une diftinction parfaite, & le ciel d'un bleu extrémement foncé, ils regardent la pluie comme très-prochaine, quoique d'ailleurs il n'en paroiffe pas d'autre figne. En effet j'ai fouvent obfervé que, quand depuis plufieurs jours le tems eft décidément au beau, l'air n'eft point parfaite-ment tranfparent, on y voit nager une vapeur bleuâtre qui n'eft pas une vapeur aqueufe, puifqu'elle n'affecte pas l'hygrometre, mais dont la nature ne nous eft point encore connue.

Tranfparen-
ce de l'air.

Voici à ce qu'il me femble, la raifon de ce phénomene. Les vapeurs huileufes, & en général toutes celles qui ne font point aqueufes, & qui dans un tems beau & fec troublent feules la tranfparence de l'air y exiftent alors fous la forme de véficules; les conditions néceffaires pour la formation & pour la durée de ces véficules non aqueufes font vraifemblablement les mêmes que pour les véficules aqueufes. Lors donc que ces vapeurs bleuâtres non aqueufes flottent dans l'air & troublent fa tranfparence, c'eft une preuve de l'exiftence actuelle des conditions néceffaires pour la formation des véficules ; d'où il fuit, que lors même que l'air viendroit à être fuperfaturé d'hu-midité, cette humidité furabondante ne tomberoit point fous la forme de pluie, mais qu'elle demeureroit fufpendue dans l'air fous la forme de nuage ou de brouillard. Car pour qu'il pleuve, il ne fuffit pas que l'air foit fuperfaturé, puifque l'air eft fuperfaturé dans le fein des nuages & qu'il ne pleut pourtant pas toutes les fois que le tems eft couvert; mais il faut outre cela l'abfence des agens ou des conditions néceffaires pour la formation ou pour la durée des véficules aqueüfes. Or la tranfparence de l'air prouve l'abfence des véficules non aqueufes & par cela même l'impoffibilité de la formation & de la fufpenfion des véficules aqueufes. Cette tranfparence indique donc cet état de l'air, qui eft la premiere condition néceffaire pour l'exiftence de la pluie: elle prouve, que s'il vient une quantité fuffifante de vapeurs, fous quelque forme qu'elles viennent, elles fe réfoudront en pluie.

LA confidération de la tranfparence de l'air doit donc fervir de complément aux pronoftics tirés de la confidération de l'hygrometre. Car l'hygrometre combiné avec le thermometre, §. 353, nous apprend bien fi la quantité des vapeurs en diffolution dans l'air augmente ou diminue; mais il ne nous apprend point fi ces vapeurs font difpofées à fe réfoudre en pluie où à demeurer fufpendues fous la forme de brouillard ou de nuage.

Couleur des nuages qui paffent fous le foleil.

§. 356. UN autre phénomene auquel je n'ai pas vu non plus qu'on eût fait l'attention qu'il mérite, ce font des couleurs que l'on obferve quelquefois dans les nuages blancs qui paffent immédiatement fous le foleil. En obfervant avec foin ces nuages, on y découvre quelquefois des teintes bien prononcées, des couleurs de l'iris, fans qu'il y ait pourtant ni pluie, ni arc en ciel; ce font des couleurs vives, parfemées fans ordre dans les parties du nuage les plus fortement éclairées. C'eft un figne de pluie prefqu'infaillible; je ne me rappelle pas qu'il m'ait jamais

trompé, il m'a même une fois rendu un très-grand fervice. Le
23e. juillet 1777 j'allois obferver les montagnes qui font au
fond de la mer de glace du Grindelwald : le tems avoit la
plus belle apparence , & je marchois avec la fécurité que donne
au voyageur la certitude d'une belle journée , lorfque je vis
paffer auprès du foleil un petit nuage blanc , qui me parut
fouetté par places de rouge & de verd. Averti par ce figne
je hatai ma marche , je ne perdis point de tems & je fus de
retour avant un orage terrible, qui s'il m'avoit furpris fur le
fentier étroit & fcabreux qui domine le glacier, m'auroit certainement mis dans un très-grand danger.

Ces couleurs prouvent, que les véficules dont le nuage eft
compofé fe réfolvent en gouttes folides , car les nuages qui
ne contiennent que des véficules laiffent paffer la lumiere fans
la rompre ou du moins fans féparer fenfiblement fes couleurs.

§. 357. C'est par la même raifon que les halo & la lune
qui fe baigne font des fignes de pluie. Il faut cependant faire à
l'égard de ces pronoftics une obfervation que l'on néglige affez
communément: c'eft qu'ils ne font point de fi mauvais augure,
quand ils ne paroiffent que le foir, au moment où la rofée
fe forme , du moins ne prouvent-ils alors que l'abondance de
cette rofée. En effet les fortes rofées produifent fouvent une
vapeur concrete, compofée de gouttes très-petites, mais pourtant pleines & capables par cela même de divifer les rayons.

Lune bai-
gnante,halo.

Mais quand ces météores fe montrent dans d'autres momens
que celui de la rofée, ils prouvent alors une difpofition générale de l'air & des nuages à abandonner leurs vapeurs fous la
forme qui produit la pluie.

Efpérances de la météo-rologie.

§. 358. Je ne m'étendrai pas davantage fur ce fujet, mon deffein n'étoit point de l'approfondir ; nous avons encore trop peu de données. Mais il y a lieu d'efpérer que le zele avec lequel on s'applique actuellement aux obfervations météorologiques, les beaux inftrumens inventés par Mr. le Chevalier LANDRIANI, les grands travaux de Mr. VAN SWINDEN & fur-tout l'établiffement d'une Académie (1) uniquement deftinée à l'étude de cette fcience, les excellentes directions qu'elle donne à fes collaborateurs, l'envoi gratuit qu'elle leur fait d'inftrumens comparables, contribueront puiffamment à perfectionner la météorologie & en particulier la branche curieufe & piquante des pronoftics.

(1) *Societas meteorologica Palatina à Sereniffimo Electore Carolo Theodoro recèns inftituta.*

CHAPITRE

CHAPITRE XI.

DE CE QUI RESTE A FAIRE POUR PERFECTIONNER L'HYGROMETRIE.

§. 359. J'AI indiqué çà & là dans le cours de cet ouvrage quelques-unes de ses imperfections, soit relativement aux objets qui auroient pû être mieux traités, soit relativement à ceux qui ne l'ont point été du tout & qui pourtant auroient dû l'être. Il me paroît cependant utile d'en présenter ici un tableau ; d'autant mieux que j'ai omis des choses qui ne doivent point être passées sous silence.

But de ce chapitre.

§. 360. QUANT à l'hygrometre lui-même, j'avouerai ingénûment que je ne crois pas que l'on ajoute beaucoup à sa perfection. Déja je suis persuadé qu'après avoir tout essayé on finira par revenir au cheveu. Sa foiblesse étoit le seul défaut que l'on pût raisonnablement craindre ; or en le préparant comme je le fais, en ne le chargeant que du poids de trois grains, ce défaut est presque nul: j'ai des hygrometres construits depuis deux ans, que j'ai portés en voyage avec moi, qui font continuellement en expérience, qui ont même souffert quelques chocs assez vifs & qui pourtant sont toujours justes, si ce n'est que le cheveu s'est allongé d'un degré ou d'un degré & demi de la division en 100 degrés, erreur légere, dont on peut tenir compte, si l'on n'aime pas mieux la corriger en ramenant l'aiguille à son point par le moyen de la vis de rappel.

Il n'est pas probable que l'on fasse de grands changemens à l'hygrometre à cheveu.

Z z

D'ailleurs ils font toujours d'accord entr'eux & n'ont fouffert aucune altération fenfible.

Je ne crois pas non plus que l'on trouve une meilleure maniere de les graduer, ni des extrêmes d'humidité & de féchereffe plus fûrs ·que les miens. Si donc on perfectionne cet inftrument, ce fera dans fa conftruction méchanique; je doute cependant beaucoup qu'on puiffe y faire des changemens avantageux fans le rendre ou embarraffant, ou compofé & cher, ou fujet à fe déranger.

Mais il faudra perfectionner les tables de réduction.

§. 361.. Mais c'eft la fcience même de l'hygrométrie qui eft bien éloignée de fa perfection. Elle n'y fera parvenue que quand on aura une table générale telle que l'exige le §. 173; en forte qu'à l'aide de cette table, quelles que foient la denfité & la chaleur de l'air, l'hygrometre indique fur le champ avec la plus grande précifion, la quantité abfolue de l'eau que l'air tient en diffolution. J'ai indiqué dans ce même chapitre la méthode qui me paroît la meilleure pour conftruire cette table, & c'eft là que doivent principalement fe diriger les travaux de ceux qui voudront perfectionner l'hygrométrie.

Il faudra pour compléter cette table étudier avec un nouveau foin les diminutions qu'apporte la rareté de l'air à fa force diffolvante, de maniere qu'on puiffe évaluer ces diminutions de demi-pouce en demi-pouce ou au moins de pouce en pouce du barometre.

Dreffer une table des diftances de la

§. 362. Il faudroit auffi dreffer une table des diftances du terme de faturation pour les différens degrés de l'hygrometre

& du thermometre conformément à la méthode de Mr. Le Roi, §. 332.

§. 363. Une recherche analogue à celle-là & intéreffante à bien des égards feroit d'éprouver la quantité d'humidité qu'attirent différentes efpeces de verre avant que l'air foit parvenu au point de faturation . §. 107.

Il faudroit pour cela pefer à une balance très-fenfible une grande plaque de verre mince après l'avoir defféchée foit par la chaleur foit par un féjour dans un air artificiellement défféché ; & la repefer enfuite après l'avoir expofée à un air dont un bon hygrometre indiqueroit le degré d'humidité. Ces recherches devroient même précéder les expériences néceffaires pour la conftruction des tables générales dont nous venons de parler ; & cela en confidération du doute élevé dans le §. 291.

§. 364. Pour tirer parti des obfervations hygrométriques faites jufqu'à ce jour, il feroit à fouhaiter que l'on fe donnât la peine de former un tableau de comparaifon des hygrometres dont on a fait le plus d'ufage, comme de ceux à corde de boyau, & de ceux à plume ; mais il faudroit en même tems étudier les influences de la chaleur fur ces divers hygrometres, comme je l'ai fait fur l'hygrometre à cheveu.

§. 365. Il feroit auffi intéreffant & curieux d'approfondir plus que je ne l'ai fait les rapports des différentes efpeces d'air avec l'eau & les vapeurs, la quantité qu'ils peuvent en diffoudre ; fi la marche de l'hygrometre plongé dans ces différens airs eft la même quand la chaleur ou la denfité de l'air augmentent ou diminuent; fi les phénomenes des vapeurs véficulaires y font les mêmes que dans l'air atmofphérique, &c. &c.

Joindre l'eu-
diometre
aux inftru-
mens météo-
rologiques.

§. 366. IL conviendroit de joindre aux obfervations météo-rologiques, celles de l'eudiometre ; mais il ne fuffiroit pas de noter la plus ou moins grande diminution que fubiroient par leur mélange l'air nitreux & l'air atmofphérique: il faudroit encore déterminer quelles font les efpeces d'air, qui dans telle ou telle circonftance alterent la pureté de l'air atmofphérique, fi c'eft de l'air fixe, de l'air inflammable, de l'air phogiftiqué, &c. Ce feroit là le feul moyen direct de connoître jufqu'à quel point les changemens chymiques de l'air influent fur les varia-tions du barometre.

Etudier la
nature de la
vapeur élaf-
tique dans
le vuide.

§. 367. VOICI une belle expérience, mais bien difficile à faire avec exactitude.

PLACER un thermometre, un hygrometre & un manometre dans un grand récipient, deffécher l'air de ce récipient, en retirer les fels qui auroient fervi à le deffécher, le purger enfuite d'air le plus exactement poffible ; voir alors quelle quantité d'eau il faudroit pour faire venir l'hygrometre au terme de la faturation, & à quelle hauteur monteroit le manometre; faire en-fuite éprouver à ce même appareil des alternatives de chaud & de froid & voir quelle influence ces changemens de tempéra-ture auroient fur l'hygrometre & fur le manometre. On con-noîtroit ainfi la denfité de la vapeur élaftique pure, fon élafti-cité, fa dilatabilité par la chaleur, &c. &c.

§. 368. Il y auroit auſſi bien des recherches à faire ſur la vapeur véſiculaire, ſur la nature du fluide dont les véſicules ſont remplies, ſur leur atmoſphere, ſur l'épaiſſeur de la lame d'eau qui les forme, ſur leur dilatation dans un air raréfié & principalement ſur la nature des conditions qui décident les vapeurs ſurabondantes dans l'air, tantôt à prendre ou à conſerver la forme de véſicules, tantôt à ſe réſoudre en pluie.

Recherches à faire ſur les vapeurs véſiculaires.

§. 369. Et combien de choſes à étudier dans les nuages! Pourquoi les uns ont-ils leurs bords pour ainſi dire fondus, tandis que d'autres ont leur circonférence arrondie & tranchée comme les corps les plus ſolides & les plus denſes? Pourquoi ces plumes, ces étoffes chinées qu'ils ſemblent quelquefois imiter ſont elles des indices de pluie? Pourquoi ſont-ils, quelquefois diſtribués par flocons détachés, & forment-ils d'autres fois un voile parfaitement uniforme? &c. &c.

Sur les nuages.

§. 370. Pour parvenir à connoître la quantité d'eau ſuſpendue dans les nuages, il faudroit faire des expériences ſur celle que contiennent les brouillards; remplir un grand vaſe d'un air qui en ſeroit chargé & éprouver enſuite par le moyen des ſels abſorbans la quantité d'eau que contiendroit cet air. Il faudroit enſuite eſſayer de déterminer la denſité des brouillards par leur plus ou moins grande tranſparence, par la diſtance à laquelle ils permettent de diſtinguer un objet donné avec une quantité donnée de lumiere, & étudier enfin par la voie de l'expérience le rapport de la quantité d'eau avec la denſité ainſi déterminée.

Sur la quantité d'eau qu'ils contiennent.

Trouver un diaphano-metre.

§. 371. A cet égard & à bien d'autres un *diaphanometre*, c'eſt-à-dire, un appareil ou un inſtrument qui ſerviroit à meſurer la tranſparence de l'air feroit une addition importante aux inſtrumens de météorologie & à laquelle je ne crois pas que l'on ait encore penſé.

Etudier la vapeur bleue que l'on voit dans des tems ſecs.

§. 372. Cet inſtrument ſerviroit à eſtimer la quantité & aideroit peut-être à connoître la nature de cette ſinguliere eſpece d'exhalaiſon qui diminue la tranſparence de l'air & qui lui donne une couleur bleuâtre même dans des tems très-ſecs (1) & où il n'y a certainement dans l'air aucune vapeur aqueuſe ſous la forme véſiculaire.

La force réfringente des vapeurs, &c.

§. 373. Il y a un nombre de recherches qui dépendent de diverſes branches de la phyſique & qui mettront au jour diverſes propriétés des vapeurs aqueuſes. On pourra, par exemple, remplir un priſme creux, tantôt d'un air parfaitement deſſéché, tantôt d'un air ſaturé d'humidité & comparer ainſi leurs forces réfringentes. On pourra de même, comparer leur perméabilité à la chaleur, au fluide électrique, &c.

---

(1) C'eſt vraiſemblablement de vapeurs de ce genre, qu'eſt compoſé le brouillard qui accompagne conſtamment ce ſingulier vent de terre, qui regne ſur certaines côtes de l'Afrique & auquel les naturels du pays donnent le nom d'*Harmattan*. Au moins, eſt-il bien certain que ce brouillard n'eſt pas compoſé de véſicules aqueuſes, puiſque le vent qui regne en même tems que lui eſt d'une ſi grande ſéchereſſe qu'il brûle pour ainſi dire la peau des hommes, les feuilles des arbres, & qu'il deſſeche en peu d'heures l'huile de tartre par défaillance. C'eſt même par ſa ſéchereſſe proprement dite & non point par ſa chaleur que ce vent produit ces effets, car ſa chaleur eſt très-modérée pour ces climats; elle n'excede pas 80 degrés de FARENHEIT ou 21 $\frac{1}{3}$ de RÉAUMUR. *Philoſophical Tranſact.* V. LXXI. p. 46, & *Journal de Phyſique 1782.* Tom. II. pag. 48.

§. 374. Enfin il faudroit généralifer la théorie de l'évapo- Généralifer la théorie de l'évapora-tion.
ration ; voir fi tous les corps qui en font fufceptibles fe rédui-
fent en vapeurs élaftiques, fi ces vapeurs peuvent fe diffoudre
dans l'air, fi elles y prennent une forme véficulaire, ou fi au
contraire la nature a employé des moyens différens pour volatilifer les différens corps.

Mais il fuffit d'avoir indiqué les recherches les plus importantes à faire fur ce riche & fertile fujet. Le génie actif des
phyficiens étendra bien cet agenda : la folution de chacun de
ces problêmes développera de nouvelles idées & ouvrira de
nouvelles carrieres ; & lors même que cet ouvrage recevroit
aujourd'hui un accueil favorable, on trouvera bientôt que s'il
eût exifté un titre plus modefte que celui d'effai, c'étoit celui
qu'il falloit lui donner.

F I N.

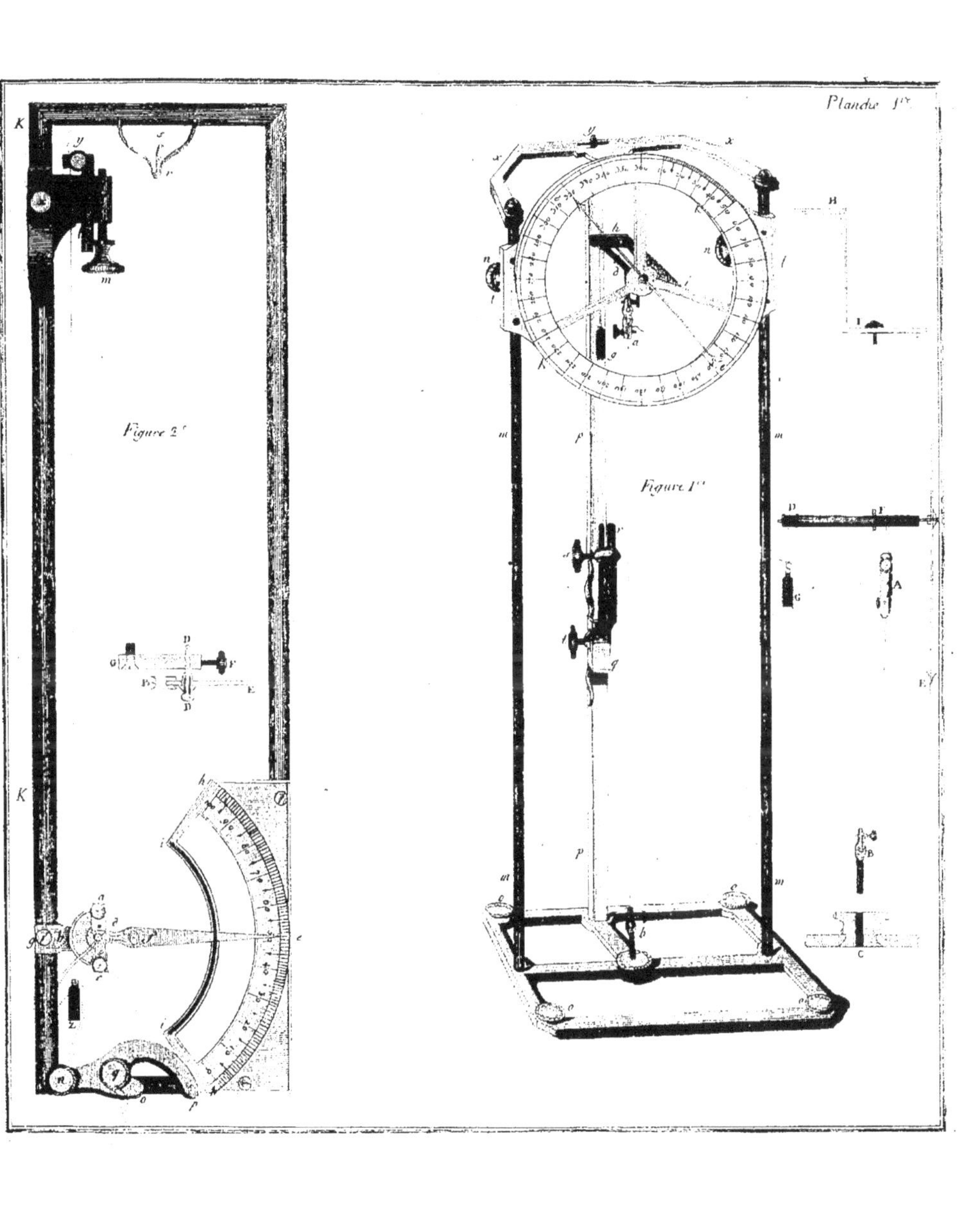
Planche 1.re
Figure 2.e
Figure 1.re

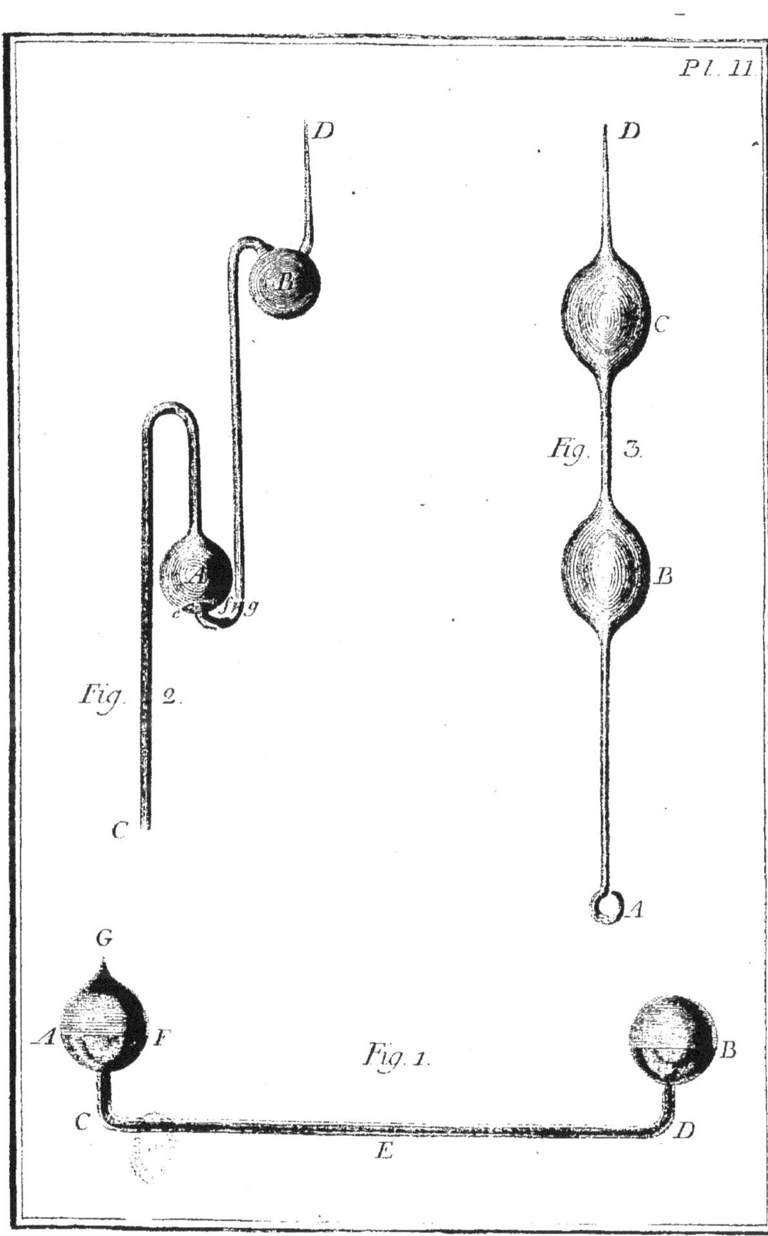
D
D
B
C
A
c fig
Fig. 3.
B
Fig. 2.
C
A
G
A
F
B
Fig. 1.
C
D
E

www.ingramcontent.com/pod-product-compliance
Ingram Content Group UK Ltd.
Pitfield, Milton Keynes, MK11 3LW, UK
UKHW020720120726
13693UKWH00001B/76